Inhaltsverzeichnis

Unsere Erde – ein Überblick 6

Wir erkunden Deutschland 22

Inhaltsverzeichnis

Inhaltsverzeichnis

„Schon vor meinem Flug war mir bewusst, wie klein und verletzbar unser Planet ist. Aber erst als ich ihn vom Weltraum aus sah, in all seiner unglaublichen Schönheit und Zartheit, erkannte ich: Die dringendste Aufgabe der Menschheit besteht darin, für die Erde zu sorgen und sie künftigen Generationen zu bewahren.“

Sigmund Jähn. Er startete am 26.08.1978 als erster Deutscher in das All.

Unsere Erde – ein Überblick

Der Globus ist so fotografiert wie das Satellitenbild

M1 *Unsere Erde – aus einer Entfernung von fast 40000 Kilometern gesehen. Mithilfe der Raumfahrt erforschen die Menschen unseren Planeten vom Weltraum aus.*

Geografie – unser neues Unterrichtsfach

M1 *Niagarafälle an der Grenze zwischen den USA und Kanada*

Geofix

M2 *Erinnerungsfoto aus Kenia*

Auf dem Weg zu einem Geo-Experten ...

Geografie (auch Geographie) setzt sich aus den griechischen Wörtern „geo(s)" und „graphein" zusammen, was so viel wie die Erde beschreiben heißt. Schon sehr früh hatten die Menschen das Bedürfnis, nicht nur ihre nähere Umgebung zu kennen, sondern auch die von ihnen weiter entfernten Gebiete zu erkunden.

Du bist sicher gespannt darauf, was dich alles in diesem neuen Unterrichtsfach in den nächsten Jahren erwarten wird. Du erfährst:

- wo und warum es Gebirge, Tiefländer, Gletscher, Wüsten oder Naturkatastrophen auf der Erde gibt,
- wie die Menschen in verschiedenen Ländern der Erde leben und wirtschaften,
- warum und wie die Menschen die Erde nutzen und umgestalten und warum sie geschützt werden muss.

Du lernst aber auch, wie du dir mithilfe von Karten, Bildern und anderen Materialien selbst fremde Räume erschließen kannst.

Dabei wirst du merken, dass dir das Unterrichtsfach viel Spaß machen wird und du viele Beziehungen zu anderen Fächern herstellen kannst.

M3 *Reisernte in China*

Aufgabe

1 Ordne die Fotos einzelnen Kontinenten der Erde zu.

M4 *Paris*

www.geo.de/GEOlino
www.blinde-kuh.de

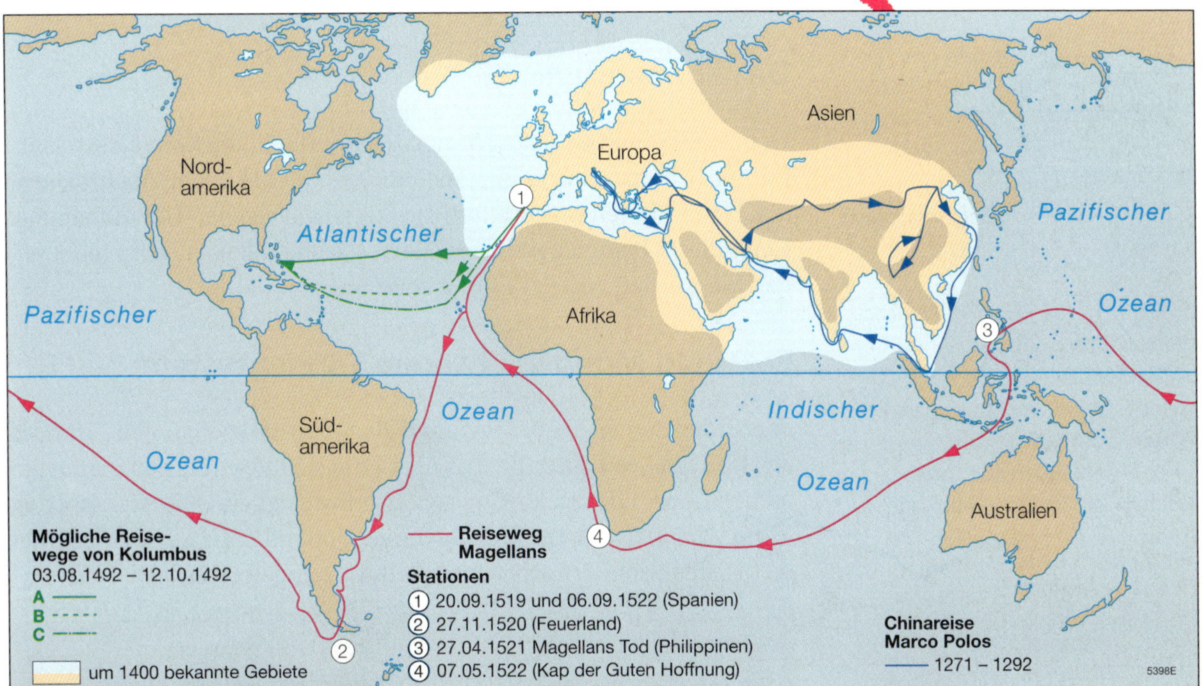

M5 *Die Entdeckung der Erde*

Aufgabe

2 Schlagt in einem Lexikon nach oder sucht im Internet Informationen über Forschungsreisende wie Alexander von Humboldt, Kolumbus, James Cook, Fernando Magellan, Marco Polo oder Alfred Wegener. Erstellt „Forscherbriefe."

M6 *Ayers Rock (Uluru)*

Die Erde als Himmelskörper

M1 *Aufgehende Erde*

Das Weltall

Das Weltall ist so groß, dass wir uns das nicht mehr vorstellen können. Hier gibt es unzählige Sterne. Sie sind nicht gleichmäßig im Weltall verteilt, sondern in Sternenhaufen angeordnet. Ein solcher Sternenhaufen heißt Galaxis oder Milchstraße. Der Name Galaxis geht auf das griechische Wort für Milch (galaktos) zurück.

Unsere Galaxis und das Sonnensystem

Im Weltall gibt es über 100 Milliarden Galaxien. Eine davon ist „unsere Galaxis." Sie besteht aus Milliarden Sternen, die wie auf einer Spirale angeordnet sind und langsam kreisen. Einer dieser Sterne ist unsere Sonne. Sie ist nur ein winziger Punkt am Rand der Spirale.

Das Sonnensystem

Den Mittelpunkt unseres Sonnensystems bildet die Sonne. Sie ist ein normaler Stern, eine glühende Gaskugel, die ihr Licht zur Erde sendet. Neun **Planeten** umkreisen die Sonne auf eigenen Umlaufbahnen. Einer dieser Planeten ist unsere Erde. Die Planeten leuchten nicht selber. Sie werden von der Sonne angestrahlt.

Erde und Mond in unserem Sonnensystem

Die Erde ist eine Ausnahme unter den neun Planeten, denn nur auf der Erde gibt es Leben. Sie hat die richtige Entfernung zur Sonne um nicht zu heiß oder zu kalt zu sein. Die Erde hat einen Trabanten, den Mond. Er umkreist die Erde auf einer Umlaufbahn. Auch er leuchtet nicht selber, sondern wird von der Sonne angestrahlt.

Aufgaben

1 Erläutere M5 mithilfe des Textes.

2 Betrachte M2. Diese „Eselsbrücke" bezieht sich auf unser Sonnensystem. Erkläre, inwiefern das so ist.

3 Ergänze die Begriffe ***Planet***, ***Weltall***, ***Stern***, ***Trabant*** und übertrage den Text in dein Heft: „Der Mond ist ein ... der Erde. Die Erde ist ein ... der Sonne. Die Sonne ist ein ... der Milchstraße. Unsere Milchstraße ist eine Galaxis im ... "

M2

Kleines Himmelslexikon

Stern: eine glühende Gaskugel, die ihr Licht in den Weltraum strahlt.
Sonne: ein Stern unserer Milchstraße.
Planet: umkreist die Sonne auf einer Umlaufbahn.
Trabant: umkreist einen Planeten auf einer Umlaufbahn.

Planet	Durchmesser	Trabanten	Abstand zur Sonne
Merkur	4800 km	-	58 Mio. km
Venus	12100 km	-	108 Mio. km
Erde	12760 km	1	150 Mio. km
Mars	6970 km	2	228 Mio. km
Jupiter	143000 km	16	779 Mio. km
Saturn	120000 km	17	1432 Mio. km
Uranus	51100 km	15	2884 Mio. km
Neptun	49500 km	8	4509 Mio. km
Pluto	2300 km	1	5966 Mio. km

M3 *Planeten unseres Sonnensystems*

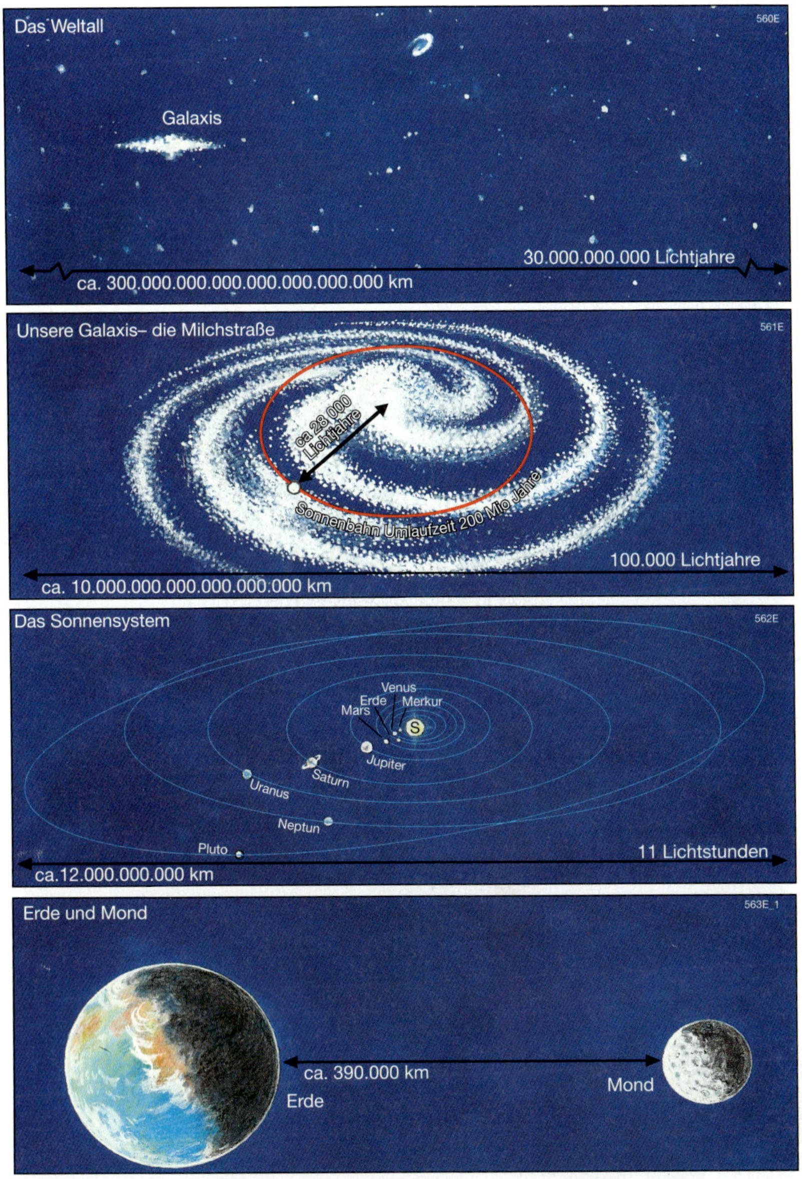

M4 *Weltall – Galaxis – Sonnensystem – Erde und Mond*

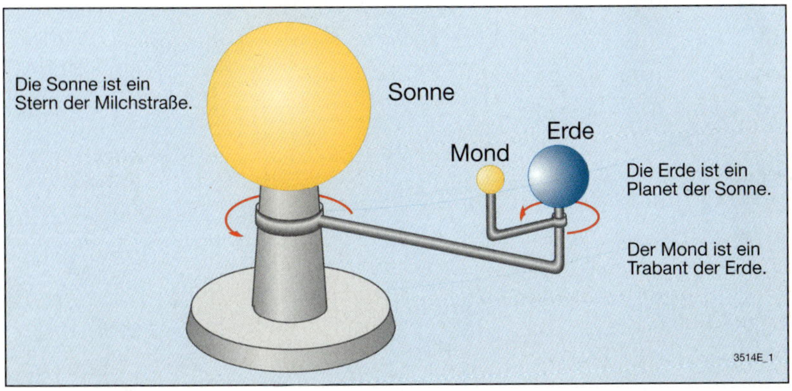

M5 *Sonne – Erde – Mond*

Info

Entfernungen im Weltall

Wenn du das Licht im Wohnzimmer anmachst, scheint es so, als wäre das Zimmer im Nu mit Licht erfüllt. Das stimmt aber nicht genau. Das Licht braucht eine winzige Zeitspanne um von der Glühbirne aus bis zu den Wänden zu gelangen. Die Geschwindigkeit des Lichtes ist aber mit ungefähr 300 000 Kilometern in der Sekunde so groß, dass wir das nicht merken. Bei größeren Entfernungen allerdings ist auch die Laufzeit des Lichtes länger. So braucht das Licht für die Strecke von 150 000 000 km von der Sonne bis zur Erde etwa 8 Minuten. Wegen der riesigen Entfernungen im Weltall werden hier Strecken in Lichtjahren angegeben. Ein Lichtjahr ist die Strecke, die das Licht in einem Jahr zurücklegt.

Lichtjahr: 9 460 800 000 000 km
Lichtstunde: 1 080 000 000 km

Merke

Die Sonne ist der Mittelpunkt unseres Planetensystems. Die Erde ist einer von neun Planeten und besitzt einen Mond. Die Geografie ist die Wissenschaft von der Erde.

Grundbegriffe
- Geografie
- Planet

M1 *Die Erde – der blaue Planet*

Landeanflug auf die Erde

„Noch 350 000 km bis zur Landung auf dem ‚blauen Planeten' (M1)." Ein Raumschiff nähert sich der Erde. Eine dünne, hellblaue Lufthülle umgibt den Planeten. Dies ist die Atmosphäre. Sie wird durch die Erdanziehung festgehalten.

Aufnahmen von der ganzen Erde gibt es erst seit 1957. Damals wurde der erste Satellit auf eine Umlaufbahn um die Erde gebracht. Aber die Menschen wissen schon viel länger, dass die Erde eine Kugel ist. Den Beweis erbrachte ein portugiesischer Seefahrer im Jahr 1521. Er umrundete die Erde erstmals mit einem Segelschiff.

Heute liefern uns die künstlichen Himmelskörper, die Satelliten, genaue Bilder von der Erde. Sie sind sogar in der Lage, uns exakte Vermessungsdaten zu liefern. Sie ermitteln die Höhe von Bergen ebenso wie die Größe und Lage der **Kontinente** und **Ozeane**. Satelliten können uns heute über jeden Ort der Erde genaue Auskunft geben.

Aufgaben

1 Benenne die Kontinente und Ozeane der Erde im Arbeitsheft auf Seite 2.

2 Ordne die Rekorde der Erde den Kontinenten zu.

Info

Rekorde der Erde

Höchstes Gebirge	Himalaya	
Höchster Berg	Mount Everest	8872 m
Tiefste Meeresstelle	Witjastiefe	-11022 m
Längstes Gebirge	Rocky Mountains/Anden	14000 km
Längster Fluss	Nil	6671 km
Tiefster See	Baikalsee	1620 m
Größte Insel	Grönland	2,17 Mio. km^2
Größte Halbinsel	Arabien	2,7 Mio. km^2
Größter See	Kaspisches Meer	371 800 km^2
Höchster Vulkan	Cotopaxi	5897 m

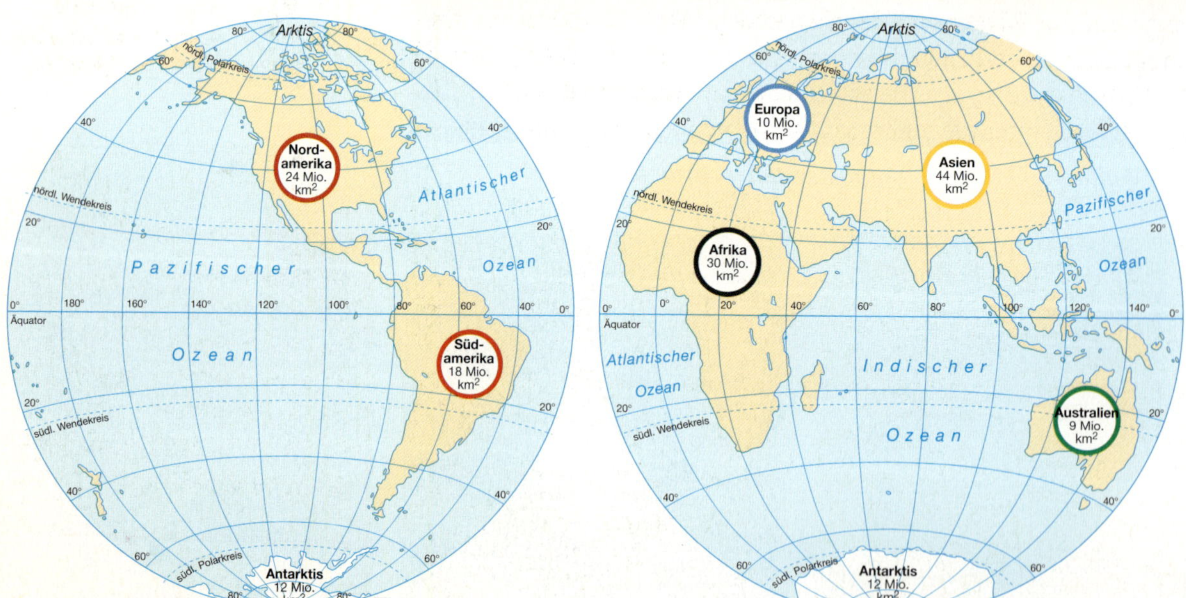

M2 *Ozeane und Kontinente*

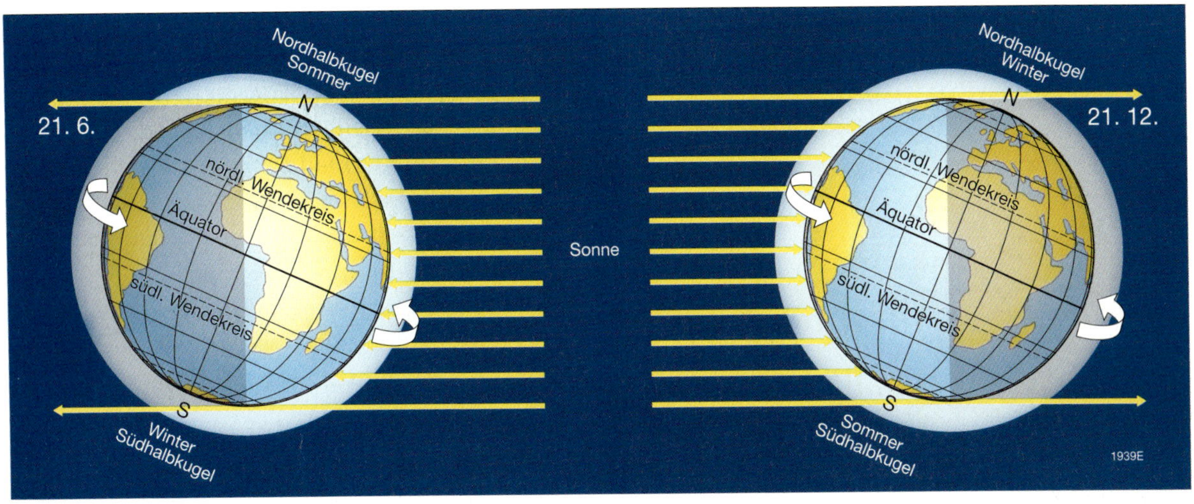

M3 *Jahreszeiten*

Wir fahren Karussell auf der Erde

Ein Mensch am Äquator legt am Tag etwa 40 000 km zurück. Dabei kann er ruhig sitzen bleiben, die Erde trägt ihn so weit. Sie dreht sich einmal in 24 Stunden um die eigene Achse (Erdrotation), und zwar in West-Ost-Richtung. Deshalb siehst du die Sonne am Morgen im Osten auf- und am Abend im Westen untergehen. Die Erde führt auch noch eine zweite Bewegung durch. In einem Jahr umkreisen wir einmal die Sonne (Erdrevolution). Dabei rasen wir mit einer Geschwindigkeit von etwa 30 km in der Sekunde durch das Weltall. Nur durch die Anziehungskraft der Erde fallen wir nicht von der Kugel. Bei dieser Umkreisung verändert die Erdachse ihre Schrägstellung von 23,5° nicht. Damit neigt der Nordpol sich im Sommer der Sonne zu und im Winter von der Sonne weg (M3). Das führt zur Entstehung der Jahreszeiten. Nur am Äquator macht die Schrägstellung der Erdachse wenig aus. Da fallen die Sonnenstrahlen das ganze Jahr über steil auf die Erde und es gibt keine ausgeprägten Jahreszeiten.

Aufgaben

3 Stellt im Klassenzimmer den Umlauf der Erde um die Sonne dar. Zeigt dabei mit den Armen die Schrägstellung der Erdachse an. Der rechte, nach oben zeigende Arm ist die Nordhalbkugel. Wo steht jemand von euch, der die Stellung der Erde zur Sonne zeigt, wenn auf der Nordhalbkugel Sommer herrscht? Wo stehen der Winter, der Frühling und der Herbst?

4 Informiere dich im Internet über den Planet Erde und erstelle einen eigenen Steckbrief des Planeten.

M4 *Jahreszeiten*

Merke
Die Erde ist in Kontinente und Ozeane eingeteilt. Durch das Drehen der Erde um die eigene Achse entstehen Tag und Nacht. In einem Jahr dreht sich die Erde einmal um die Sonne.

Grundbegriffe
- Kontinent
- Ozean

Orientierung auf der Erde

Aufgaben

1 Was ist ein Globus?

2 Beschreibe das Gradnetz der Erde.

Die Erdkugel im Klassenzimmer – der Globus

Ein stark verkleinertes Modell unserer Erde ist der Globus. Er zeigt uns die Erde beinahe so, wie sie von den Astronauten vom Weltraum aus gesehen wird. Im Germanischen Nationalmuseum Nürnberg ist der älteste erhaltene Erdglobus zu besichtigen. Gefertigt wurde der „Erdapfel“ im Jahre 1492 vom Nürnberger Martin Behaim. Ein Handwerker hatte ihm eine Kugel aus Holz gedrechselt. Behaim bemalte und beschriftete sie. Die Informationen erhielt er von den Seefahrern und aus Reiseberichten. Aus der Dauer der Reisen schätzte Behaim die Entfernungen und die Größe der Landflächen.

M1 *Am Äquator in Ecuador, Südamerika*

Die Erde – im Netz gefangen

Unglücklicherweise ist die Erde rund. Kein Oben, kein Unten, kein Anfang, kein Ende. Wie soll man sich da zurechtfinden? Ganz einfach! Die Menschen haben festgelegt: Oben ist der Nordpol, unten ist der Südpol. Das ist willkürlich, aber es funktioniert. Zusätzlich haben die Menschen ein Netz von Hilfslinien entwickelt: die **Längenkreise** und die **Breitenkreise**. Die Längenkreise beginnen am Nordpol und enden am Südpol. Sie sind alle gleich lang. Sie heißen auch Meridiane. Der Null-Meridian verläuft durch den Ort Greenwich bei London. Von dort aus verlaufen je 180 Längenkreise nach Westen und nach Osten.

Die Breitenkreise sind wie Gürtel um die Erde gelegt. Der größte Breitenkreis ist der **Äquator**. Nach Norden und Süden gibt es jeweils 90 solcher Gürtel, die immer im gleichen Abstand um die Erde gelegt sind. Sie werden nach Norden und Süden immer kleiner. An den **Polen** sind sie nur noch ein Punkt. Längengrade und Breitengrade bilden zusammen das **Gradnetz** der Erde.

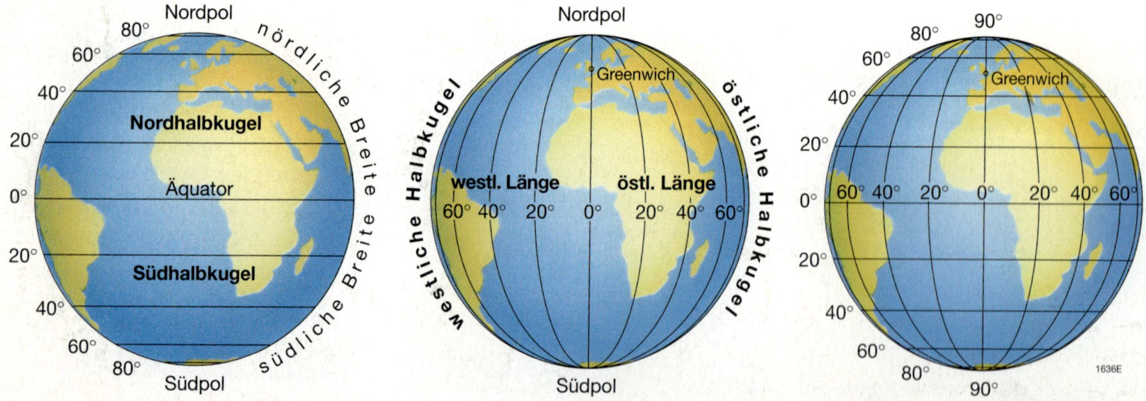

M2 *Die Erde im Gradnetz*

M3 *Ein Schiff nähert sich der Küste*

M4 *Kompass mit Windrose*

Orientieren mit Himmelsrichtungen

Mithilfe der Breiten- und Längengrade kannst du deine genaue Position angeben. Wenn du dich im Gelände orientieren willst, hilft dir ein Kompass. Da die Kompassnadel immer in Nord-Süd-Richtung zeigt, ist es leicht, die Himmelsrichtungen zu bestimmen. Man bezeichnet dies als Windrose. Es gibt aber auch noch andere Möglichkeiten, die Himmelsrichtungen festzustellen:

Du brauchst eine Uhr mit Zeigern, und es muss die Sonne scheinen: Richte den kleinen Zeiger direkt auf die Sonne. Dann suche die Mitte zwischen der 12 auf dem Zifferblatt und dem Stundenzeiger. Die Mitte weist die Richtung nach Süden (Achtung: Sommerzeit beachten!).

In der **Landschaft** kann man sich auch orientieren, wenn man die Bäume betrachtet. Allerdings ist dies sehr viel ungenauer als mit einem Kompass. Da bei uns die Westwinde den meisten Regen herantreiben, sind die dem Wind ausgesetzten westlichen Baumseiten meist feucht und somit stärker mit Moos bewachsen. Wegen dieser Westwinde neigen auch frei stehende Bäume häufig ihre Kronen in die entgegengesetzte Richtung.

Aufgaben

3 Stelle die Lage folgender Städte im Atlas fest: New Orleans (USA), Kairo (Ägypten), Porto Alegre (Brasilien), Hamburg (Deutschland).

4 Finde mithilfe deines Atlas heraus, um welche Stadt es sich bei den folgenden Gradangaben handelt: 20° Nord – 100° West; 33° Süd – 18° Ost; 40° Nord – 33° Ost.

Info

Für Experten: Was ist GPS?

GPS ist die Abkürzung für Global Positioning System.
Es ist ein System, das aus 24 Satelliten besteht, die an bestimmten Punkten über der Erde stehen und von jedem Punkt der Erde und bei jedem Wetter eine genaue Lagebestimmung ermöglichen. Benutzer eines GPS-Empfangsgerätes können ihre genaue Position in Bezug auf Längengrad, Breitengrad und Höhe abfragen und bestimmen.
Das GPS-Gerät misst hierzu die Zeit, die ein Signal benötigt, um von einem der Satelliten (A, B oder C) zum Empfänger zu gelangen. Zur Bestimmung von Längengrad und Breitengrad benötigt das Gerät die Signale von drei Satelliten (A, B und C).

Merke

Unsere Erde hat nahezu Kugelgestalt. Mithilfe des Gradnetzes (Längen- und Breitenkreise) können Ortsbestimmungen vorgenommen werden. Orientieren kannst du dich auch mit dem Kompass.

Grundbegriffe
- Längen- und Breitenkreis
- Äquator
- Pol
- Gradnetz
- Landschaft

Arbeit mit dem Atlas

So findest du einen Ort im Atlas:

1. Schlage den gesuchten Ort im Namensregister des Atlas nach.
2. Merke dir die Angaben hinter dem Namen. Sie verweisen
   - auf die Seite(n) im Atlas,
   - manchmal auf eine Kartennummer,
   - auf das Planquadrat, in dem sich der gesuchte Ort befindet.
3. Schlage nun die genannte(n) Kartenseite(n) auf.
4. Suche den Ort im angegebenen Planquadrat.

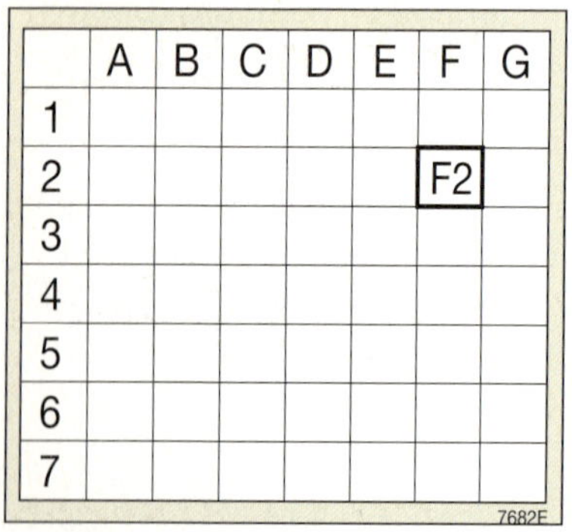

M1 *Planquadrate*

Aufgaben

1 Auf welchen Seiten findest du Karten über Deutschland?

2 Finde folgende Orte im Diercke Weltatlas:

Detroit	190, F2
Dubai	156, D3
Frankfurt/Main	20, D3
Sydney (Australien)	180, E3

Orientiere dich an der Schrittfolge.

3 Spiel: Suche in einer Atlaskarte einen unbekannten Namen. Deine Mitschüler sollen ihn möglichst schnell mithilfe des Registers im Atlas finden. Wechselt euch ab.

Der Atlas – eine Sammlung von Karten

Der Atlas ist das wichtigste Arbeitsmittel im Geografieunterricht. Darin wird die ganze Welt in Karten dargestellt. Anhand einer großen Zahl verschiedener Atlaskarten kann man sich einen Überblick über die Räume der Erde verschaffen, zum Beispiel über Kontinente, Länder, Landschaften oder Wirtschaftsgebiete.
Der Atlas ist in verschiedene Teile gegliedert:

Das Kartenverzeichnis/Inhaltsverzeichnis
Auf den ersten Seiten des Atlas findest du ein übersichtliches Verzeichnis aller Karten sowie die Angabe der Seiten, auf denen sie zu finden sind. Die Karten sind zunächst nach Regionen und dann nach Themen geordnet. Nach den Karten aus Deutschland findest du Karten zu den Ländern Europas und den anderen Kontinenten.

Der Kartenteil
Hier befinden sich alle Karten, geordnet nach Regionen. Die Überschriften geben jeweils Auskunft über den Karteninhalt. Dargestellt ist auch die Erde im Weltall.

Das Sachwortregister
Wer Karten zu einem bestimmten Thema sucht, kann im Sachwortregister nachschlagen. Hier sind die Sachwörter in alphabetischer Reihenfolge aufgelistet, zum Beispiel „Automobilindustrie" und „Wüste."

Das Namensregister
Das Namensregister ist ein alphabetisch geordnetes Verzeichnis aller auf den Karten vorkommenden Namen von Ländern, Städten, Flüssen, Seen, Bergen, Gebirgen u.a.

M2 *Atlasarbeit im Geografieunterricht*

Lerne die „Kartensprache“

Karten stellen stark verkleinert die ganze Erdoberfläche oder einen Ausschnitt von ihr dar. Sie vermitteln einen guten Überblick über ein Gebiet und helfen dem Betrachter, sich in einem unbekannten Raum zurechtzufinden. Karten enthalten verschiedene Informationen. Diese sind durch Schrift, Flächenfarben und Signaturen, das heißt Kartenzeichen, dargestellt. Zur besseren Unterscheidung sind die Signaturen farbig angelegt.

Alle Flächenfarben und Signaturen sind in einer Zeichenerklärung am Rand einer Karte erläutert. Eine solche Erklärung nennt man Legende. Wer eine Karte lesen und verstehen will, muss sich zunächst mit der Legende vertraut machen.

Die Karten im Atlas sind in der Regel eingenordet, das heißt, die Himmelsrichtung Norden befindet sich oben auf der Karte.

M3 *Ausschnitt aus der Atlaskarte Fremdenverkehr in Brandenburg*

Info

Signaturen und Flächenfarben

●■ Punkte:
Diese Zeichen geben zum Beispiel die Lage von Städten sowie von bestimmten Industrie- und Bergbaustandorten an.

Linien:
Sie zeigen unter anderem den Verlauf von Flüssen, Straßen, Eisenbahnstrecken und Grenzen.

Bildhafte Zeichen:
Sie beschreiben zum Beispiel Schlösser/Burgen, Pässe und auch Industrien.

Flächen:
Diese vermitteln einen Überblick über Landhöhen, Wasserflächen, Wälder, Bodennutzung, die Flächen von Staaten und vieles andere.

Aufgabe

4 Bringe die Karte M3 zum Sprechen.

Merke
Der Atlas ist eine Sammlung von Karten. Im Geografieunterricht ist er das wichtigste Arbeitsmittel. Karten sind verkleinerte Abbildungen der Erdoberfläche. Sie geben mithilfe von Farben, Linien, Signaturen und Schrift wichtige Informationen über einzelne Räume der Erde wieder.

Grundbegriff
- Karte

Lebensräume auf der Erde

Ein buntes Völkergemisch

Auf der Erde leben rund sechs Milliarden Menschen! Wäre es nicht langweilig, wenn man überall gleich sprechen, essen, singen und tanzen würde?

Wie schön ist es, auch in unseren Städten oder im Urlaub fremde Kulturen zu erleben. Da gibt es Völker, die essen mit den Fingern, andere wiederum nehmen dazu Stäbchen. So wie für uns Kartoffeln und Fleisch nicht vom Speisezettel wegzudenken sind, können sich andere Menschen eine Mahlzeit ohne Reis, Mais oder auch Bohnen nicht vorstellen. Auch die Behausungen sind sehr vielfältig: runde Lehmhütten, Zelte wie das Tipi oder die Jurte, Iglus, Häuser aus Holz und Papier, Höhlen, Baumhütten oder auch Boote. Arm wäre unsere Musik ohne Instrumente wie die Balalaika, die Busuki, die Panflöte, den Dudelsack oder die Trommel.

Leben in unterschiedlichen Räumen der Erde

Wie du den Zeichnungen und Berichten der Kinder auf Seite 18 entnehmen kannst, unterscheiden sie sich in ihrer Hautfarbe, Religion und Lebensweise. Wie sie wohnen, sich kleiden und was sie essen, hängt auch von den Naturbedingungen ab: Menschen müssen sich an hohe oder niedrige Temperaturen sowie an starke oder geringe Niederschläge anpassen. Durch diese Faktoren werden auch das Pflanzenwachstum und die landwirtschaftliche Nutzung beeinflusst. Die Erde lässt sich in drei große Naturzonen, die rund um den Erdball führen, einteilen:

Die *kalte Zone* breitet sich um die beiden Pole der Erde aus. Die Niederschläge fallen meist als Schnee, sodass sich dort große Eis- und Schneefelder ausdehnen.

Die *gemäßigte Zone* ist unser Lebensraum. Hier wechseln sich vier Jahreszeiten ab. Die Wachstumszeit ist ausreichend lang. Dadurch wachsen überall Pflanzen.

In der *heißen Zone* herrschen das ganze Jahr über hohe Temperaturen. Dort, wo mitunter jahrelang kein Regen fällt, breiten sich große Wüsten aus. Am Äquator dagegen regnet es fast jeden Tag. Deshalb gedeihen hier dichte Regenwälder.

Aufgaben

1 Ordne die Fotos den drei Zonen zu. Begründe deine Entscheidung.

2 Methode Gruppenarbeit:
a) Bildet drei Gruppen.
b) Jede Gruppe bearbeitet eine Naturzone der Erde. Löst dabei folgende Aufgaben:
– Beschreibt ihre Lage auf der Erde.
– Welche Merkmale weist die Natur auf?
– Beschreibt das Leben der Menschen. Achtet dabei auf Kleidung, Behausung, Ernährung.
Nutzt dazu auch weitere Materialien wie Atlas, Lexikon.
c) Stellt eure Ergebnisse den anderen Gruppen vor. Gestaltet ein Poster.

M1 *Pinnwand zu den Naturzonen der Erde*

Grübeln und Tüfteln

Wir basteln einen Globus

Material:
- Fotokopie des aufgeschnittenen Globus
- Kugel mit einem Durchmesser von 8 cm
- Kleber
- farbige Filzstifte oder Wachsmalstifte (wasserlöslich)
- Schere
- ein kleiner Schraubglasdeckel oder alter Eierbecher als Ständer für den fertigen Bastelglobus
- alte Zeitungen zum Unterlegen

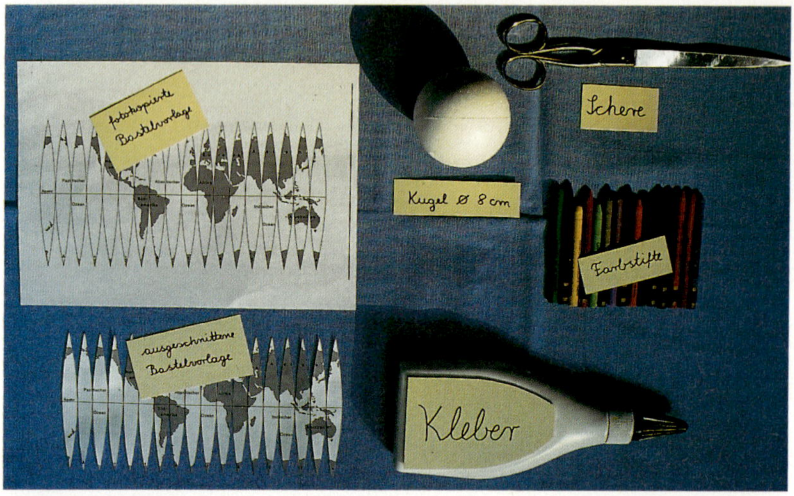

M1 *Bastelvorlagen*

Methode

Modell anfertigen – Bastelanleitung

1. Fertige eine Fotokopie der Globusvorlage (M1, Lösungsheft zum Band) an. Vielleicht besorgt dies deine Lehrerin oder dein Lehrer für alle Schülerinnen und Schüler deiner Klasse.
2. Schneide aus der Fotokopie die Bastelvorlage. Eine ausgeschnittene Vorlage ist in M1 zu sehen.
3. Lege deinen Arbeitsplatz mit alten Zeitungen aus.
4. Klebe die Bastelvorlage zunächst am Äquator mit der Kugel zusammen.
5. Klebe dann die nach oben und unten abstehenden Spitzen so auf die Kugel, dass sie oben und unten zusammenkommen.
6. Male die Kontinente und Weltmeere mit Farbstiften verschiedenfarbig aus.

M2 *Schülerinnen basteln einen Globus*

M3 *Ergebnisse der Bastelarbeit*

Geografie – unser neues Unterrichtsfach

Die Geografie ist die Wissenschaft, die sich mit der Erde befasst. Im Geografieunterricht lernt ihr die Erde in ihrer Vielfalt und Schönheit kennen: zum Beispiel Naturmerkmale wie Gebirge, Tiefländer, Flüsse, Vulkane, Pflanzenwuchs, aber auch das unterschiedliche Leben und Wirtschaften der Menschen auf den verschiedenen Kontinenten.

Die Erde als Himmelskörper

Die Erde ist ein Planet und umkreist gemeinsam mit acht weiteren Planeten die Sonne. Die Drehung der Erde um die Sonne dauert ein Jahr. Sie dreht sich aber auch innerhalb von 24 Stunden einmal um ihre eigene Achse, sodass Tag und Nacht entstehen.
Die großen Festlandsflächen der Erde sind die Kontinente, die überwiegend auf der Nordhalbkugel liegen. Die Wasserflächen der großen Ozeane sind doppelt so groß, sie dehnen sich vor allem auf der Südhalbkugel aus.

Orientierung auf der Erde

Die Erde hat eine Kugelgestalt. Ein verkleinertes Abbild der Erde ist der Globus. Der Äquator teilt die Erde in die Nord- und Südhalbkugel. Punkte ganz im Norden und Süden sind die Pole.
Um die Orientierung auf der Erde zu erleichtern, haben die Menschen ein Netz von Linien um die Erde gelegt. Durch die Angabe von Längen- und Breitenkreisen kann die Lage von Orten genau bestimmt werden.
Mithilfe von Kompass, Uhr und Merkmalen in der Natur (z.B. an Bäumen) wird die Orientierung im Gelände möglich.

Grundbegriffe

- Geografie
- Planet
- Kontinent
- Ozean
- Längenkreis
- Breitenkreis
- Äquator
- Pol
- Gradnetz
- Landschaft
- Karte

Lebensräume auf der Erde

Der Atlas ist das wichtigste Arbeitsmittel im Geografieunterricht. Er enthält eine Sammlung von Karten.
Karten sind verkleinerte Abbildungen der Erdoberfläche. Mithilfe von Farben, Signaturen, Linien und Schrift können aus ihnen wichtige Informationen über die Erde, Kontinente, Länder, Landschaften und Wirtschaftsgebiete entnommen werden.

Wir erkunden Deutschland

M1 *Europa im Satellitenbild*

So ordnen wir uns ein

Bundesrepublik Deutschland

Nationalflagge:

Nationalwappen:

Nationalfeiertag: 3. Oktober – Tag der deutschen Einheit

Deutschland in der Mitte Europas

Die Bundesrepublik Deutschland liegt in Mitteleuropa. Sie gehört mit einer Fläche von 357 023 km zu den größten europäischen Ländern. Deutschland hat 82,44 Mio. Einwohner und liegt damit hinter Russland (das bis zum Ural zu Europa gehört) an zweiter Stelle. Seine größten der neun Nachbarländer sind Frankreich und Polen (M1).
Deutschland besteht aus 16 Bundesländern. Jedes **Bundesland** hat eine eigene Landeshauptstadt und eine Landesregierung.
Rekorde Deutschlands:
- höchster Berg: Zugspitze in den Alpen (2 962 m)
- längster Fluss: Rhein (865 km auf deutschem Gebiet)
- größter See: Bodensee im Alpenvorland (572 km²)
- größte Insel: Rügen in der Ostsee (926,4 km²)
- größte Stadt: Hauptstadt Berlin (3,4 Mio. Einwohner)
- größtes Wirtschaftsgebiet: Rhein-Ruhr-Ballung

M1 *Die Bundesrepublik Deutschland und ihre Nachbarländer*

M2 *Berliner Bär und Brandenburger Wappen am Roten Rathaus*

Bundesland	Fläche in km²	Einwohner in Mio.
Baden-Württemberg	35 750	10,7
Bayern	70 550	12,4
Berlin	890	3,4
Brandenburg	29 480	2,6
Freie und Hansestadt Bremen	400	0,7
Freie und Hansestadt Hamburg	760	1,7
Hessen	21 110	6,1
Mecklenburg-Vorpommern	23 170	1,7
Niedersachsen	47 620	8,0
Nordrhein-Westfalen	34 100	18,1
Rheinland-Pfalz	19 850	4,0
Saarland	2 570	1,1
Sachsen	18 410	4,4
Sachsen-Anhalt	20 450	2,5
Schleswig-Holstein	15 760	2,8
Thüringen	16 170	2,4

M3 *Größe und Einwohnerzahl der Bundesländer 2003*

Info

Berlin und sein brandenburgisches Umland

	Berlin	Umland
Bevölkerung (Mio.)	3,4	0,8
Fläche (km²)	890	4479
Bevölkerungsdichte (Einw./km²)	3905	180

Heimatregion Brandenburg-Berlin

Wer sich aufmerksam die Wappen der Berliner Bezirke ansieht, entdeckt in einigen von ihnen den Brandenburger Adler. Das zeigt, dass Berlin und Brandenburg eine gemeinsame Geschichte haben. Schon im Jahr 1280 tagte in Berlin der märkische Landtag. Bekannt ist auch, dass Potsdam ein Lieblingsort der preußischen Könige war. Häufig zogen sie sich aus Berlin zurück und wohnten in den Schlossanlagen der Havelstadt.

Berlin war lange Zeit das vielseitige Zentrum Brandenburgs. 1920 wurde die Stadt aus der Provinz Brandenburg ausgegliedert. Aber erst nach dem Zweiten Weltkrieg kam es zur endgültigen Trennung. Bis November 1989 war Berlin durch eine Mauer in einen Ost- und einen Westteil getrennt. Erst seit 1991 ist Berlin wieder die Bundeshauptstadt im vereinten Deutschland.

Im Mai 1996 fand ein Volksentscheid zur Bildung eines gemeinsamen Bundeslandes statt. Obwohl die Vereinigung gescheitert ist, gibt es zwischen der Hauptstadt und dem brandenburgischen Umland enge Beziehungen.

Aufgaben

1 Beschreibe die Lage Deutschlands in Europa und die Lage der Bundesländer (Arbeitsheft, S. 4 und 5).

2 Ordne die Bundesländer nach ihrer Fläche und Einwohnerzahl

3 Vergleiche Brandenburg und Berlin mit anderen Bundesländern.

Merke

Deutschland liegt in Mitteleuropa. Deine Heimatregion Brandenburg-Berlin findest du im Osten Deutschlands. Brandenburg und Berlin haben eine gemeinsame Geschichte und bilden eine geographische Einheit.

Grundbegriff
- Bundesland

Bundeshauptstadt Berlin

→ PB

Info

Steckbrief: Berlin
- Nach London, Paris und Rom beliebtestes Reiseziel in Europa
- Über 400 Messen und Kongresse pro Jahr
- 52 Theater
- Fast die Hälfte der Einwohner ist jünger als 35 Jahre
- Ein Viertel der Gesamtfläche ist von Seen und Wäldern bedeckt
- Bisher drei Flughäfen; der Großflughafen Schönefeld ist in Planung
- 5300 km Straßennetz
- 969 Brücken
- Erste U-Bahn Deutschlands, gebaut 1902
- Höchstes Bauwerk mit dem Fernsehturm von 368 m Höhe
- Im Vergleich zu anderen deutschen Städten hat die Stadt die größte Wasser- und Grünfläche und mehr Brücken als Venedig

Politisches Zentrum Deutschlands

Berlin hat fast dreieinhalb Millionen Einwohner auf rund 900 km^2 Fläche. In mehr als 900 Industriebetrieben arbeiten über 110000 Menschen. Damit ist Berlin sowohl die größte deutsche Stadt als auch die größte deutsche Industriestadt.

Berlin ist auch die **Hauptstadt** der Bundesrepublik Deutschland und politisches Entscheidungszentrum.

In Berlin haben der Deutsche Bundestag und die Bundesregierung mit dem Bundeskanzler und den Ministerinnen und Ministern ihren Sitz. Zu dem Regierungsviertel gehören unter anderem die Vertretungen der deutschen Bundesländer und zahlreiche Botschaften ausländischer Staaten.

Ferner sind nationale und internationale Wirtschaftsverbände in der Stadt angesiedelt.

Wer hat wo seinen Sitz?
Im Schloss Bellevue hat der Bundespräsident seinen Amtssitz. Er ist das Staatsoberhaupt Deutschlands. Seine Hauptaufgabe ist es, unser Land im In- und Ausland zu repräsentieren, das heißt zu vertreten.

Schloss Bellevue

Reichstag

Der Reichstag ist der Sitz des Deutschen Bundestages. Hier tagen die gewählten Vertreterinnen und Vertreter unseres Volkes, darunter auch der/die Bundestagsabgeordnete aus der Nähe deines Wohnortes. Sie entscheiden unter anderem über Gesetze.

Im Bundeskanzleramt arbeitet der Bundeskanzler. Er bestimmt die Richtlinien der Politik. Hier treffen sich die Mitglieder der Regierung, also der Kanzler selbst und seine Ministerinnen und Minister. Sie beraten über nationale und internationale Probleme.

Bundeskanzleramt

Aufgabe

1 „Berlin ist eine Reise wert." Erkläre diese Aussage anhand der Texte und Materialien.

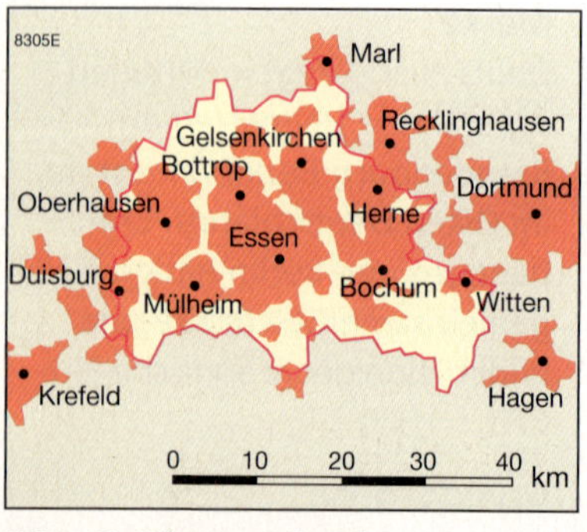

M1 *Größenvergleich Berlin – Ruhrgebiet*

Verkehrs- und Industriezentrum

1. Innerhalb der Stadt kreuzen sich zahlreiche Fernbahnlinien aus unterschiedlichen Himmelsrichtungen. An den Kreuzungspunkten liegen sechs Fernbahnhöfe, von denen der zukünftige Lehrter Bahnhof der Wichtigste sein wird. Auf dem größten Kreuzungsbahnhof Europas begegnen sich bedeutende europäische Schnellbahnverbindungen, der Regional- sowie der Stadtverkehr von Berlin.

2. Die Stadt ist gut an das internationale Autobahnnetz angebunden. Während der äußere Berliner Ring geschlossen ist, fehlt der innere Autobahnring im Ostteil der Stadt. Unzureichend ausgebaut sind auch noch einige Anbindungen an den äußeren Autobahnring sowie die Fernstraßen im Umland der Stadt.

3. Mit Tegel, Tempelhof und Schönefeld verfügt Berlin über drei Flughäfen. Allerdings ist die Leistungsfähigkeit dieser Standorte begrenzt. Vor allem fehlende Direktflüge von und nach Übersee werden von Touristen und Geschäftsleuten kritisiert. Aus diesem Grund wird der Ausbau Schönefelds zu einem Großflughafen geplant.

4. Vor allem der Verkehr für Massengüter durch Schiffe (z.B. Baustoffe, Wertstoffe, Müll) nutzt die Anbindung Berlins an das Binnenwasser-Straßennetz. Dessen gesamte Netzlänge beträgt allein in Berlin 190 km.

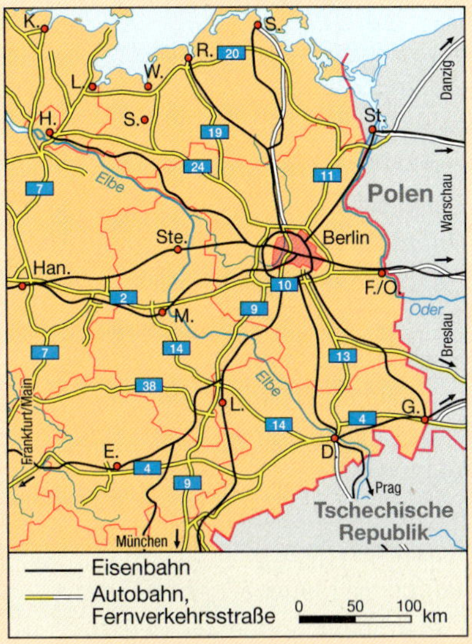

Verkehrsknotenpunkt Berlin

M2 *Die Berliner Zentrale des Chemieriesen Schering*

Aufgabe

2 Beschreibe die Funktionen der Hauptstadt Berlin (Arbeitsheft auf S. 7).

Merke
Berlin ist die Hauptstadt Deutschlands. Hier haben der Bundespräsident, die Regierung und viele Institutionen ihren Sitz.

Grundbegriff
- Hauptstadt

Info

Berlin – geteilt und wieder vereint

Nach dem Zweiten Weltkrieg (1939 – 1945) wurde Berlin in West- und Ostberlin aufgeteilt. Ostberlin war die Hauptstadt der „Deutschen Demokratischen Republik (DDR)" und Westberlin gehörte zur Bundesrepublik Deutschland. Von 1961 bis 1989 war Westberlin von einer Mauer umgeben und die Verbindungen mit Ostberlin und der DDR waren unterbrochen. Mit der Wiedervereinigung der beiden deutschen Staaten im Jahr 1990 wurde die Mauer abgerissen und Gesamtberlin wieder die Hauptstadt Deutschlands.

Weltstadt Berlin – ein Kulturzentrum

Seit der Wiedervereinigung entwickelte sich Berlin zu einer Stadt von weltweiter Bedeutung, zu einer Weltstadt. Zum einen fällen Politikerinnen und Politiker in Berlin Entscheidungen, die Auswirkungen in der ganzen Welt haben. Außerdem vergeht kein Monat, in dem nicht ein ausländisches Staatsoberhaupt oder andere internationale politische Gäste Berlin besuchen.

Weltweite Bedeutung hat Berlin auch als Kulturstadt. Hier gibt es ein riesiges, vielfältiges Kulturangebot. Internationale Messen und Veranstaltungen wie die Funkausstellung, die Grüne Woche, die Berlinale oder die Love Parade machen Berlin jedes Jahr zum Anziehungspunkt für rund fünf Millionen Besucher aus aller Welt.

In der größten Orchester- und Theaterstadt Deutschlands gibt es acht große Orchester, darunter die weltbekannten Berliner Philharmoniker. Berlin verfügt über 150 Bühnen; davon sind allein zwölf Kinder- und Jugendtheater.

1 Waldbühne
2 Olympiastadion
3 Messegelände
4 Deutschlandhalle
5 Funkturm
6 ICC (Internationales Congress Zentrum)
7 Charlottenburger Schloss
8 Kaiser-Wilhelm-Gedächtniskirche
9 Europacenter
10 Siegessäule
11 Reichstag
12 Brandenburger Tor
13 Fernsehturm am „Alex"
14 Trabrennbahn
15 Staatsoper
16 Schauspielhaus
17 Sportforum Berlin

M1 *Love Parade.*
Das größte Techno-Spektakel der Welt zieht jedes Jahr mehr als eine Million überwiegend jugendliche Techno-Begeisterte nach Berlin. Die Parade endet am Großen Stern, dem Platz mit der Siegessäule.

Menschen aus aller Welt ziehen nach Berlin. Manche kommen, weil sie aus religiösen oder politischen Gründen in ihren Heimatländern Unrecht erleiden. Andere wollen hier eine Ausbildung machen oder für eine internationale Organisation arbeiten. Viele kommen aus wirtschaftlichen Gründen. Von den 400 000 Ausländern stammen viele aus Ländern der Europäischen Union. Die größte Gruppe bilden aber die Türken, von denen eine große Anzahl bereits in der dritten Generation in der Stadt lebt. Berlin wird deshalb auch als „größte türkische Stadt außerhalb der Türkei" bezeichnet.

M2 *Sehenswürdigkeiten in Berlin*

M3 *Was gibt es wo in Berlin?*

Aufgaben

1 Weshalb kann man Berlin als Weltstadt bezeichnen?

2 Wenn du Berlin durchfährst, triffst du auf die abgebildeten Gebäude in M2. Erstelle eine Liste dieser Gebäude von Westen nach Osten mithilfe der Karte M3.

3 Ordne die Flaggen den Nationalitäten zu (M5, Lexikon) und lege eine Liste über die Ausländergruppen Berlins nach ihrer Größe an.

M4 *Auf der Berlinale*

M5 *Größte Ausländergruppen in Berlin*

Merke

Berlin ist eine Kulturstadt und eine Weltstadt. Menschen aus allen Teilen der Erde leben hier. Unter den in Berlin wohnenden Ausländern gibt es besonders viele Türken.

Naturräumliche Gliederung

M1 *Die Großlandschaften Deutschlands*

M2 *Norddeutsches* **Tiefland**

Aufgaben

1 Benenne die Großlandschaften Deutschlands (M1) in einer Kartenskizze (Arbeitsheft, S. 4).

2 Bestimme im Landschaftsquerschnitt (M5) die gesuchten Städte (1–3) und Gebirge (A, B) (Atlas, Karte: Deutschland – physisch).

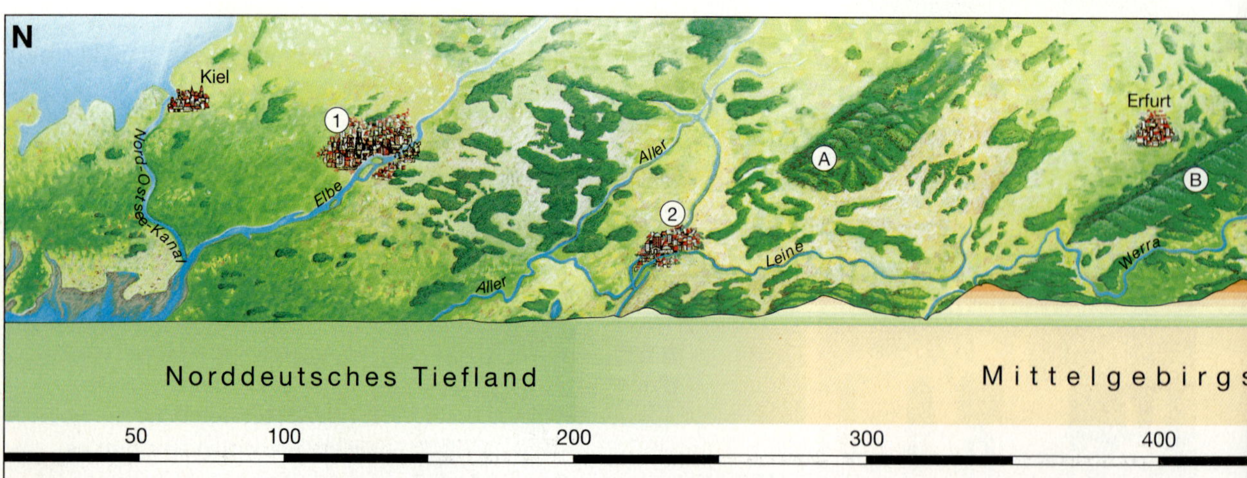

M5 *Von der Küste bis zu den Alpen – ein Landschaftsquerschnitt*

M3 *Im* **Mittelgebirge**

M4 *Alpenvorland und Alpen* **(Hochgebirge)**

Merke
Deutschland hat Anteil an drei Großlandschaften: Norddeutsches Tiefland, Mittelgebirgsland, Alpenvorland/Alpen.

Grundbegriffe
- Tiefland
- Mittelgebirge
- Hochgebirge

Arbeit mit dem Maßstab

→ Ma

Aufgaben

1 Ordne die Maßstäbe. Nenne den größten Maßstab zuerst und den kleinsten zuletzt.

Maßstab	1 : 1 000 000
Maßstab	1 : 140 000 000
Maßstab	1 : 50 000
Maßstab	1 : 10 000
Maßstab	1 : 500 000

2 Fabians Fahrradschlüssel sieht immer kleiner aus. Schließlich ist er nicht mehr zu erkennen (M1 bis M4). Erkläre.

3 Miss auf beiden Karten (M5, M6) mit einem Lineal die Entfernung zwischen den Städten Brandenburg und Potsdam in cm. Benutze die Maßstabsleisten und ermittle die tatsächliche Entfernung. Was fällt dir auf?

Der Maßstab – ein Maß für die Verkleinerung

Fabian hat seinen Fahrradschlüssel verloren. Dann entdeckt er ihn neben dem Eingang zur Schule hinter einem Baum. Auf M1 ist der Schlüssel so groß wie in Wirklichkeit. Das Bild hat den Maßstab 1 : 1 (man spricht: „eins zu eins").

Auf M2 ist der Schlüssel 10-mal kleiner. Das Bild hat den Maßstab 1 : 10 (man spricht: „eins zu zehn").
Die Maßstäbe der übrigen Bilder sind noch kleiner. Der Schlüssel ist nicht mehr zu erkennen. Dafür ist auf M4 die ganze Schule mit der Umgebung abgebildet.

Der Maßstab ist also ein Maß für die Verkleinerung. Je größer die Zahl hinter dem Doppelpunkt, umso kleiner ist der Maßstab.

Karten haben einen Maßstab
Beide Karten (M5 und M6) enthalten die Städte Potsdam und Brandenburg. M6 hat einen kleineren Maßstab als M5. Alles ist kleiner dargestellt. Vieles wurde weggelassen, so zum Beispiel der Fluss Plane. Dafür ist auf der Karte in M6 ein größeres Gebiet abgebildet.

Auf vielen Karten gibt es eine Maßstabsleiste. Sie erspart das Umrechnen. Man kann mit einem Lineal abmessen, wie lang eine Strecke auf der Karte in Wirklichkeit ist.

M1 *Maßstab 1 : 1*

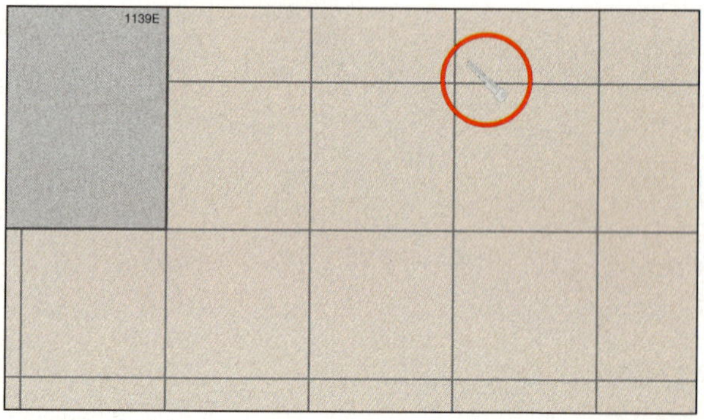

M2 *Maßstab 1 : 10*

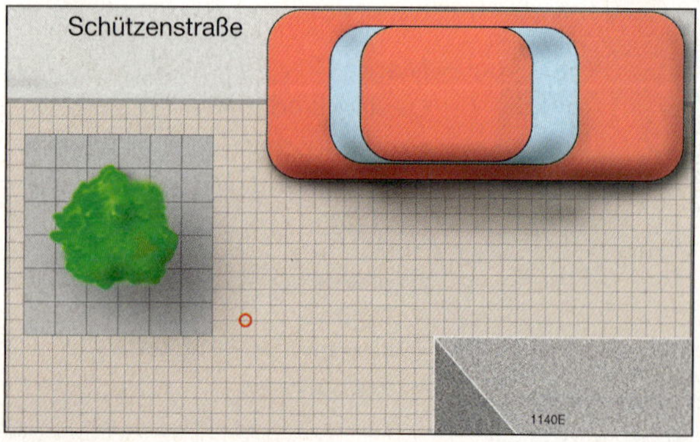

M3 *Maßstab 1 : 100*

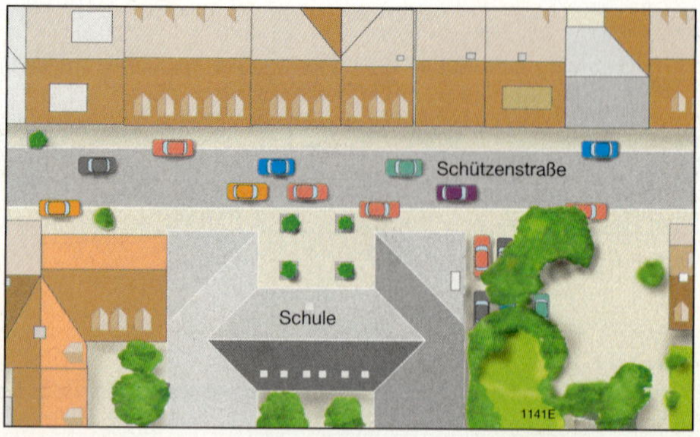

M4 *Maßstab 1 : 1000*

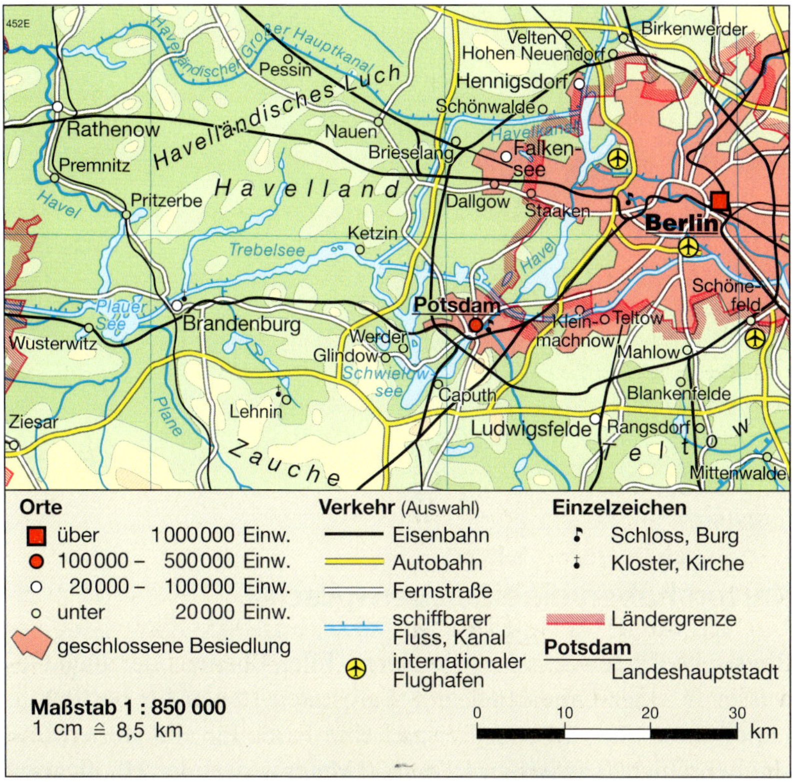

M5 *Kartenausschnitt im Maßstab 1 : 850 000*

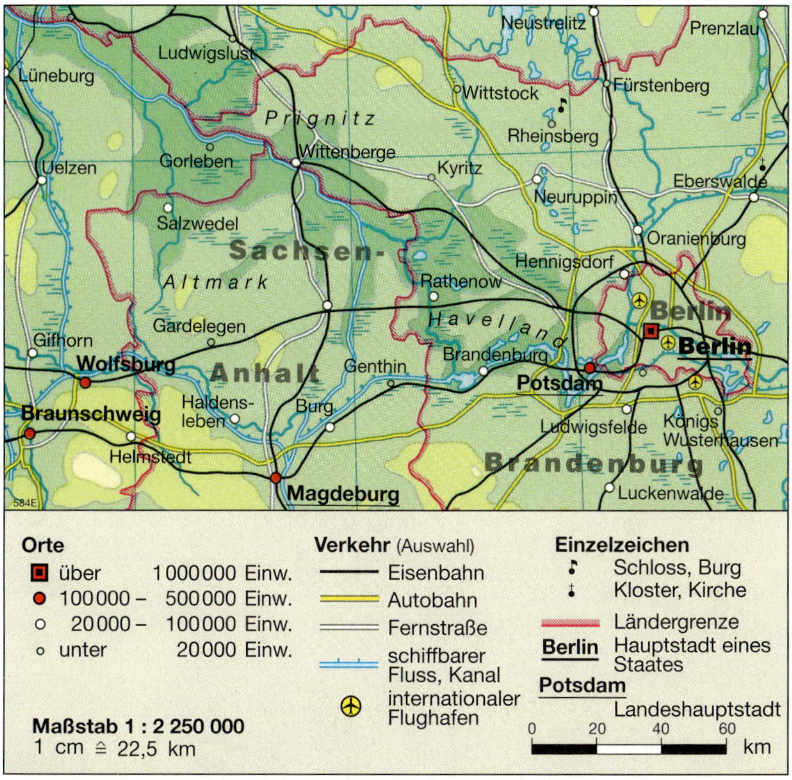

M6 *Kartenausschnitt im Maßstab 1 : 2 250 000*

Ein Rechenbeispiel:

Die Karte (M5) hat den Maßstab 1 : 850 000 (man spricht: „eins zu achthundertfünfzigtausend"). Alles ist 850 000-mal kleiner als in der Wirklichkeit. 1 cm auf der Karte sind 850 000 cm in der Wirklichkeit.

850 000 cm = 8500 m = 8,5 Kilometer.

1 cm auf der Karte entspricht also 8,5 Kilometern in der Natur.

Die Entfernung zwischen zwei Punkten auf dieser Karte beträgt 5 cm.

5 · 8,5 km = 42,5 km

Die tatsächliche Entfernung beträgt also 42,5 km.

Merke

Der Maßstab gibt an, wie stark verkleinert eine Landschaft auf einer Karte dargestellt ist. Je größer die Zahl hinter dem Doppelpunkt ist, desto stärker ist die Verkleinerung.

Arbeit mit Karten

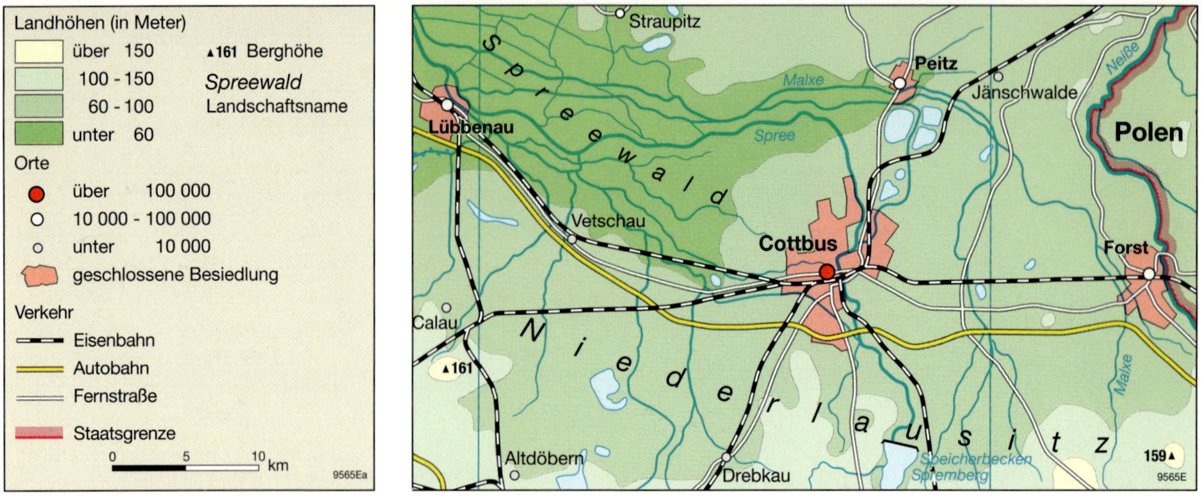

M1 *Physische Karte 1 : 500 000 (Ausschnitt)*

Karten haben eine Zeichensprache

Physische Karten zeigen, wo es Berge, Täler, Ebenen oder auch Gewässer in einer Landschaft gibt. Farbstufen stehen für bestimmte Landhöhen. So wird zum Beispiel eine Farbe für alle Höhen (die „Höhenschicht") zwischen 40 und 60 Meter verwendet. Häufig werden zusätzlich Höhenlinien eingetragen. Sie verbinden Punkte, die in gleicher Höhe liegen, also zum Beispiel alle Punkte einer Landschaft, die 60 Meter hoch liegen.

Thematische Karten stellen ein ganz bestimmtes Thema dar. Das können das Freizeitangebot, die Bevölkerung einer Region, die landwirtschaftliche Nutzung, Bergbau und Industrie, die Temperaturwerte eines Gebietes oder ein Stadtplan sein. Die Wirtschaftskarte (M2) zeigt dir zum Beispiel, wo sich Braunkohlevorkommen befinden.

Aufgaben

1 Zähle auf, was in einer physischen Karte alles dargestellt ist (M1).

2 Nenne mindestens drei verschiedene Beispiele für thematische Karten (Atlas).

3 Welche Industriezweige sind in Cottbus vertreten (M2)?

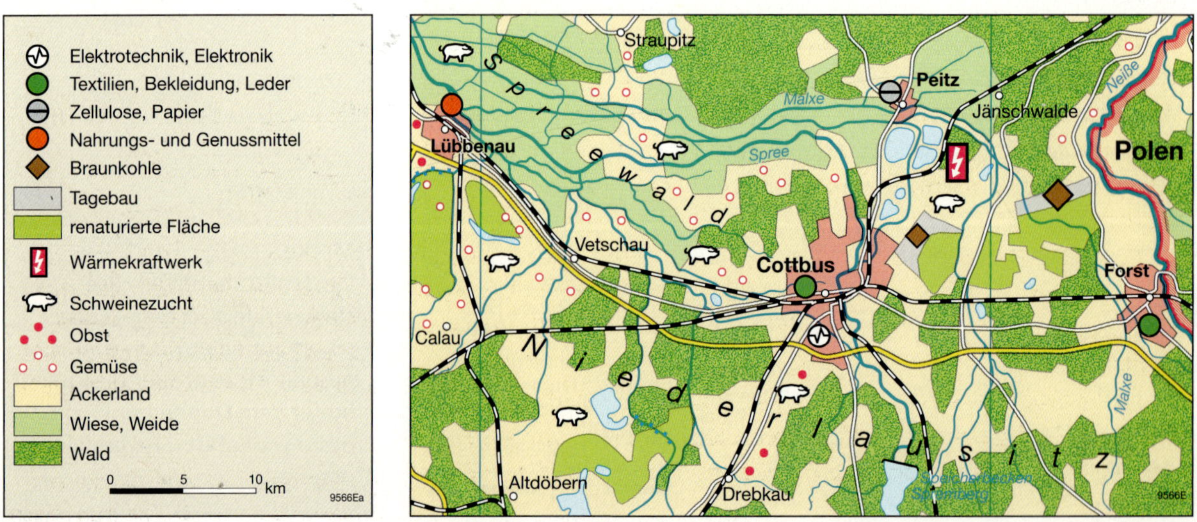

M2 *Wirtschaftskarte 1 : 500 000 (Ausschnitt)*

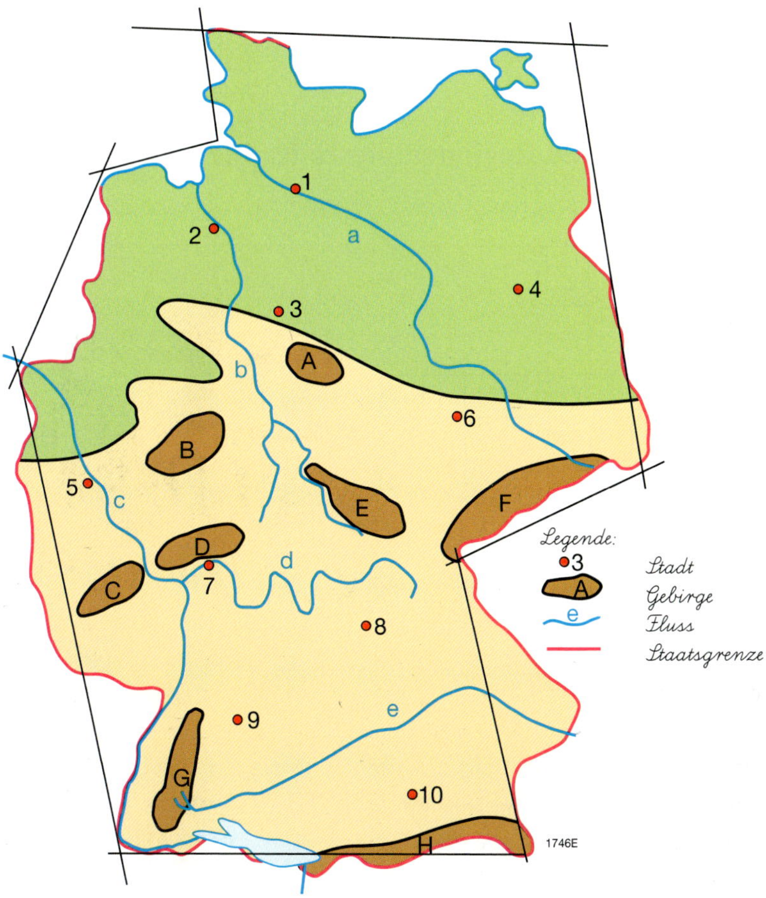

Namensliste

Städte:

1 Hamburg
2 Bremen
3 Hannover
4 Berlin
5 Köln
6 Leipzig
7 Frankfurt/Main
8 Nürnberg
9 Stuttgart
10 München

Flüsse:

a Elbe
b Weser
c Rhein
d Main
e Donau

Gebirge:

A Harz
B Rothaargebirge
C Hunsrück
D Taunus
E Thüringer Wald
F Erzgebirge
G Schwarzwald
H Alpen

Die Kartenskizze – eine Orientierungshilfe

Die Kartenskizze zeigt in einfacher Darstellung Gebirge, Städte und Flüsse, die einen Raum, zum Beispiel ein Land oder einen Erdteil, prägen.

Auch du kannst eine solche Kartenskizze anfertigen. Gehe nach folgenden Schritten vor:

- Zeichne zuerst den groben Umriss des Raumes, zum Beispiel die Grenzen Deutschlands. Gerade Hilfslinien erleichtern die Arbeit.
- Lege nun eine Auswahl von Gebirgen, Städten, Flüssen fest und zeichne sie ein.
- Achte auf Übersichtlichkeit. Dazu kannst du alle eingezeichneten Gebirge, Flüsse und Städte durchnummerieren oder mit Buchstaben versehen. Erstelle dann zu den Buchstaben und Zahlen eine Namensliste.
- Durch Farben lassen sich die Eintragungen hervorheben: zum Beispiel Gebirge braun, Tiefland grün und übriges Land gelb ausmalen; Städte als rote Punkte markieren, Flüsse mit blauer Farbe eintragen.
- Lege eine Legende an und gib der Skizze eine Überschrift.

Aufgaben

4 Nimm ein DIN-A4-Blatt und zeichne wie auf dieser Seite eine Kartenskizze von Deutschland, nur größer! Zeichne in deine Skizze Städte, Flüsse und Gebirge ein.

5 Fertige eine Kartenskizze von Brandenburg an. Nutze dazu auch das Arbeitsheft, S. 6.

Grübeln und Tüfteln

Findest du wichtige Begriffe und Regionen dieses Kapitels wieder?

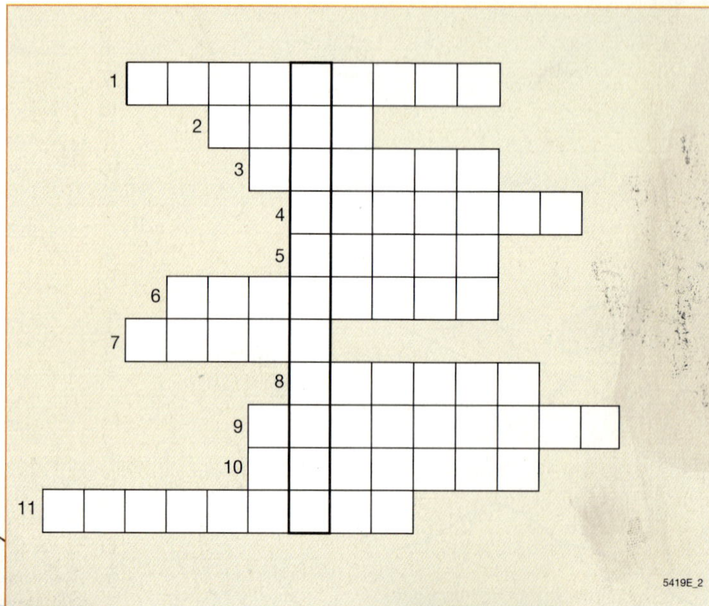

Lege ein Stück Transparentpapier auf das Rätsel.
Trage darauf die Lösungen in die Leerfelder ein.
Das markierte Feld nennt ein Bundesland Deutschlands.

1. Hauptstadt von Hessen
2. nördlichstes Mittelgebirge
3. Bundesland im Süden Deutschlands
4. Randmeer des Atlantischen Ozeans
5. Fluss im Süden Deutschlands
6. größter See Deutschlands
7. Hochgebirge
8. Hauptstadt Deutschlands
9. höchster Berg Deutschlands
10. höchster Berg des Harzes
11. Nachbarland von Sachsen

Bei Ebbe an der Nordseeküste

Deutsche Küstenlandschaften

Info

Die Wattenküste an der Nordsee

An der deutschen Nordseeküste ist dem Festland eine Kette von Inseln und Sandbänken vorgelagert.

Diese Inseln bilden die Reste des Jahrtausende alten Festlandes, das damals hier seine Küste an der Nordsee hatte.

Im Laufe von Jahrtausenden stieg der Meeresspiegel allmählich an und überspülte damit immer größere Teile dieses früheren Festlandes. Der Bereich zwischen dem heutigen Festland und den vorgelagerten Inseln ist das Watt.

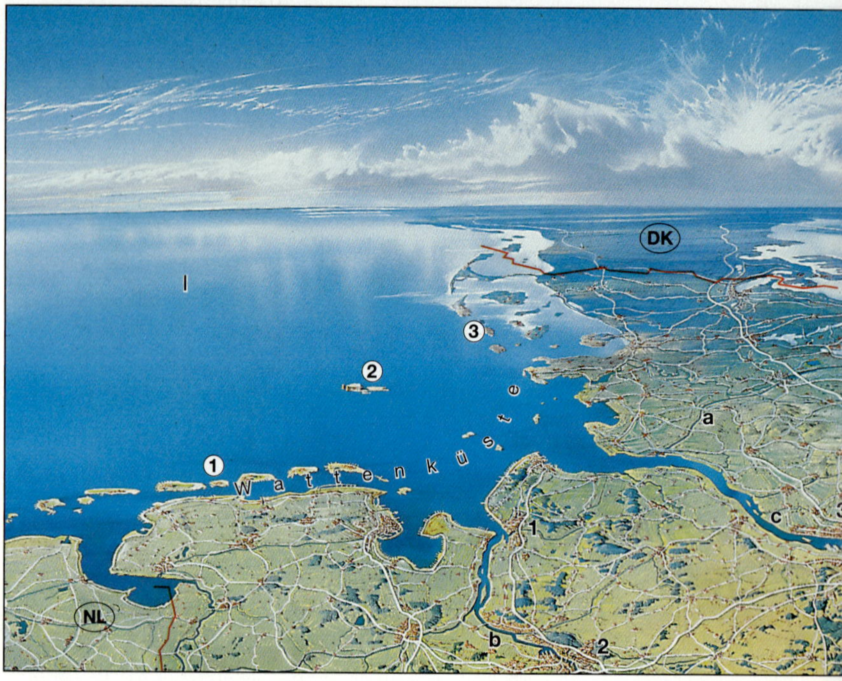

M1 *Übungskarte des deutschen Küstenraumes*

www.ostsee.de

www.die-nordsee.de

An der Nordseeküste

Das muss Spaß machen, mit Pferdewagen oder zu Fuß im **Wattenmeer** unterwegs zu sein (siehe Foto Seite 37). Aber warum ist kein Wasser da? Ganz einfach: Es ist Ebbe. Wenn die Flut kommt, müssen die Menschen das Watt verlassen.

Das Leben an der Nordseeküste wird durch die **Gezeiten**, den ständigen Wechsel zwischen **Ebbe** und **Flut**, bestimmt. Etwa alle sechs Stunden zieht sich das Meer zurück. Dadurch fallen bis zu dreißig Kilometer Meeresboden entlang der **Küste** trocken. Eine Wattenküste finden wir an der ganzen Nordsee.

An der Ostseeküste

Die Ostsee ist nur durch eine schmale Meerenge mit dem Atlantischen Ozean verbunden. Sie ist ein Binnenmeer. Der Wechsel zwischen Ebbe und Flut ist hier kaum zu spüren, denn bei Flut dringt nur wenig Meerwasser des Atlantiks in die Ostsee ein. An der Küste zwischen Flensburg und Lübeck gibt es mehrere tief ins Land reichende Rinnen, wie zum Beispiel die Schlei, die Kieler Förde und die Lübecker Förde. Hier liegt die Fördenküste.

Die Küste östlich von Rostock besteht aus flachen Buchten mit unregelmäßigem Verlauf. Sie heißt Boddenküste. Die Inseln Rügen und Usedom sind bekannte Ferienziele an der Ostsee. Die größte Halbinsel heißt Darß-Zingst.

Aufgaben

1 Welche Bundesländer gehören zum deutschen Küstenraum (Atlas, Karte: Deutschland – physisch)?

2 a) Benenne die in M1 eingezeichneten Meeresteile (I und II), Inseln/Inselgruppen (① –⑥), Städte (1–8) und Flüsse/Kanäle (a–d) (Atlas, Karte: Deutschland – physisch).
b) Welche der Städte (1–8) sind Hafenstädte?

3 Fertige Skizzen zu den Küstenformen Steil- und Flachküste an. Nutze dazu das Arbeitsheft, S. 8.

Küstenformen an der Ostsee
Förden sind lange Rinnen, in denen das Meer viele Kilometer in das Land hineinreicht. Gletscher und ihre Schmelzwässer haben die Fördenküste in der Eiszeit geschaffen. Bodden sind seichte und zerlappte Meeresbuchten, die oft nur kleine Zugänge zum Meer besitzen. Sie befinden sich in ehemaligen Grundmoränenlandschaften. Seit dem Ende der Eiszeit drang das Meer in die Senken zwischen den Moränenhügeln vor und schuf so die Boddenküste.

M2 Steilküste *am Kap Arkona*

Methode

Anfertigen von Profilskizzen
Profile sind Zeichnungen, die die Form eines Geländes verdeutlichen.
Schritte beim Skizzieren eines Profils:
- Profilgrundlinie anlegen
- Profilschnitt anhand der Vorlage zeichnen
- Skizze mit Farben, Symbolen, Begriffen erläutern bzw. lesbar machen

M3 Flachküste *bei Prerow auf der Halbinsel Darß-Zingst*

Merke
Deutschland grenzt im Norden an die Ostsee und an die Nordsee. Im Unterschied zur Ostsee weist die Nordsee Gezeiten auf. Man unterscheidet Ebbe und Flut.

Grundbegriffe
- Wattenmeer
- Gezeiten
- Ebbe
- Flut
- Küste
- Steil- und Flachküste

Das Wasser kommt und geht

Adriane und Rebecca sind mit ihren Eltern an die Nordseeküste gefahren. Sie freuen sich schon auf das Meer. Doch als sie am Strand ankommen, sehen sie kein Wasser, sondern nur Sand und graublauen Schlick. Es herrscht gerade Niedrigwasser. Das Wasser ist zurückgewichen und das Watt ist trockengefallen. Der Wasserspiegel der Nordsee ist um über drei Meter gesunken.

Niedrigwasser (abgekürzt NW) bedeutet, dass der niedrigste Wasserstand erreicht ist. Nun ist die Ebbe beendet und die Flut beginnt. Nach etwa sechs Stunden ist der höchste Wasserstand erreicht. Es ist Hochwasser (abgekürzt HW). Für die Bewohner der Küste gehört der Wechsel von Ebbe und Flut zum Alltag. Auch Urlauber müssen lernen mit den Gezeiten richtig umzugehen. Baden ist bei Ebbe nicht erlaubt. Das ablaufende Wasser kann die Schwimmer ins Meer hinausziehen. Aber auch bei Flut kann Baden gefährlich sein, wenn Stürme hohe Wellen verursachen.

Aufgabe

1 Stelle anhand des Gezeitenkalenders (M1) fest, wann man baden kann.

Hoch- und Niedrigwasserzeiten

Tag	NW	HW	NW	HW
5. Aug.	00.42	06.54	13.06	19.18
6. Aug.	01.31	07.43	13.56	20.08

M1 *Aus einem Gezeitenkalender*

Info

Gezeiten

Das Wasser der großen Ozeane hebt und senkt sich regelmäßig. Zweimal am Tag gibt es Flut und Ebbe. Das Steigen des Wassers heißt Flut, das Fallen Ebbe. Diese Schwankungen des Meeresspiegels nennt man Gezeiten oder Tiden. Den Höhenunterschied zwischen Hoch- und Niedrigwasser bezeichnet man als Tidenhub.
Die Nordsee ist ein Gezeitenmeer. In Binnenmeeren, wie zum Beispiel der Ostsee oder dem Mittelmeer, wirken sich die Gezeiten kaum aus. Hier schwankt der Wasserstand nur um 20 bis 30 Zentimeter. Dagegen beträgt der Tidenhub in Wilhelmshaven an der Nordsee 3,60 Meter.

M2 *Hallig Hooge: Ebbe, Flut, Sturmflut (Land unter)*

M3 *Pfahlreihen mit eingeflochtenem Zweigwerk*

M4 *Buhnen und Dünen*

Küstenschutz an Nord- und Ostsee

Um die Nordseeküste, an der schon seit Jahrtausenden Menschen siedeln, zu schützen, wurden Dämme (auch **Deiche** genannt) angelegt. Davor befindliche Lahnungen (M3) halten den vom Meerwasser mitgeführten Schlick fest. Heute dient die Landgewinnung vor allem dem Küstenschutz.

An der Nordseeküste weiß man, dass ein weites und bewachsenes Vorland, das sich vor den Deichen ausbreitet, am besten vor Überflutung des Hinterlandes schützt. Laufen die Wellen nämlich zuerst über das bewachsene Vorland, verlieren sie an Kraft.

An der Ostsee muss insbesondere das Kliff der Steilküsten vor dem Abbruch bewahrt werden. Wälle aus Steinen oder Betonteilen und Buhnen im Meer dienen als Wellenbrecher.

Aufgaben

2 Erläutere, warum die Landgewinnung vor den Deichen an der Nordseeküste der beste Küstenschutz ist (M3).

3 Warum darf man Dünen an der Flachküste nicht betreten (M4)?

Entstehung einer Sturmflut

Die Gezeiten wirken über die Trichtermündungen der Flüsse weit in das Landesinnere hinein. In Hamburg steigt bei Hochwasser der Wasserstand um ungefähr 2,25 m. Auch in Bremen und Papenburg ist der Wechsel von Ebbe und Flut noch deutlich spürbar.
Wenn die normale Flut durch einen Sturm aus Nordwest begleitet wird, kommt es zu einer Sturmflut. Der starke Wind drückt das Wasser gegen das Land und in die Flüsse. Es kann bei Ebbe nicht ablaufen und mit der nächsten Flut werden wieder neue Wassermassen in die Nordsee gedrückt. Hinzu kommt, dass das Wasser aus den Flüssen nicht in die Nordsee abfließen kann, sondern aufgestaut wird. Bei der Sturmflut 1962 stand das Wasser im Hamburger Hafen etwa 4,20 m höher als bei einer normalen Flut.

Merke
Den Unterschied im Wasserstand zwischen Hoch- und Niedrigwasser bezeichnet man als Tidenhub. Der Tidenhub unterscheidet sich in den einzelnen Küstenabschnitten.
Mit Deichen und anderen Bauten schützt der Mensch die Küste vor Sturmfluten.

Grundbegriffe
- Deich

M1 *Bei einer Wattwanderung*

Das Watt – Leben zwischen Wasser und Land

Zwischen Festland und Inseln liegt das Wattenmeer. Bei Ebbe taucht der grau schimmernde Nordseeboden aus dem Wasser auf. Bei Flut sind die Sand- und Schlickflächen wieder vom Meer bedeckt.

Wer zum ersten Mal das Watt betritt, wird kaum vermuten, dass diese eintönige, fast leblos wirkende Fläche der Lebensraum von Millionen von Tieren ist und als eine einzigartige Landschaft gilt. Die Lebewesen des Watts haben sich dem Wechsel von Ebbe und Flut angepasst: Bewohner des Meeresbodens vergraben sich zum Beispiel bei Ebbe im feuchten Schlick und warten dort auf die Rückkehr der Flut. In vielen Jahrtausenden entstanden im Watt Lebensgemeinschaften, die aufeinander angewiesen sind.

„Ich bin der berühmteste Wurm des Watts. Mein Name ist ‚Wattwurm.' Zu sehen bekommt man mich kaum, denn ich lebe im Schlick verborgen. Viele Wattbewohner haben mich nämlich auf ihrer Speisekarte. Manche sagen, ich würde mich von Sand ernähren, weil über meiner Wohnung kleine Sandhäufchen liegen. Tatsächlich sind aber Kieselalgen meine Lieblingsspeise."

Aufgaben

1 Warum sollte eine Wattwanderung nur mit einem ortskundigen Wattführer unternommen werden?

2 Berichte über den Nationalpark Wattenmeer.

3 Ermittle die Lage des Nationalparks Schleswig-Holsteinisches Wattenmeer (Atlas, Karte: Deutschland – Wattenküste).

4 Entwickle ein Merkblatt, wie man sich im Nationalpark verhalten soll (Text).

5 Gestaltet eine Wandzeitung oder Collage zum Wattenmeer (Schönheiten, Gefahren, Schutzmaßnahmen). Besorgt euch Material in Reisebüros.

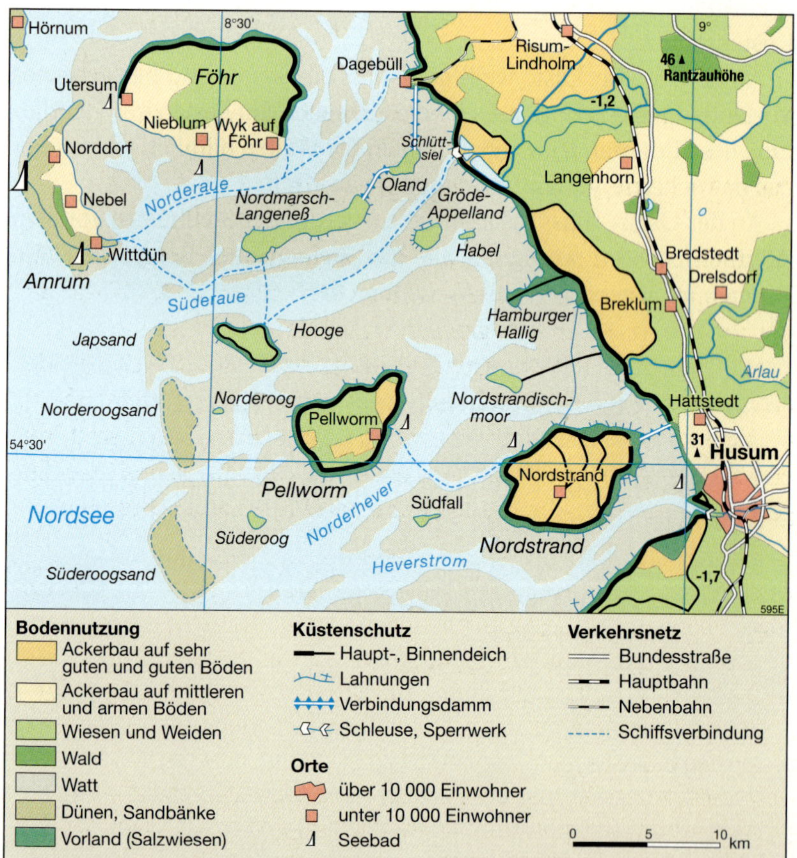

M2 *Wattenküste mit Halligen*

M3 *Satellitenbild der Deutschen Nordseeküste mit Wattenmeer*

Das Wattenmeer wird geschützt

Das Land Niedersachsen hat wie Schleswig-Holstein große Teile des Wattenmeeres unter Schutz gestellt. 1985 entstand der **Nationalpark** Wattenmeer. In ihm gibt es verschiedene Schutzzonen:

Die Ruhezone hat die strengsten Bestimmungen. Sie darf weder betreten noch mit Booten befahren werden. Die Zwischenzone ist weniger streng geschützt. Wattwandern und Bootfahren sind hier erlaubt. Der geringste Schutz besteht in der Erholungszone. Hier liegen Hotels, Pensionen, Badestrände und Freizeiteinrichtungen.

Info

Was ist ein Nationalpark?

Ein Nationalpark ist ein großräumiges Gebiet, in dem die Eigenart der Natur erhalten bleiben soll. Die hier lebenden Pflanzen- und Tierarten sind streng geschützt. Nur auf besonders gekennzeichneten Wegen dürfen sich Besucher bewegen.

Teile eines Nationalparks können als Erholungsgebiete genutzt werden. Allerdings gibt es Vorschriften für bauliche Veränderungen und für die Nutzung durch den Fremdenverkehr.

Merke

Das Watt breitet sich zwischen dem Festland und den vorgelagerten Inseln aus. Bei Ebbe fällt der Nordseeboden trocken, bei Flut wird er wieder überschwemmt. Zum Schutz der besonderen Pflanzen- und Tierwelt entstand der Nationalpark Wattenmeer.

Grundbegriff

- Nationalpark

Wirtschaftsräume an der Küste

Info

Nord-Süd-Achse
Die Nord-Süd-Achse ist die Verkehrsverbindung Skandinavien – neue Bundesländer – Tschechien – Österreich – Italien.

Häfen – Verkehrsdrehscheiben zwischen Wasser und Land

Ein Hafen ist ein natürlicher oder künstlicher Anker- und Anlegeplatz für Schiffe. Er schützt diese gegen Sturm, Seegang und Eisgang. In einem Hafen werden Schiffe mit Gütern be- und entladen. Daher werden viele Waren direkt in einem Hafen gelagert. Meist wird in einem Hafen auch der Weitertransport von Gütern organisiert. In so genannten Werften werden Schiffe gebaut und ausgebessert. Entsprechend ihrer Lage zum Meer werden Häfen in See- und **Binnenhäfen** unterteilt.

Während sich Binnenhäfen wie der Magdeburger Hafen an Flüssen im Landesinneren befinden, haben Seehäfen, wie beispielsweise der Hamburger Hafen, Zugang zum offenen Meer. Diese bilden bedeutende Verkehrsdrehscheiben für Waren von überall her, die von hier aus auf dem Land-, Luft- und Binnenwasserweg weitertransportiert werden. So werden einerseits Bananen aus Ecuador und Eisenerz aus Brasilien eingeführt, andererseits Autos aus Wolfsburg, Mikroskope und Ferngläser aus Jena in andere Länder ausgeführt. Seehäfen sind daher auch bedeutende Standorte der Industrie. Oft finden sich dort Stahlwerke und Raffinerien.

Da Seehäfen Zugang zum offenen Meer haben, macht sich bei ihnen oftmals der Tidenhub, das heißt der unterschiedlich hohe Wasserstand bei Ebbe und Flut, bemerkbar. Ein solcher Hafen benötigt tiefe Hafenbecken und hohe Kaimauern. Dennoch können große Schiffe diese Häfen oft nur bei Flut befahren.

Tidenhub	
New York	1,35 m
Rotterdam	1,65 m
Hamburg	2,80 m
Bremen	3,20 m
Bremerhaven	3,40 m
Wilhelmshaven	3,60 m
London	5,80 m
Bristol	9,45 m

M1 *Tidenhub ausgewählter Seehäfen*

M2 *Der Überseehafen Rostock – Warum ist er kein Tidehafen?*

Aufgaben

1 Beschreibe die Aufgaben eines Hafens.

2 Erkläre die Begriffe Seehafen und Binnenhafen.

3 Nenne die größten See- und Binnenhäfen (M4).

4 Beschreibe den Einfluss des Tidenhubes auf die alltägliche Arbeit in einem Seehafen.

5 Beschreibe die Lage des Hamburger Hafens.

6 Sucht im Internet Adressen von See- und Binnenhäfen. Teilt euch in Gruppen auf. Jede Gruppe sammelt Informationen zu einem bestimmten deutschen Hafen und präsentiert ihre Ergebnisse anschließend der Klasse.

M3 *Ein Containerschiff im Hamburger Hafen*

Info

Steckbrief Hamburger Hafen

- Die Fläche des Hafens umfasst 75 Quadratkilometer. Die Stadt Hamburg ist etwa zehnmal so groß.
- Fast 14 000 Seeschiffe werden jedes Jahr im Hamburger Hafen be- und entladen.
- Etwa 13 000 Binnenschiffe laufen jedes Jahr den Hamburger Hafen an.
- Etwa 40 000 Menschen sind im Hafen beschäftigt.
- 23 Hafenbahnhöfe, 670 km Gleise und 160 km Straßen sorgen für Beweglichkeit.

Der Hamburger Hafen: Drehscheibe des Verkehrs

Der Hamburger Hafen ist der größte Seehafen Deutschlands. Er liegt etwa 100 km von der Nordsee entfernt im Landesinneren an der Trichtermündung der Elbe. Die Fahrrinne wird immer wieder ausgebaggert. Sie muss mindestens 13 m tief sein. So können auch große Seeschiffe den Hafen anlaufen. Viele von ihnen kommen mit der Flutwelle in den Hafen, denn Hamburg ist ein Tidehafen. Ebbe und Flut werden nicht durch Schleusen ausgeglichen. Der Wasserspiegel schwankt täglich um ca. 2,80 m.

Mehr als 340 internationale Schifffahrtslinien aus fast 100 Staaten laufen regelmäßig den Hamburger Hafen an. Sie verkehren nach einem genauen Fahrplan. An einem normalen Wochentag werden etwa 200 000 Tonnen Güter im Hafen umgeladen. Massengüter (z.B. Kohle, Erdöl) werden in großen Mengen ohne besondere Verpackung befördert. Stückgüter (z.B. Maschinenteile, Bananen, Kaffee) hingegen „reisen“ verpackt in Säcken, Kisten, Kartons, Ballen oder Containern. Der Weitertransport der Güter ins Binnenland erfolgt über Autobahnen, Schienenwege und Wasserstraßen. Der Hamburger Hafen ist eine „Drehscheibe des Verkehrs.“

Der modernste Teil des Hafens ist das Containerzentrum Waltershof mit Gleisanschluss, Straßen und großen Freiflächen für das Abstellen der Container. Der Betrieb eines Containerschiffes kostet jeden Tag über 50 000 Euro. Die Liegezeiten sollen daher möglichst kurz sein. In knapp zwölf Stunden ist ein Containerschiff entladen und wieder mit Containern voll bepackt. Denn Zeit ist Geld.

	Umschlag in Mio. Tonnen
Hamburg *	77,0
Duisburg	50,1
Wilhelmshaven	43,4
Bremerhaven	24,8
Rostock	18,6
Lübeck	18,0
Bremen	14,4
Köln	12,3
Karlsruhe	6,7
*Anteil des Binnenhafens	9,8

M4 *Güterverkehr der wichtigsten deutschen Binnen- und Seehäfen (2000)*

Merke
Häfen sind wichtige Verkehrsknotenpunkte. Der größte Seehafen Deutschlands ist Hamburg, der größte Binnenhafen befindet sich in Duisburg am Rhein.

Grundbegriff
- Binnenhafen

Urlaub an der Nordsee

Die großen Ferien nahen. Die Vorfreude bei Eva, Sascha und Jens ist besonders groß, weil sie mit einer Jugendgruppe für zehn Tage in die Jugendherberge nach Langeoog fahren. Sie freuen sich auf Sandstrand, Dünen, Strandseen, viel Abwechslung bei Regenwetter und Sonnenschein, abendlichen Rummel in den Straßen, Besuch einer Disko, eine Strandpromenade mit Geschäften, bunte Boote im Hafen, Muscheln, Schnecken und Seesterne zum Sammeln und vor allem rund herum Wasser und Strand zum Baden und Burgenbauen. Ob sie das alles erleben werden?

Sonne, Sandstrand, Nordsee – unverfälschte Natur

Im Einklang mit der Natur
Klar, alles dreht sich ums Wetter. Rund 1000 Stunden pro Sommer-Saison lacht über Langeoog die Sonne. Sicher, Langeoog liegt nicht im Süden, aber dafür weht Ihnen hier eine erfrischende Brise um die Nase, die jede graue Wolke genauso schnell vertreibt, wie sie gekommen ist. Für ideale Badetemperaturen sorgt der Golfstrom, der milde Meeresluft und warme Wasserströme hierher bringt. Besonderes Wetterbonbon: Wenn's auf dem Festland regnet, scheint auf Langeoog meist die Sonne.

Mehr Freiraum für Kinder
Wissen Sie, warum Kinder Langeoog so sehr lieben? Weil es auf der Insel keine Autos gibt. Weil zwei von drei Unterkünften speziell auf die kleinen Gäste eingerichtet sind. Weil sie sich in den beiden Spielhäusern gut aufgehoben wissen, wenn ihre Eltern mal Zeit für sich selbst brauchen. Weil sie auf einer spannenden Pferdekutschfahrt „ihr" Langeoog entdecken können. Weil es einen 14 Kilometer langen „Sandkasten" gibt. Weil es hier nie langweilig wird. Und: weil sie ganz einfach Kind sein dürfen.

Keine Chance der Langeweile
Auf dem Festland wären Sie tagelang unterwegs, wollten Sie all die Freizeitmöglichkeiten nutzen, die im Sportlerparadies Langeoog angeboten werden. Spiel ohne Grenzen: Ob Minigolf, Tennis, Volleyball oder Fußball, Strandsport, Sportschießen, Tischtennis, Joggen, Surfen und weitere Wassersportarten (auch im Meerwasser-Erlebnisbad), Reiten oder Angeln, Radfahren, Wandern oder Boccia – selten wird es einem so leicht gemacht, mit viel, viel Spaß etwas für seine Gesundheit zu tun.

M1 *Prospekttexte (Nach Kurverwaltung Langeoog: Langeoog – Die Insel fürs Leben)*

M2 *Blick auf den Strand und das Meer*

Rügen entdecken

Familie Wingert hat in diesem Jahr ihre Sommerferien an der Ostsee, auf der Insel Rügen verbracht. Die beiden Kinder Birgit und Holger hatten vor der Abfahrt eifrig Reiseprospekte studiert und im Internet gesurft. Alle Informationen versprachen viel Spaß und Abwechslung: gefahrloses Baden, Tretboot fahren und Surfen im Meer rund um die Uhr, kilometerlange Spazier- und Wanderwege entlang der Küste und Radeln, ohne größere Steigungen überwinden zu müssen. Wenn es einmal regnet, könnte man mit einem der vielen Boote oder Fähren Ausflüge in die alten Hafenstädte Wismar, Rostock und Stralsund bzw. nach der Insel Hiddensee oder nach Skandinavien unternehmen.

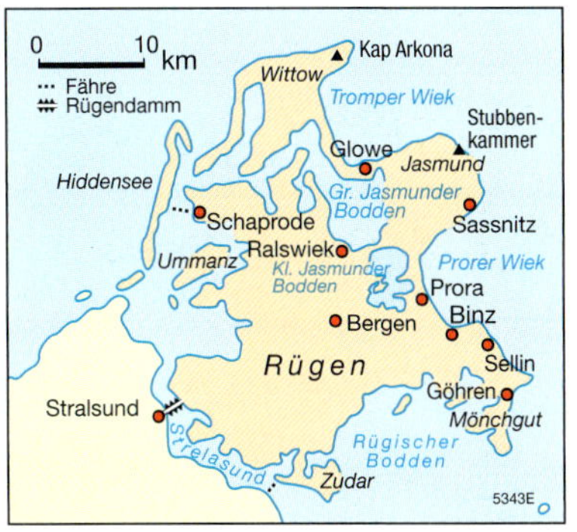

M4 *Insel Rügen – die größte Insel Deutschlands*

Die Insel erleben

Nach einer anstrengenden Autofahrt erreichen Birgit, Holger und ihre Eltern das „Nadelöhr“, den 2540 Meter langen Rügendamm. Er verbindet seit 1936 die Insel mit dem Festland. Oft bilden sich hier kilometerlange Staus. Spät abends ist die Familie Wingert endlich in ihrer Ferienwohnung im Ostseebad Göhren angekommen. Sie beschließen, in den drei Ferienwochen das Auto möglichst stehen zu lassen und den Ort mit dem Fahrrad zu erkunden. Am nächsten Morgen lacht die Sonne vom Himmel. Alle packen ihre Badesachen ein und machen sich auf den Weg zum Strand.

Mal sehen, ob alles stimmt, was die Prospekte versprechen. Unterwegs kommen sie an vielen anderen Pensionen, Hotels und Ferienanlagen vorbei.

Am darauf folgenden Wochenende ist der Strand überfüllt, die Leute liegen dicht nebeneinander. Wochenendurlauber und Tagesgäste vom Festland sind noch gekommen. Für sie ist die Ostsee ihr Naherholungsgebiet und sie fahren abends wieder nach Hause.

M3 *www.ruegen.de*

Info

Kap Arkona
So nennt man die Nordspitze der Insel Rügen auf der Halbinsel Wittow. Weit kann man über das Meer schauen, denn das Kliff ragt hier 47 Meter hoch über das Meer heraus (M2, S. 39). Noch 35 m höher ist einer der beiden Leuchttürme am Kap. Nachts weist sein Leuchtfeuer Schiffen einen sicheren Weg um die ins Meer vorgeschobene Landspitze. Vor vielen Jahrhunderten war das meerumtoste Kap ein religiöses Kultzentrum der Ranen, die hier ihren Gott Swantewit verehrten. Der hölzerne Tempelberg wurde allerdings 1168 durch die Dänen zerstört. Heute sind die Reste durch das Meer gefährdet.

Aufgaben

1 Warum wird der Rügendamm häufig als „Nadelöhr“ und „Nabelschnur“ bezeichnet?

2 Informiere dich unter www.ruegen.de über weitere Sehenswürdigkeiten der Insel.

Grübeln und Tüfteln

Ein Modell des deutschen Küstenraums

Wer baut das schönste Papiermaché-Modell des Küstenraumes? Du kannst dabei deine eigenen Ideen einbringen. Stelle dein Modell deinen Mitschülern wie folgt vor:

Herstellung des Papiermachés

Zerreiße alte Zeitungen in möglichst kleine Fetzen, lege sie in warmes Wasser und koche sie etwa 20 Minuten. Danach wird die Masse glatt gerührt und in ein Sieb zum Abtropfen geschüttet. Gib nun auf 1 kg abgetropfte Zeitungsmasse ca. vier Esslöffel Tapetenkleister, drei Esslöffel Holzleim und so viel feines Sägemehl, dass ein fester, aber knetbarer Teig entsteht. Knete ihn gut durch.

Fertigung des Modells

Forme nach M1 und nach Angaben im Atlas (Karte: Deutschland/Wattenküste – Wirtschaft/Küstenschutz) dein Modell. Nimm als Unterlage eine feste DIN-A3-Pappe und belege sie mit Alufolie. Wenn das Modell fertig ist, lasse es an der Luft trocknen. Vielleicht sieht es etwas rau aus. Durch Schleifen oder eine dünne Schicht halbflüssiger Papiermaché-Masse kannst du es glätten. Male das Modell an, nachdem du es zuvor weiß grundiert hast. Beschrifte dann die einzelnen Teile zum Beispiel mit den Begriffen Insel, Watt, Deich, Koog, Marsch und Geest.

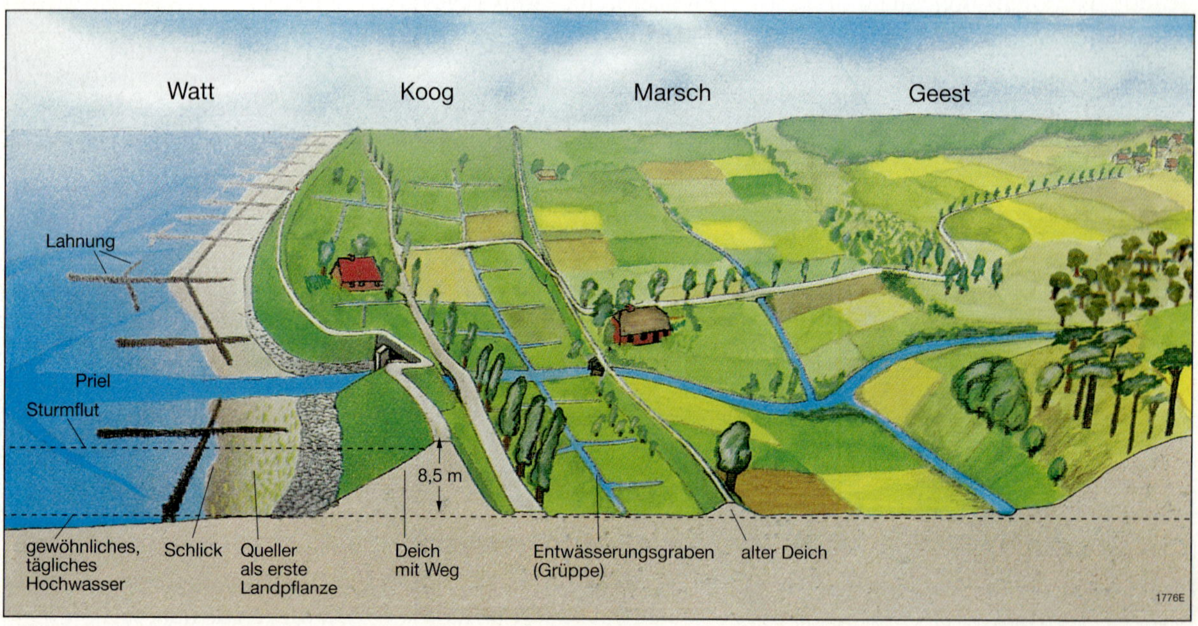

M1 *Blockbild der Küste – vom Wattenmeer zur Geest*

Artgerechte Schweinehaltung

Zuckerrübenernte

Bauernfamilie

Obstanbau

Im Norddeutschen Tiefland Mecklenburg-Vorpommerns

Entstehung des Tieflandes

Info

Das Eiszeitalter

In der Erdgeschichte gab es immer wieder Zeitabschnitte, in denen sich das Klima auf der Erde stark abkühlte. In den letzten rund zwei Millionen Jahren wechselten kalte und warme Zeitabschnitte sogar sehr häufig. Diesen gesamten Zeitraum bezeichnet man als **Eiszeitalter** oder Pleistozän.
Es war so kalt, dass das Eis und der Schnee, die sich in den Wintern gebildet hatten, selbst in den Sommermonaten nicht mehr abtauten. Die Gletscher der Hochgebirge wuchsen, weiteten die Täler aus und schoben sich in die Gebirgsvorländer.
Die Gletscher in den Gebirgen Schwedens und Norwegens drangen bis in das heutige Norddeutsche Tiefland vor und schufen dort glaziale Serien. Während der letzten Kaltzeit (70 000 bis 10 000 vor heute) waren weite Teile des Norddeutschen Tieflandes von einer bis zu zwei Kilometern hohen Eiskappe bedeckt.

Das Norddeutsche Tiefland – eiszeitlich überformt

Das Norddeutsche Tiefland erreicht Höhen bis zu 200 Metern. Seine Oberfläche ist eben, flachwellig oder hügelig. Sie wurde während des **Eiszeitalters** (Pleistozän) geformt. Gewaltige Gletscher schoben sich damals mehrfach aus Nordeuropa vor und brachten von dort Gesteine mit. Unter dem Gletscher und dessen Rand blieb das mitgebrachte Gesteinsmaterial liegen. Abfließendes Schmelzwasser lagerte im Vorland des Eises mächtige Schichten aus Kies, Sand und Lehm ab. Die Abfolge der aufgeschütteten Formen wird als **glaziale Serie** bezeichnet. Sie besteht aus Grundmoräne, Endmoräne, Sander und Urstromtal.

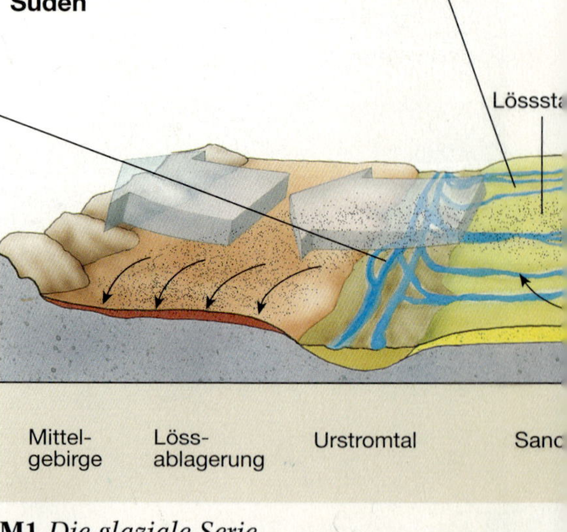

M1 *Die glaziale Serie*

Die ebenen oder kuppigen Grundmoränen entstanden unter dem Gletscher. Hier lagerte sich vor allem vom Gletscher fein zerriebenes Gestein (Lehm) ab. Die so entstandenen Böden sind fruchtbar und werden ackerbaulich genutzt.

Endmoränen wurden am Eisrand aufgeschüttet. Sie sind hügelig und mit Seen durchsetzt. Sie dienen der Forstwirtschaft.

Die ebenen Sanderflächen entstanden durch Schmelzwasser, das aus den Endmoränen feines Material ausspülte. Der Boden ist wenig ertragreich, auf ihm wachsen Kiefernwälder und es werden anspruchslose Pflanzen angebaut.

In Urstromtälern sammelte sich das Schmelzwasser. Die Niederungen haben einen hohen Grundwasserstand und werden als Weiden und Wiesen genutzt.

Aufgaben

1 Begründe, warum das Relief des Tieflandes flach, hügelig oder wellig sein kann.

2 Erkläre, warum die Urstromtäler von Südosten nach Nordwesten verlaufen.

3 Beschreibe die Entstehung und Nutzung der Teile der glazialen Serie. Verwende dazu auch das Arbeitsheft, S. 9.

Merke
Die Oberfläche des Norddeutschen Tieflandes wurde während der Eiszeit von Gletschern geformt. So entstanden Grundmoränen, Endmoränen, Sander und Urstromtäler. Im Norddeutschen Tiefland gibt es zahlreiche Seen.

Grundbegriffe
- Eiszeitalter
- glaziale Serie

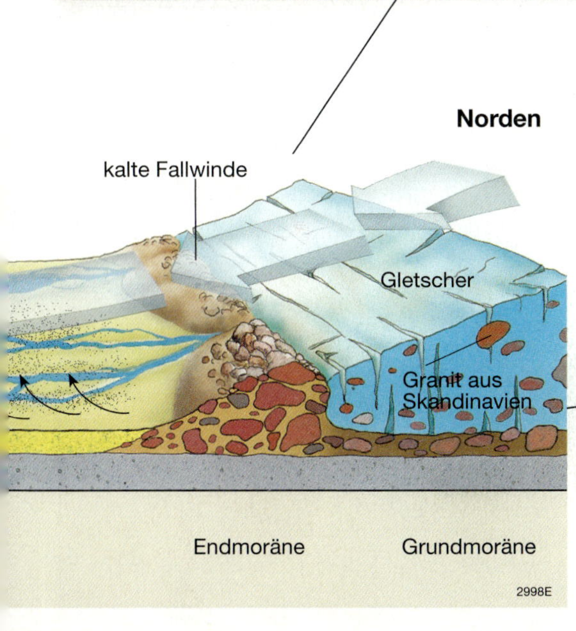

Landwirtschaft – Möglichkeiten und Grenzen

Aufgabe

1 Beschreibe die Verteilung der Agrarräume in Deutschland.

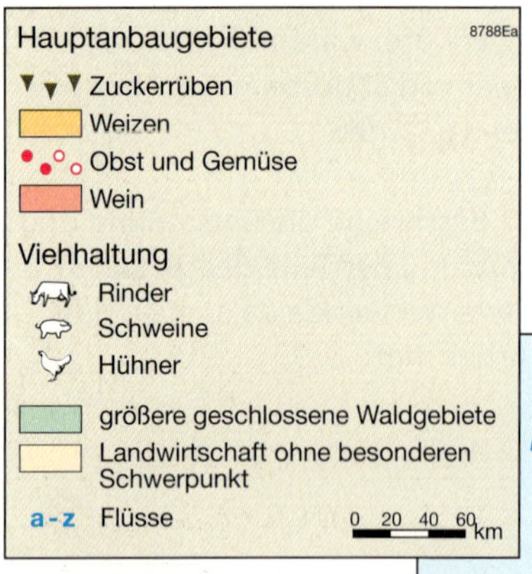

Aufgaben der Landwirtschaft

Die Bauern in Deutschland produzieren einen Großteil der Nahrung, die wir täglich brauchen. Durch Ackerbau und Viehzucht wird die Ernährung der Bevölkerung gesichert. Die meisten Produkte gelangen aber nicht direkt zu den Verbrauchern, sondern werden vorher in den Betrieben der Lebensmittelindustrie verarbeitet. Die Landwirtschaft ist aber auch ein wichtiger Zulieferer für verschiedene Bereiche der Wirtschaft. So erzeugen die Bauern Rohstoffe, die in der Industrie zur Herstellung von Lederwaren, Biodiesel oder Arzneimitteln benötigt werden.

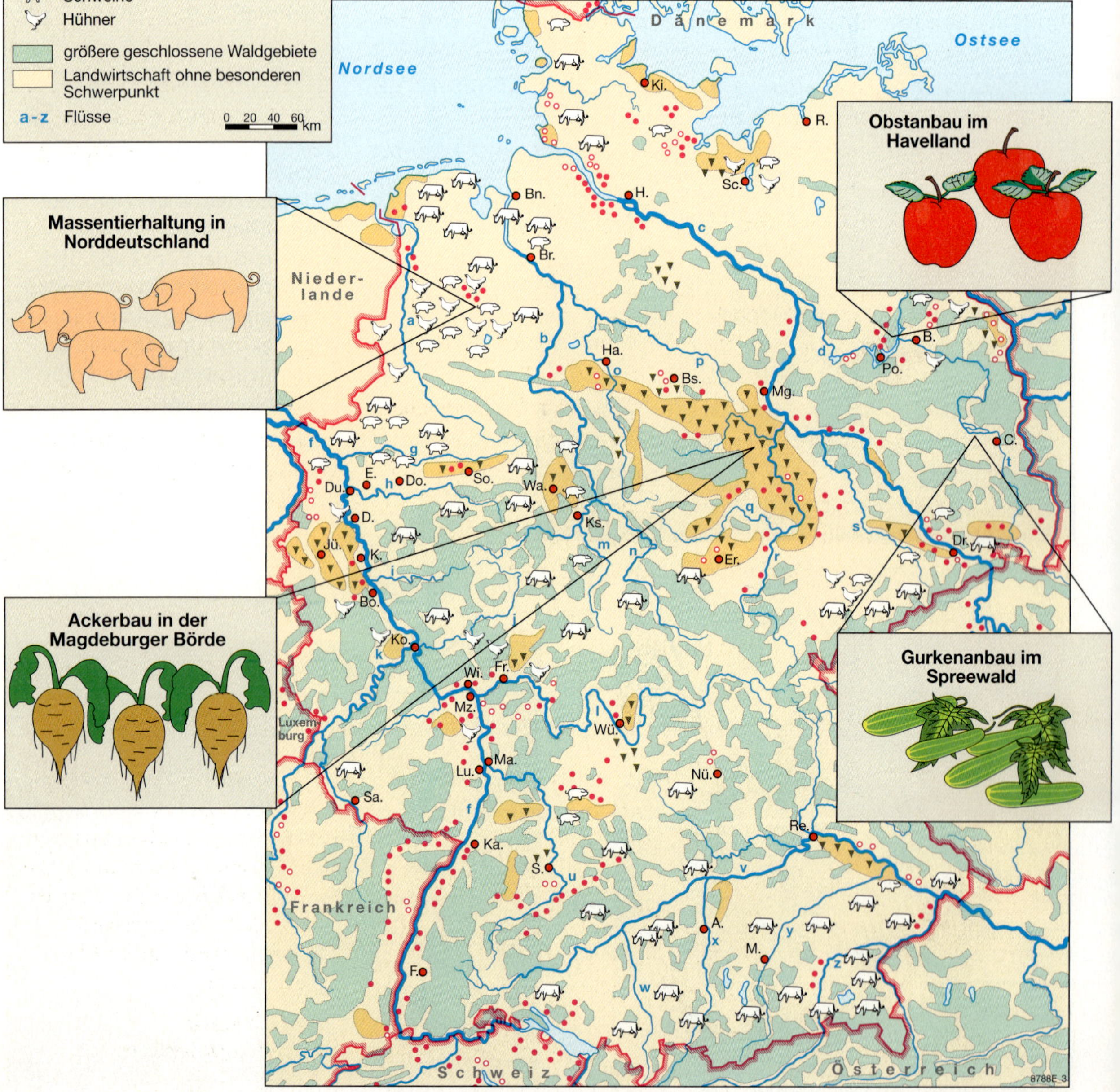

M1 *Agrarräume in Deutschland*

Abhängigkeit vom Naturraum

Nicht alle Gebiete Deutschlands eignen sich gleich gut für die Landwirtschaft. Vor allem die natürlichen Grundlagen Relief, Klima und Boden beeinflussen die landwirtschaftliche Nutzung. Auf ertragreichen Böden betreiben die Landwirte überwiegend Ackerbau: Sie bauen Feldfrüchte wie Getreide, Kartoffeln oder Zuckerrüben an, wie zum Beispiel in der Magdeburger Börde.

In Gebieten mit hohen Niederschlägen und feuchten Böden bringt der Ackerbau nur geringe Erträge. Dort findet man vor allem Grünland mit Milchkühen oder Mastvieh. Diese **Grünlandwirtschaft** gibt es im Norddeutschen Tiefland, in den Tälern der Mittelgebirge und im Alpenvorland, zum Beispiel im Allgäu. Die Schweine- und Hühnerhaltung in größeren Beständen ist unabhängig vom Boden, denn das Futter wird zum größeren Teil eingekauft. Besonders viele Großställe befinden sich in Großstadtnähe.

Waldreiche Gebiete werden forstwirtschaftlich genutzt: Bäume werden gefällt, das Holz wird verkauft und auf den freien Flächen werden wieder junge Bäume gepflanzt. Diese Art der Nutzung gibt es vor allem in den Mittelgebirgen.

Sonderkulturen in Gunsträumen

In Gebieten, in denen hohe Temperaturen und ausreichende Niederschläge das Wachstum begünstigen, liegen die Gunsträume der Landwirtschaft mit den Sonderkulturen. Dort kann Wein angebaut werden, wie zum Beispiel am Oberrhein. Eine weitere Sonderkultur ist der Hopfen. Er bildet einen Rohstoff für die Herstellung von Bier. Den Anbau von Obst und Gemüse findet man oft im Umland von Städten, weil die Transportwege zu den Verbrauchern kurz sind; dies spielt für die Frische der Produkte eine wichtige Rolle.

M2 *Hof in der Marsch in Ostfriesland*

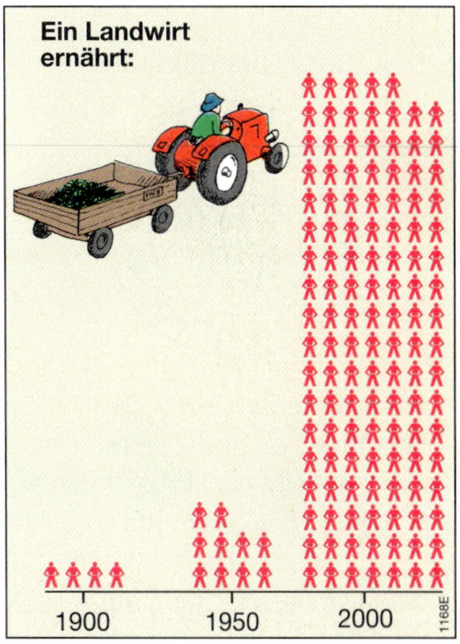

M3 *Die Bedeutung der Landwirtschaft für die Ernährung der Menschen*

Aufgaben

2 Erkläre, warum die Mittelgebirge für die Landwirtschaft Ungunsträume sind.

3 Suche Gunsträume, in denen Wein angebaut wird, im Atlas auf.

www.agrar.de
www.bioland.de

Merke
Die Landwirtschaft betreibt Ackerbau und Viehzucht. Damit sorgt sie für unsere Ernährung. Wie die zur Verfügung stehende landwirtschaftliche Fläche genutzt wird, hängt von den natürlichen Bedingungen ab.

Grundbegriff
- Grünlandwirtschaft

Info

Der „Rote Qualitätsadler"

BRANDENBURGISCHES QUALITÄTSERZEUGNIS

Dieses Gütezeichen für „Brandenburgische Qualitätserzeugnisse" verleiht der Verband zur Förderung der Agrar- und Ernährungswirtschaft im Land Brandenburg. Nur Agrargüter von Spitzenqualität dürfen so gekennzeichnet werden. Produkte mit diesem Gütezeichen werden überall in Deutschland gern gekauft.

Aufgabe

1 Werte die thematische Karte M1 aus.
a) Nenne das Thema der Karte.
b) Gib an, welche Flächenformen und Symbole die Karte enthält.
c) Beschreibe die Verteilung von Ackerbau, Forstwirtschaft und Viehzucht.

Nahrungsmittel aus Brandenburg

Brandenburgs Bauern bewirtschaften meist Böden, die aus sandigem Material bestehen. Sie sind wenig fruchtbar. Es gibt aber auch ertragreiche Lehmböden. So ist auch in Brandenburg die Landwirtschaft ein wichtiger Wirtschaftsbereich. Mehr als die Hälfte des Ackerlandes wird für den Anbau von Getreide genutzt. In den Niederungsgebieten spielt die Viehzucht eine wichtige Rolle. Hier steht ausreichend Futter zur Verfügung. Große Tradition hat die Obst- und Gemüseproduktion. Im Havelland bei Werder wird schon seit mehr als 200 Jahren Obst geerntet. Früher haben viele Bauern aus Werder Obst und Gemüse in Berlin verkauft. Heute kommen an den Wochenenden Berliner zum Einkauf auf die Frischmärkte. Besonders der Anbau von Spargel bei Beelitz ist über die Grenzen Brandenburgs bekannt.

Bis zur Wiedervereinigung Deutschlands arbeiteten die meisten Bauern im heutigen Brandenburg in Landwirtschaftlichen Produktionsgenossenschaften (LPG). Das waren Großbetriebe, die sich auf bestimmte Produkte spezialisiert hatten. Seit 1990 ist die Zahl der Arbeitskräfte in der Landwirtschaft Brandenburgs sehr stark zurückgegangen. Der Übergang in die Marktwirtschaft war sehr schwierig.

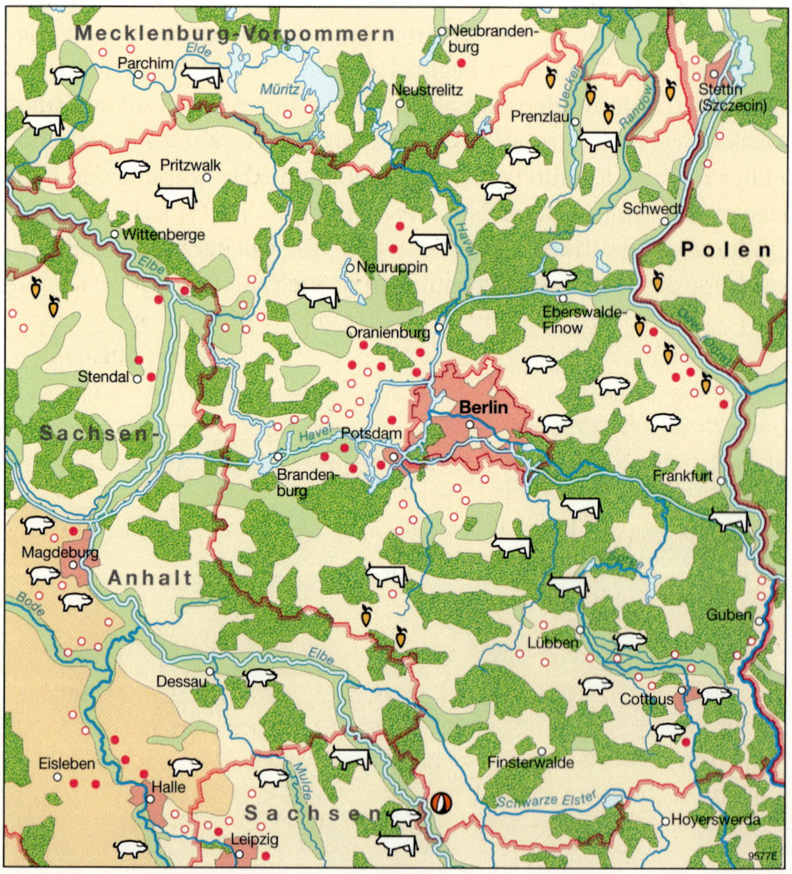

Ackerbau
- auf sehr guten und guten Böden, z. T. Löss (Weizen, Zuckerrüben)
- auf mittleren und armen Böden (Roggen, Kartoffeln, Futtermittel)
- Zuckerrüben

Sonderkulturen
- Gemüse
- Obst
- Zuckerfabrik

Forstwirtschaft
- Wald

Viehhaltung
- Wiese, Weide
- Rinder
- Schweine

M1 *Landwirtschaft in Brandenburg*

M2 *Im Spreewald*

Der Spreewald

Der Spreewald liegt in einer großen Niederungslandschaft. In dieses breite Tal floss die von Süden kommende Spree. Durch das dort geringe Gefälle wurde die Spree gebremst. Sie lagerte mitgeführtes Material ab und das Wasser suchte sich viele Abflussbahnen. Im Spreewald hat sich so ein Fluss in eine Vielzahl von Wasserarmen aufgeteilt. Schon lange bevor sich der Spreewald zu einem Anziehungspunkt für Touristen entwickelte, war dieses Gebiet für seine landwirtschaftlichen Sonderkulturen bekannt.

Das wachsende Berlin wurde seit Anfang des 20. Jahrhunderts zu einem wichtigen Absatzgebiet für Produkte aus dem Spreewald. Die Spreewaldbauern transportierten Frischgemüse mit der Bahn oder auf dem Wasserweg. Gefragt waren die Spreewälder Spezialitäten auch als Konserven: Gewürz- und Pfeffergurken, saure Gurken, Sauerkraut und rote Beete. Obwohl der Gemüseanbau nach 1989 zunächst zurückgegangen ist, gibt es für die Spezialprodukte keine „Saure-Gurken-Zeit." Die Spreewaldbauern bestellen ihre Felder vor allem mit Gurken, Zwiebeln und Meerrettich, aber auch mit Tomaten, Mohrrüben und Knoblauch.

Info

Die Sorben

Im Spreewald und seiner Umgebung leben Menschen, deren Muttersprache nicht Deutsch ist. Sie gehören zu einem slawischen Volk, das als Sorben oder Wenden bezeichnet wird. In der Vergangenheit waren die Sorben oft in ihrer Lebensweise eingeschränkt. Die Verfassung des Landes Brandenburg garantiert das Recht des sorbischen Volkes auf die Pflege seiner Kultur und Traditionen.

Aufgaben

2 Warum hat sich die Landwirtschaft Brandenburgs vielfach in der Nähe großer Städte entwickelt?

3 Lies den Text „Der Spreewald." Informiere dich über die natürlichen Bedingungen und die landschaftliche Nutzung. Gehe bei der Textarbeit nach der beschriebenen Schrittfolge vor.

www.spreewald.de/tourismus/

Methode

Wie gehe ich bei der Textarbeit vor?

Grundregeln: Gehe schrittweise und gründlich vor. Wer richtig fragt, der bekommt richtige Antworten.

Schritte:

1. Aufgabenstellung klar machen
2. Text aufmerksam lesen
3. Fragen formulieren
4. Text unter den Fragestellungen untersuchen
5. Stichworte auf Zettel notieren
6. Antworten ausformulieren
7. Selbst Fragen an den Text stellen

Merke

Brandenburg wird landwirtschaftlich vielfältig genutzt. Der Spreewald ist ein Zentrum des Gemüseanbaus und des Tourismus.

Aufgaben

1 Nenne Gründe, warum sich viele Bauern auf die Fleischerzeugung spezialisiert haben.

2 Schweinemastbetriebe arbeiten mit Zulieferbetrieben zusammen. Erkläre dies an M2.

Massentierhaltung – industrialisierte Landwirtschaft

In Norddeutschland gibt es landwirtschaftliche Betriebe mit mehreren tausend Mastschweinen oder über einer Million Legehennen. Diese Art von Landwirtschaft wird auch **Massentierhaltung** genannt. Dort, wo die Böden nicht sehr fruchtbar sind, haben sich viele Landwirte auf die Tierhaltung spezialisiert. Sie bauen auf ihren Feldern aber nur einen Teil der Futterpflanzen selbst an und kaufen als Kraftfutter eine Mischung aus Mais, Getreide und Soja. Soja ist eine eiweißreiche Bohnenart.

Die Massentierhaltung funktioniert so ähnlich wie die Produktion in der Industrie: Der einzelne Mastbetrieb ist nur ein Teil einer Fertigungskette mit Zulieferbetrieben und Kunden. Man spricht deshalb auch von der industrialisierten Landwirtschaft oder Agroindustrie. Sie erlaubt eine kostengünstige Produktion: Dies kommt den Verbrauchern entgegen, die billige Fleisch- und Wurstwaren kaufen wollen.

M1 *Automatische Fütterung*

Info

Umweltproblem Gülle

Gülle ist ein Gemisch aus Wasser und dem Kot und Harn der Tiere. Sie enthält Nährstoffe für die Pflanzen. Wenn diese Nährstoffe aber von den Pflanzen nicht mehr aufgenommen werden können, weil die Pflanzen bereits versorgt sind, gelangen sie über das Grundwasser in Flüsse und Seen. Dort bewirken sie, dass sich Kleinlebewesen, wie zum Beispiel Algen, vermehren. Dadurch wird in größerem Maße Sauerstoff im Wasser verbraucht. Infolge eines Sauerstoffmangels kann es zum Fischsterben kommen.

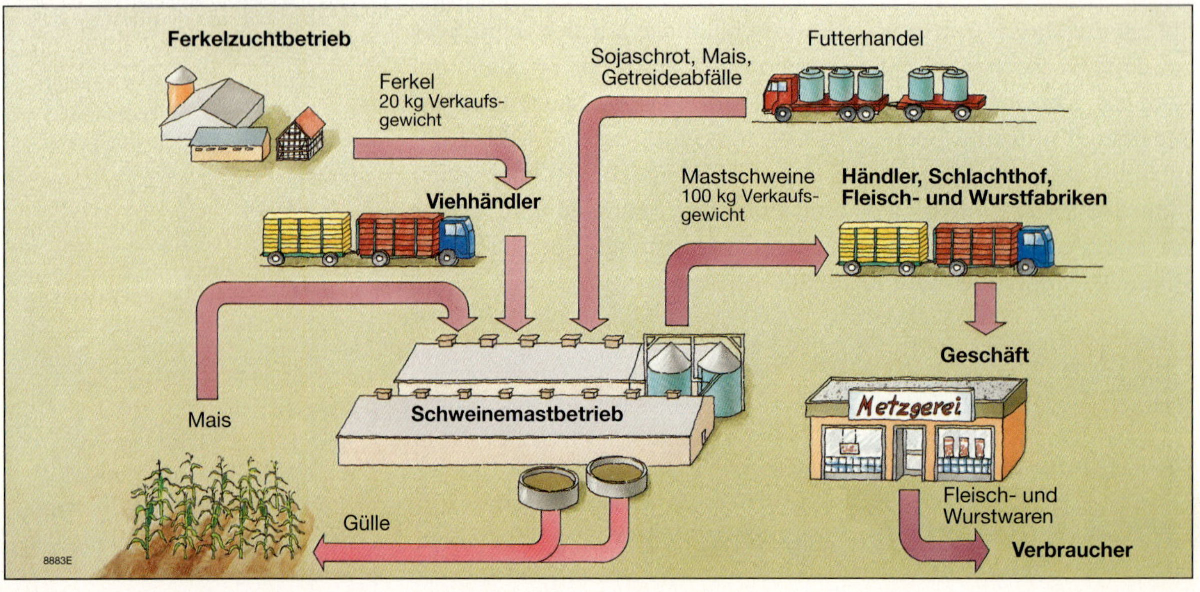

M2 *Schweinemast – vom Ferkel zum Verbraucher*

Grundzüge der ökologischen Landwirtschaft

Viele Bauern haben in den vergangenen Jahren ihren Betrieb auf **ökologischen Landbau** umgestellt. Er besitzt folgende Merkmale:

Anbau: Auf den Feldern werden verschiedene Kulturen im Wechsel angebaut. Der Landwirt baut zum Beispiel auf einem Feld in einem Jahr Weizen an, im nächsten Jahr Gerste, im übernächsten Jahr Kartoffeln und im darauf folgenden Jahr Klee. Dadurch werden dem Boden nicht einseitig Nährstoffe entzogen.

Bearbeitung des Bodens: Der Boden wird nur etwa 20 cm tief gepflügt, aufgelockert und flach gewendet. Die Arbeitsgeräte sind klein und leicht, um den Druck auf den Boden gering zu halten. Er bleibt locker. Das ist wichtig für das Wachstum der Pflanzen.

Düngung: Stallmist ist der wichtigste Dünger. Aber auch Ernterückstände wie Stroh und Blätter dienen als Düngung. Sie bleiben auf den Feldern liegen und werden mit einem Ackergerät fünf bis acht Zentimeter tief in den Boden eingearbeitet.

Artgerechte Haltung: Auf einem Ökobauernhof dürfen nicht mehr als drei Kühe je Hektar gehalten werden. Massentierhaltung ist nicht erlaubt. Das Futter muss überwiegend auf den eigenen Feldern erzeugt werden, industriell hergestelltes Fertigfutter wird nicht verfüttert.

Aufgabe

3 Beschreibe die Grundzüge der ökologischen Landwirtschaft. Benutze hierfür die Stichwörter Anbau, Bodenbearbeitung, Düngung und Pflanzenschutz.

Merke
Massentierhaltung ist eine Möglichkeit, kostengünstig tierische Produkte zu erzeugen. Sie ist aber mit ökologischen Problemen verbunden. Bei der ökologischen Landwirtschaft treten solche Probleme kaum auf.

Grundbegriffe
- Massentierhaltung
- ökologischer Landbau

M3 *Ein Öko-Bauer auf dem Wochenmarkt*

→ Bio

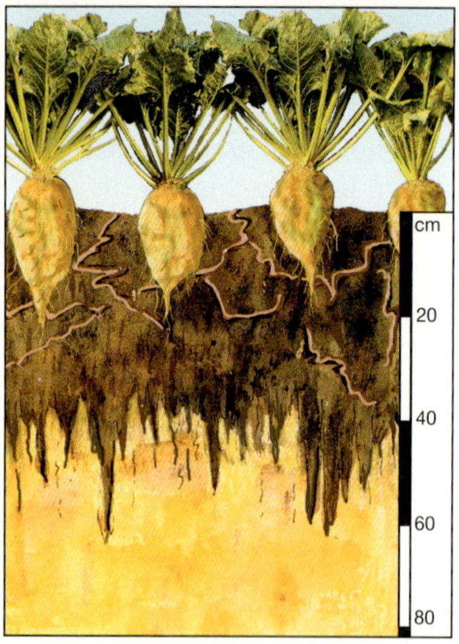

M1 *Schwarzerde der Magdeburger Börde*

M2 *In der Magdeburger Börde*

Aufgaben

1 Erläutere die Entstehung der Schwarzerde.

2 Vergleiche die Temperaturen und Niederschläge der Magdeburger Börde mit denen im Harz (Atlas).

Info

Schwarzerde
In der oberen Schicht des Lössbodens entstand im Laufe der Zeit durch abgestorbene Pflanzen und kleine Lebewesen nährstoffreicher Humus.
Da dieser sehr dunkel aussieht, wird der Boden aus Löss und Humus Schwarzerde genannt.

Börde
Der Name Börde ist abgeleitet von „bören", einem niederdeutschen Wort. Es bedeutet so viel wie tragen oder ertragreich. Börden sind landwirtschaftliche Gunsträume.

In der Magdeburger Börde

Diese Landschaft gehört zu den fruchtbarsten Landwirtschaftsgebieten in Deutschland. Westlich von Magdeburg gelegen, dehnt sie sich auf einer Fläche von etwa 1000 km^2 aus (Stadtfläche von Berlin im Vergleich: ca. 900 km^2).

Ertragreich ist die Magdeburger Börde dank des günstigen Klimas und des hier vorherrschenden Bodens, der **Schwarzerde**. Diese hat sich auf einer mehr als zwei Meter mächtigen Lössdecke gebildet. **Löss** ist kalkreicher, gelblicher Staub, der während der Eiszeit aus den vegetationslosen Flächen angeweht wurde.

Die flachwellige Landschaft wirkt eintönig. So weit man sehen kann, erstrecken sich Felder. Kein Wald und kaum eine Hecke versperren die Sicht. Wegen des fruchtbaren Bodens werden vor allem Weizen, Gerste und Zuckerrüben angebaut.

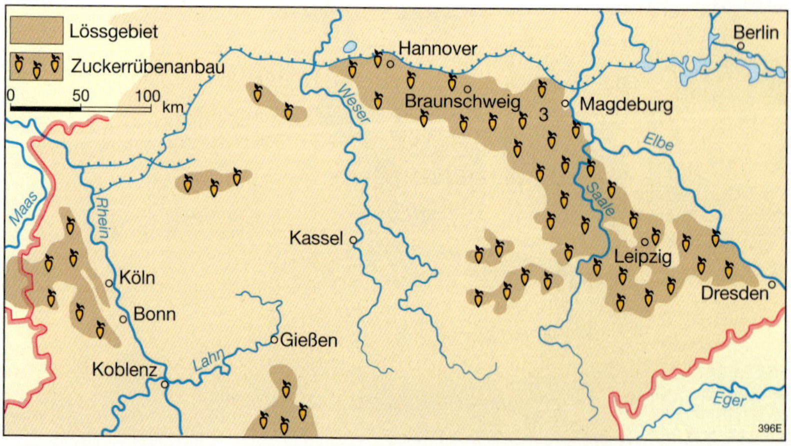

M3 *Bördengürtel vor den Mittelgebirgen*

Arbeit mit Bodenproben

M4 *Ein Stück Boden*

Aufgaben

3 Welcher Boden kommt in deinem Heimatgebiet vor?

4 Legt ein Bodenprofil an und beschreibt die Horizonte.

5 Informiere dich im Fach Biologie über Experimente, die mit Boden durchgeführt werden können.

6 Beschreibe das Bodenprofil der Schwarzerde (M1; Arbeitsheft auf S. 10).

In den Boden geschaut

Nicht alle Pflanzen wachsen auf allen Böden gleich gut. Um hohe Erträge erzielen zu können, müssen die Landwirte, Gärtner und Kleingärtner den von ihnen bewirtschafteten Boden ganz genau kennen. Erfahrene Bauern können seine Qualität bereits dadurch bestimmen, dass sie etwas Boden in die Hand nehmen und die Krumen zwischen den Fingern zerreiben: Sandboden zum Beispiel knirscht zwischen den Fingern. Tonboden hingegen fühlt sich im trockenen Zustand hart und glatt, bei Nässe aber glitschig an.

In Baugruben kannst du sogar ganz tief in den Boden hineinschauen. Du erkennst unterschiedlich gefärbte Bodenschichten (auch Horizonte genannt), die zusammen ein Bodenprofil ergeben (vgl. M1, M4, M5).

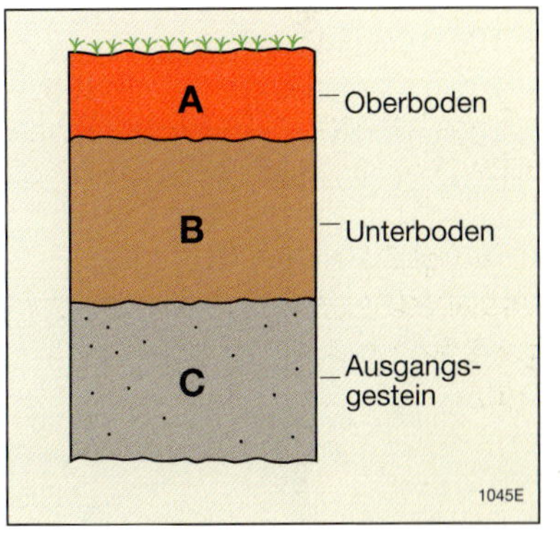

M5 *Das Bodenprofil besteht aus den Bodenhorizonten A, B und C.*

Methode

1. Anlegen eines Bodenprofils

- Am einfachsten ist ein Bodenprofil an Hängen oder Böschungen anzulegen. Dazu stecht ihr mit dem Spaten eine gerade Fläche ab.
- In ebenem Gelände müsst ihr eine Grube ausheben (mindestens 1 m tief). Dazu benötigt ihr aber eine Genehmigung.

2. Arbeit am Bodenprofil

- Beschreibt den Aufnahmeort (Lage, Relief, Klima).
- Messt die Mächtigkeit der Bodenhorizonte A, B und C. Beachtet: Die Schwarzerde hat keinen B-Horizont.
- Entnehmt Bodenproben aus den Horizonten und beschreibt sie genauer (Farbe, Wurzeln, Kleintiere, Feuchtigkeit, Korngröße).
- Tragt eure Ergebnisse in eine Skizze ein.

Merke

Schwarzerde ist ein sehr fruchtbarer Boden. Sie entsteht auf Löss, der sich während der Eiszeit in der Magdeburger Börde ablagerte. Die Magdeburger Börde wird intensiv landwirtschaftlich genutzt.

Grundbegriffe

- Schwarzerde
- Löss

Aufgaben

1 Erkläre, warum Lössboden für den Anbau anspruchsvoller Pflanzen besonders geeignet ist (Text).

2 Lössböden gibt es nicht nur in der Magdeburger Börde. Nenne weitere Gebiete in Deutschland mit Lössboden und Zuckerrübenanbau (M1).

Erstaunlich!
So viel Zucker ist in den folgenden Speisen und Getränken enthalten (angegeben in Stück Würfelzucker):

1 Glas Cola	7
100 g Ketschup	11
125 g Kinderschokolade	13
100 g Gummibärchen	17
100 g Marmelade	105
100 g Honig	133

Zuckersüße Rüben in fruchtbarer Erde

Ein Lastwagen der Zuckerfabrik Klein-Wanzleben wartet vor der Schokoladenfabrik in Delitzsch bei Leipzig darauf, entladen, zu werden. Die 20 Tonnen Zucker in seinen Tanks haben schon einen langen Weg hinter sich:

Er beginnt auf einem Acker in der Magdeburger Börde. Dort baut Familie Flemming Zuckerrüben an. Schon Ende April hat Frau Flemming mit einer Einzelkorn-Sämaschine die Rübensamen in den lockeren Boden gesetzt, Körnchen für Körnchen in genau 30 Zentimeter Abstand. Diesen Platz brauchen die Rüben um sich gut entwickeln zu können. Zuckerrüben sind anspruchsvolle Pflanzen. Daher ist der fruchtbare Boden der Magdeburger Börde für sie bestens geeignet. Darauf könnte fast jede Nutzpflanze gedeihen. Der Boden muss aber immer wieder aufgelockert werden, damit in die tieferen Schichten ausreichend Luft und Wasser gelangen. Dort, wo die Niederschläge nicht ausreichen, wird bewässert.

Familie Flemming baut Zuckerrüben an, weil diese die höchsten Gewinne bringen. Um den Boden zu schonen, teilt Familie Flemming die Ackerfläche in etwa drei gleich große Teile und pflanzt auf dem einen Zuckerrüben, sät auf dem anderen Weizen und auf dem letzten Drittel Gerste. Durch diesen Fruchtwechsel werden dem Lössboden nicht immer dieselben Nährstoffe entzogen.

M1 *Zuckerrübenanbaugebiete und Zuckerfabriken in Deutschland*

M2 *Rübenvollernter im Einsatz in der Magdeburger Börde*

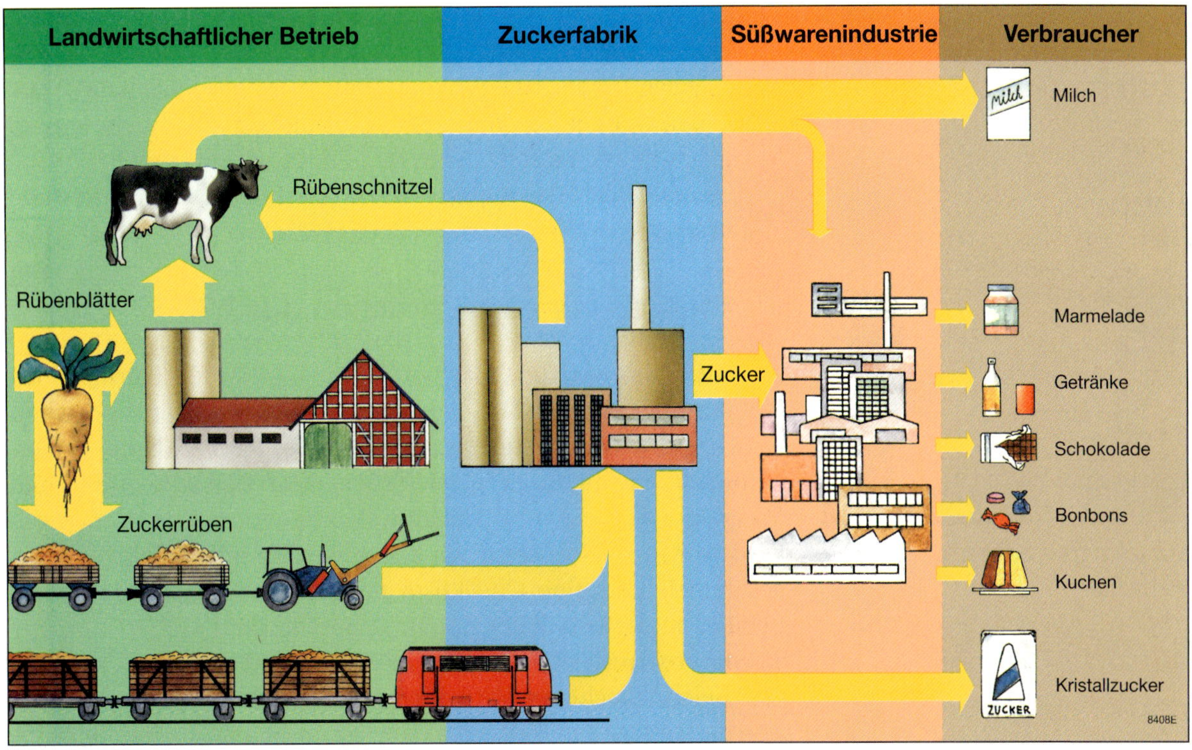

M3 *Der Weg des Zuckers*

Vom Feld zur Schokoladenfabrik

Die Ernte der Rüben geschieht mithilfe einer großen Rübenrodemaschine (M2). Sie schneidet zuerst die Blätter ab, holt die Rüben dann aus dem Boden und sammelt sie in einem Behälter, bis sie auf große Lastwagen zum Abtransport in die Zuckerfabrik verladen werden. Die Rübenblätter verkauft Familie Flemming als Viehfutter an einen Nachbarhof.

Die Rüben von Familie Flemming und anderen Bauern werden von Transportunternehmen nach Klein-Wanzleben in die Zuckerfabrik gebracht. Dort werden sie gewaschen, geschnitten, gekocht und schließlich ausgepresst. Die Rübenschnitzel kann man wieder als Viehfutter verwenden. Das Zuckerwasser wird gereinigt und so lange erhitzt, bis das meiste Wasser verdampft ist und Zuckersirup zurückbleibt. Dieser wird dann weiterverarbeitet, bis weißer Zucker entsteht. Bestenfalls gewinnt man aus sieben Tonnen Zuckerrüben eine Tonne Zucker.

Ende November sind alle Rüben verarbeitet. Aus den 70 Tonnen Zuckerrüben, die bei Familie Flemming geerntet wurden, konnte man in der Fabrik zehn Tonnen Zucker gewinnen. Diese stehen nun vor der Schokoladenfabrik in Delitzsch nördlich von Leipzig. Sie warten darauf, verarbeitet zu werden. Ob daraus noch Nikolaus-Figuren aus Schokolade oder schon Schokoladen-Osterhasen hergestellt werden, wird sich noch entscheiden.

Aufgaben

3 Beschreibe den Weg des Zuckers vom Rübenfeld bis zum Verbraucher (Text und M3).

4 Welche Lebensmittel hast du heute schon verzehrt, in denen Zucker enthalten war?

Merke
Zuckerrüben sind sehr anspruchsvolle Pflanzen. Damit sich ein hoher Zuckeranteil in der Rübe bilden kann, müssen die Pflanzen viele Nährstoffe aufnehmen. Zuckerrüben werden daher vor allem auf Schwarzerde angebaut. Die Zuckerfabriken befinden sich im Anbaugebiet.

Exkursion

M1 *Jette und Sebastian sammeln Ideen*

Hurra, wir erkunden unser Heimatgebiet!

Neue geografische Erkenntnisse können auf verschiedene Weise gewonnen werden, besonders gut durch direkte Untersuchungen in einem bestimmten Gebiet. Auch ihr könnt euch auf einer Exkursion im Heimatgebiet orientieren, viel Interessantes beobachten und beschreiben.

Wie führen wir eine Exkursion durch?

„Heute wollen wir eine Exkursion planen", sagte Herr Hurtig seinen Schülern der Klasse 5a in Werder. Alle sind begeistert und schon schwirren viele Ideen und Fragen durch den Raum. Aber bald merken die Schüler, dass es schwierig sein wird, sich auf ein Ziel und Programm zu einigen; zu vielfältig sind die Vorstellungen. Deshalb wird gemeinsam beraten. Als erstes werden alle Exkursionsziele gesammelt und eine Checkliste für die Vorbereitung durch die Schüler an der Wandtafel zusammengestellt (M3).

1. Vorbereitung – *Wohin soll eine Exkursion führen?*

Aus vielen Vorschlägen wird der beste ausgewählt. Die Klasse einigt sich darauf, den Ort und seine nähere Umgebung zu erkunden.

– *Was könnten wir untersuchen?*

Zuerst werden Ideen gesammelt und notiert (M1).

– *Festlegen der Exkursionsroute*

Dann trägt man die besten Vorschläge für Exkursionsstandorte in eine Wanderkarte ein und legt die genaue Route fest. Dabei kommt es nochmals zu Veränderungen.

M2 *Tobias zeigt die Exkursionsroute*

M3 *Fanny schreibt die Checkliste*

- *Festlegen der Zeitplanung*

Gemeinsam stellt die Klasse einen Zeitplan auf. Er enthält Treffpunkt, Uhrzeit für Beginn und Ende, Zeiten für Wegstrecken, Arbeitsaufgaben und Pausen.

- *Arbeitsaufträge – was tun?*

Die Schüler entscheiden sich für bestimmte Arbeitsaufträge. Die meisten arbeiten in Gruppen zusammen, auch Einzelaufträge werden vergeben.

- *Materialsammlung*

Alle bereiten zu Hause ihre Teilaufgaben gründlich vor. Sie besorgen Karten, Fotos, Bücher und informieren sich, einige fertigen einen Vortrag an.

2. Durchführung – *Nun geht's los!*

Die Schülerinnen und Schüler der Klasse sind rechtzeitig am Treffpunkt. Während der Exkursion arbeiten die Gruppen an den Standorten zumeist selbstständig. Der Lehrer ist ihr Ratgeber und muss nur manchmal aushelfen. Wichtige Beobachtungsergebnisse werden notiert. So wird bis zur Auswertung nichts vergessen.

Am Ende gibt es noch eine große Überraschung! Ihr Lehrer und zwei Eltern haben ein Geländespiel vorbereitet, danach wird gegrillt.

3. Auswertung

Die nächsten beiden Unterrichtsstunden nutzen die Schülerinnen und Schüler zur gründlichen Auswertung der Exkursionsmitschriften in den Arbeitsgruppen. Es werden Berichte, schematische Darstellungen angefertigt und zu einer Schautafel zusammengestellt. Danach stellen die Arbeitsgruppen ihre Ergebnisse vor. Die ganze Klasse diskutiert darüber.

Info

Was ihr untersuchen könnt:

- natürliche Bedingungen, z. B. Relief, Gewässer, Pflanzen, Boden, Gesteine, Talformen
- Einfluss der Menschen, z. B. Bergbau, Industrie, Landwirtschaft, Verkehr, Tourismus, Siedlungen
- Umweltprobleme, z. B. Waldsterben, Verschmutzung von Luft und Wasser, Belastung durch Müll und Lärm
- Entwicklung von Siedlungen, z. B. Siedlungsformen, Stadterweiterungen, Neubauten
- Erkundungen eines Betriebes, z. B. Industrie- und Landwirtschafts- oder Handwerksbetrieb
- Möglichkeiten der Energieerzeugung, z. B. Kohlekraftwerk, Wasserkraftanlage, Windkraftanlage

M4 *Auswertung der Exkursion in Arbeitsgruppen*

In einem Bericht heißt es:

Die Exkursion war Spitze. Wir haben viel Neues gelernt und gesehen, wie schön unsere Umgebung ist. Super waren auch der Besuch des Bauernhofes, das Geländespiel und das Lagerfeuer.

Wann geht ihr auf eure nächste Exkursion?

Extra

Exkursion in ein Dorf

Dörfer im Wandel

Wenn ihr eine Exkursion in ein Dorf durchführt, dann könnt ihr euch über Veränderungen zum Beispiel des Dorfbildes, der Nutzung landwirtschaftlicher Flächen oder des Lebens im Dorf informieren. Jahrhundertelang waren unsere Dörfer allein durch die Landwirtschaft geprägt. Neben den Wohnhäusern standen Scheunen oder Lagerhallen für die Futtervorräte oder zum Unterstellen der Maschinen und Geräte. Die Ställe befanden sich in unmittelbarer Nähe des Hauses oder als Großviehanlage am Rande des Dorfes. Auch heute noch kannst du diese Hofformen vielfach im Dorfbild erkennen.

Seit Jahrzehnten jedoch wandelt sich der ländliche Raum. Viele Landwirte müssen ihre kleinen Betriebe aufgeben oder betreiben die Landwirtschaft nur noch im Nebenerwerb (Info-Box). Die Zahl der Beschäftigten in der Landwirtschaft nimmt auch deshalb so stark ab, weil moderne Maschinen die Arbeit übernehmen. Viele Jugendliche suchen sich eine Beschäftigung in anderen Regionen, im Dorf kommt es zur Überalterung der Bevölkerung.

Veränderte Nutzung
In zahlreichen Siedlungen sind aber auch andere Veränderungen zu beobachten: Landwirtschaftliche Flächen werden umgewidmet (Info-Box) und als Bauland angeboten. An den Dorfrändern entstehen ausufernde Neubau- oder Gewerbegebiete. Sie stehen oft vom Baustil her im krassen Gegensatz zum Ortskern.
Andere ländliche Gebiete setzen auf den Tourismus: „Urlaub auf dem Bauernhof.“ Staatliche Dorferneuerungsprogramme zielen darauf ab, die Vielfalt der dörflichen Lebensformen zu bewahren.

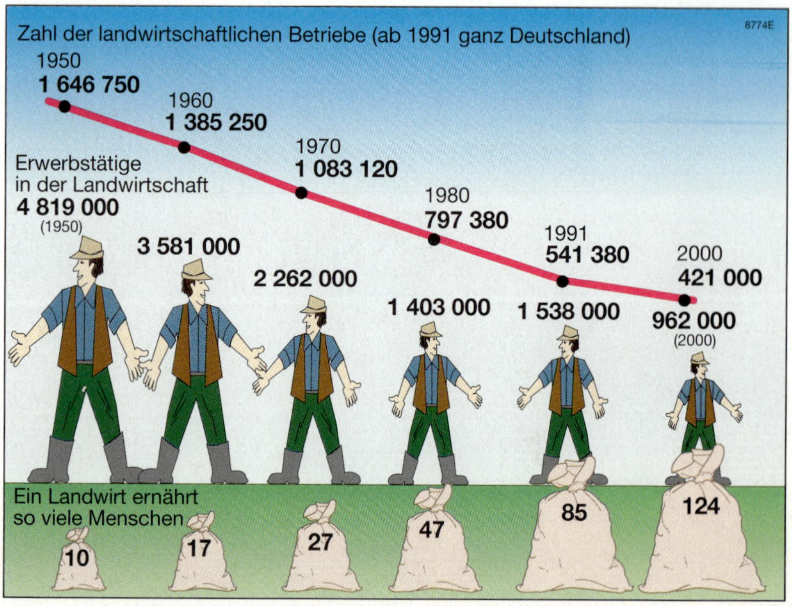

M1 *Die deutsche Landwirtschaft im Wandel*

Aufgaben

1 Beschreibe den Wandel der Dörfer (Text).

2 Warum sinkt die Zahl der Erwerbstätigen in der Landwirtschaft (M1 und Text)?

3 Informiert euch im Internetportal „Lernen auf dem Bauernhof" über landwirtschaftliche Betriebe in Brandenburg.

4 Erkundet einen Bauernhof. Nutzt dazu das Lehrbuch, S. 65 und 212/213 und das Arbeitsheft, S. 11.

www.lernenaufdembauernhof.de

Info

Voll- oder Nebenerwerbswirtschaft
Ein Vollerwerbslandwirt erzielt sein monatliches Einkommen ausschließlich in der Landwirtschaft. Von einem Nebenerwerbslandwirt spricht man, wenn das monatliche Einkommen überwiegend aus einer anderen beruflichen Tätigkeit kommt, zum Beispiel als Elektriker, und aus dem landwirtschaftlichen Betrieb nur der kleinere Teil der Einnahmen stammt.

Flächenumwidmung
Die zu einem Dorf gehörenden Acker-, Wiesen- und Weideflächen werden im ländlichen Raum häufig nicht mehr landwirtschaftlich genutzt. Wo früher Kühe weideten, entstehen heute Reitanlagen, Golfplätze oder andere Freizeiteinrichtungen. Diese veränderte Nutzung wird „Flächenumwidmung" genannt.

Befragung

Lernen auf dem Bauernhof

Überall in Brandenburg gibt es landwirtschaftliche Betriebe, sicherlich auch in eurer Nähe. Wollt ihr selbst einen Hof erkunden, dann solltet ihr euch zuvor einige Fragen überlegen, die ihr dem Bauern oder der Bäuerin stellen könnt. Sonst habt ihr nachher vielleicht Dinge, die euch besonders interessiert hätten, nicht erfahren oder nicht gesehen.

Hier findet ihr einige Anregungen zu Themen, zu denen ihr Fragen stellen könnt:
- Lage des Betriebes und naturräumliche Voraussetzungen (z.B. Boden, Niederschlag, Temperatur, Frosttage)
- Größe und Art des Betriebes (z.B. Familienbetrieb, zusätzliche Arbeitskräfte)
- erzeugte Produkte (z.B. Getreide, Fleisch)
- anfallende Arbeiten, Arbeitszeiten
- Maschinen (z.B. ihre Bezeichnung, Anzahl, Verwendung, Kosten, Alter)
- Mittel um die Erträge zu steigern (z.B. Dünger, Kraftfutter)
- Entwicklung des Betriebes (z.B. Spezialisierung, Mechanisierung)
- mögliche Belastung der Umwelt (z.B. Gülle, Schädlingsbekämpfungsmittel)
- Absatz der Erzeugnisse (z.B. Genossenschaft)
- Beruf der Bäuerin und des Bauern (z.B. Berufsausbildung, Arbeitszeit, Tätigkeiten)

Schreibt die Fragen am besten auf und sortiert sie dann nach Themen. Stellt sie nun auf einem Blatt zu einem Fragebogen zusammen.

M3 *Ein Landwirt auf seinem Traktor*

Merke
Exkursionen sind ein wichtiger Bestandteil des Geografieunterrichts. Wenn ihr auf Exkursion geht, könnt ihr viele interessante Dinge beobachten, untersuchen oder erfragen. Exkursionen müssen gut vorbereitet und gründlich ausgewertet werden.

M2 *Lernen auf dem Bauernhof über das Internet*

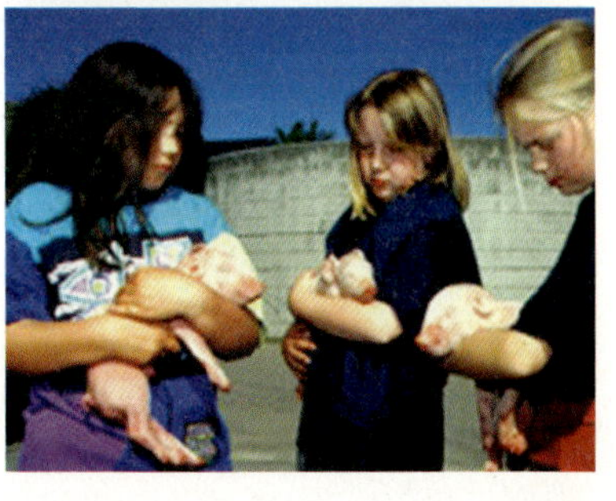

Grübeln und Tüfteln

M1 *Gestaltet nach diesem Muster eine Pinnwand zum Thema Landwirtschaft*

Versucht es mal: Wir stellen süßen Sirup her

Zuckerrüben sind ein wichtiger Rohstoff für die Süßwarenindustrie; du kannst das beweisen:

1. Besorgt euch von einem Landwirt eine Zuckerrübe. (Ihr wisst ja inzwischen, dass das nur zu einer bestimmten Jahreszeit möglich ist.)
2. Wascht die Rübe zunächst grob, dann schält sie.
3. Nun müsst ihr die Rübe (oder einen Teil davon) möglichst gut zerkleinern. Dazu könnt ihr sie ganz fein schnitzeln; noch besser wäre es jedoch, wenn ihr mit einer Reibe eine Art Rübenmus aus ihr machen würdet.
4. Die feinen Schnitzel oder das Mus übergießt ihr nun mit Wasser, sodass die Rübenteile bedeckt sind. Das Wasser wird erhitzt, damit sich der Rübensaft löst.
5. Lasst nun diese Flüssigkeit bei schwacher Hitze so lange weiter kochen, bis daraus ein süßer Zucker(rüben)saft geworden ist.
6. Füllt den Sirup, nachdem er etwas abgekühlt ist, in Gläser ab und bietet ihn euren Mitschülern zum Kosten an.

Ruhrgebiet und Niederlausitz

Rekultivierungsarbeiten im Braunkohlenrevier der Niederlausitz

Verdichtungsräume

Aufgaben

1 Welche Standortfaktoren sind in M1 dargestellt? – Nenne die Standortfaktoren und gehe kurz auf ihre Bedeutung ein.

2 Wähle die Gründe aus, die für die Entstehung eines Industriebetriebes in deiner Umgebung von Bedeutung waren oder sind.

3 Beschreibe Lage und Merkmale ausgewählter Verdichtungsräume. Nutze dazu M2 und das Arbeitsheft, S. 12.

Standortfaktoren verändern sich

Deutschland gehört zu den wichtigsten Industrieländern der Erde. Die Industriegebiete sind nicht zufällig entstanden, sondern wurden von ganz bestimmten **Standortfaktoren** geprägt. Vorkommen von Bodenschätzen, wie zum Beispiel Kohle oder Eisenerz, waren früher die wichtigsten Gründe für die Entstehung der ersten Industriegebiete. Diese liegen im Ruhrgebiet, im Saarland und im Gebiet um Halle-Leipzig. Neben den Vorkommen von Bodenschätzen war die Verkehrslage von besonderer Bedeutung.

Heute werden zunehmend andere Standortfaktoren wichtiger: gut ausgebildete Arbeitskräfte, Energiekosten, die Nähe von Absatzmärkten, staatliche Hilfen wie Geldzahlungen oder Steuererleichterungen, ein angenehmes Wohnumfeld, Kultur- und Bildungseinrichtungen sowie gute Einkaufsmöglichkeiten.

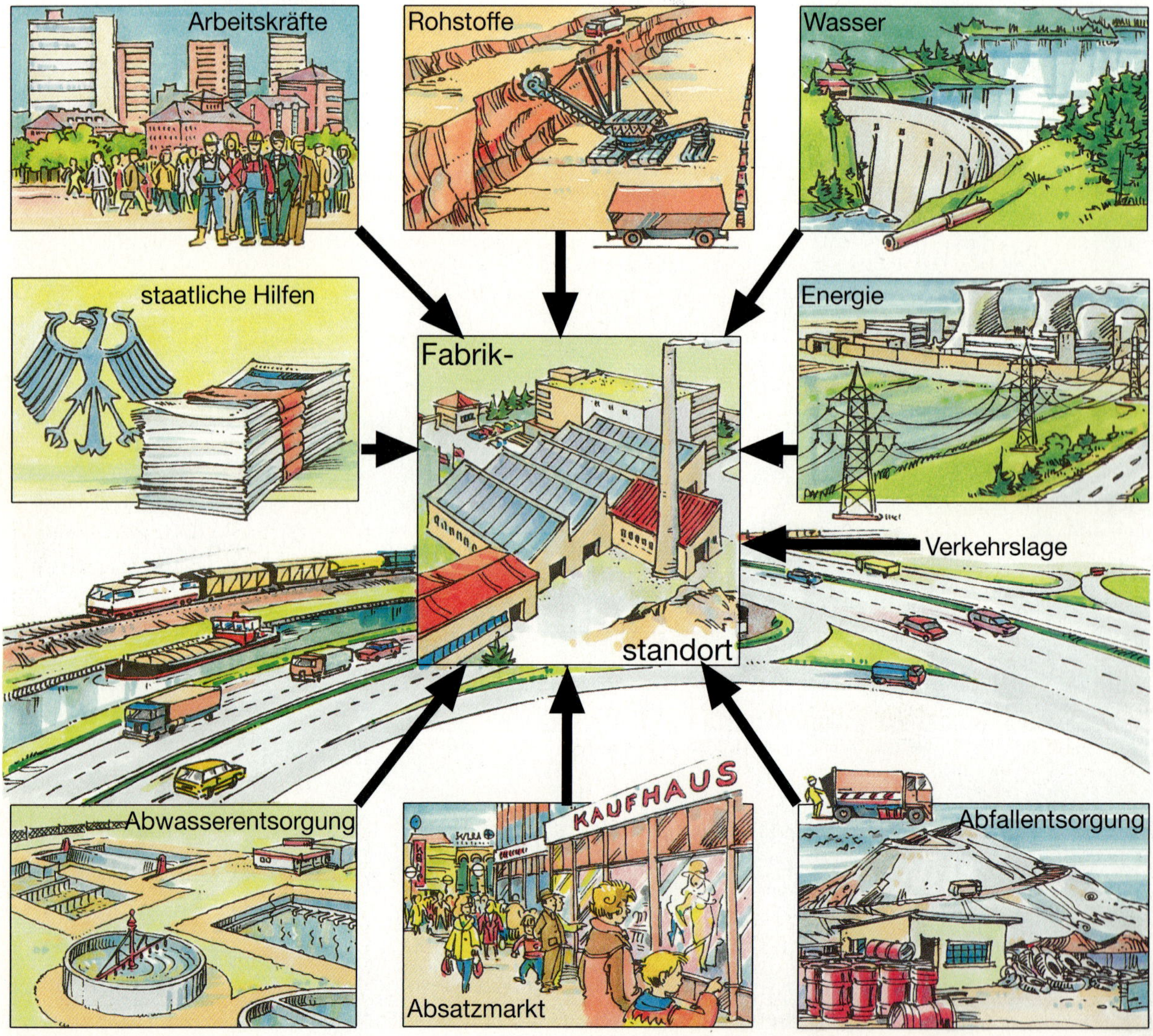

M1 *Standortfaktoren der Industrie*

Verdichtungsräume und ihre Merkmale

Von einem **Verdichtungsraum** oder auch Ballungsgebiet spricht man, wenn auf mindestens 100 km^2 mehr als 150 000 Menschen wohnen. Oft reihen sich mehrere Großstädte so dicht aneinander, dass die Stadtgrenzen nicht mehr wahrnehmbar sind.

In Verdichtungsräumen haben sich viele Industriebetriebe, Dienstleistungseinrichtungen (z.B. Banken und Versicherungen), Verwaltungsgebäude, Geschäftshäuser, Schulen, Krankenhäuser, Theater und andere kulturelle Einrichtungen angesiedelt. Hier laufen auch viele Verkehrswege zusammen. Aufgrund der Zusammenballung von Siedlungen, Industrie- und Verkehrsanlagen gehören Luft- und Gewässerverschmutzung zu den besonderen Umweltbelastungen. Je mehr Menschen in einem Verdichtungsraum wohnen, desto mehr Umweltprobleme gibt es.

Merke
Die Entstehung von Industriegebieten und die Ansiedelung von Betrieben ist von Standortfaktoren abhängig. Verdichtungsräume sind durch eine hohe Bevölkerungszahl, viele Industriebetriebe und ein dichtes Verkehrsnetz gekennzeichnet.

Grundbegriffe
- Standortfaktor
- Verdichtungsraum

M2 *Bodenschätze und Industriegebiete in Deutschland*

Gewusst wie

Rohstoff Kohle

Aufgaben

1 Nenne Gebiete in Deutschland, in denen Kohle vorkommt. Suche sie im Atlas auf.

2 Werte die thematische Karte (M1) aus. Orientiere dich an der Schrittfolge.

3 Beschreibe die Phasen der Entstehung von Braun- und Steinkohle. Nutze dazu M2 und das Arbeitsheft, S. 13.

Verbreitung der Kohle in Deutschland

Kohle ist immer noch ein wichtiger Bodenschatz. In Deutschland gibt es mehrere Gebiete, in denen Kohle abgebaut wird (vgl. S. 69, M2). Im Umkreis der ältesten Abbaugebiete entstanden industrielle Ballungsgebiete. Zuerst förderte man die Kohle, die an der Erdoberfläche zu Tage trat. Später entwickelte man Techniken, mit denen man auch tiefer liegende Flöze abbauen konnte. **Braunkohle** wird heute in Deutschland im **Tagebau** bis in 500 m Tiefe abgebaut. Die wichtigsten Fördergebiete sind die Ville bei Köln, das Mitteldeutsche Revier und die Niederlausitz.

Die **Steinkohle** des Ruhrgebietes ist älter als unsere Braunkohle. Die Flöze wurden abgesenkt und werden heute im **Tiefbau** abgebaut. Steinkohle enthält im Vergleich zu Braunkohle weniger Wasser. Daher besitzt die Steinkohle einen höheren Heizwert. Wichtige Fördergebiete befinden sich an Ruhr und Saar.

Methode

Auswertung thematischer Karten

1. **Schritt:** Kartenthema
   Notiere das Thema, das in der Abbildungsunterschrift genannt wird.
2. **Schritt:** Lage des Gebietes
   Bestimme die Lage des dargestellten Gebietes, zum Beispiel in welchem Bundesland, in welcher Landschaft, an welchem Fluss es liegt. Schlage im Atlas nach.
3. **Schritt:** Größe des Gebietes
   Miss die Ausdehnung des Gebietes, verwende dazu auch die Maßstabsleiste. Berechne seine Fläche.
4. **Schritt:** Legende
   Stelle mithilfe der Legende fest, was die Farben und Signaturen aussagen.
5. **Schritt:** Karteninhalt
   Beschreibe die Karte.

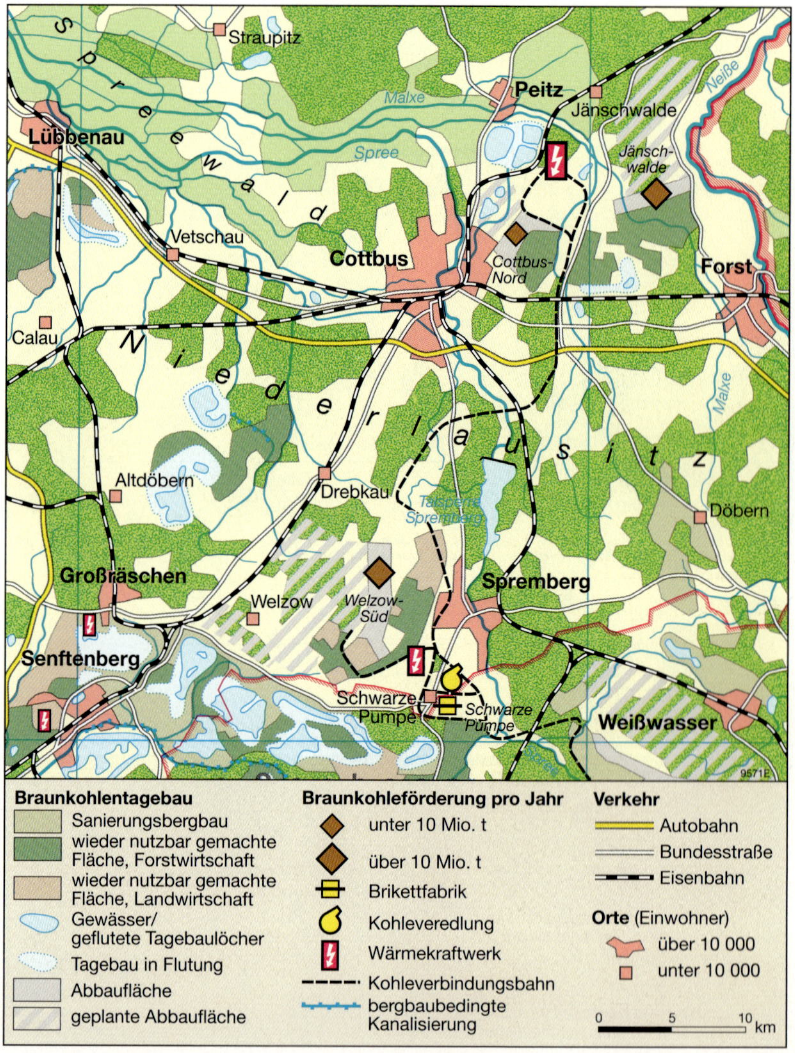

M1 *Das Braunkohlenrevier der Niederlausitz*

Phasen der Entstehung von Braun- und Steinkohle

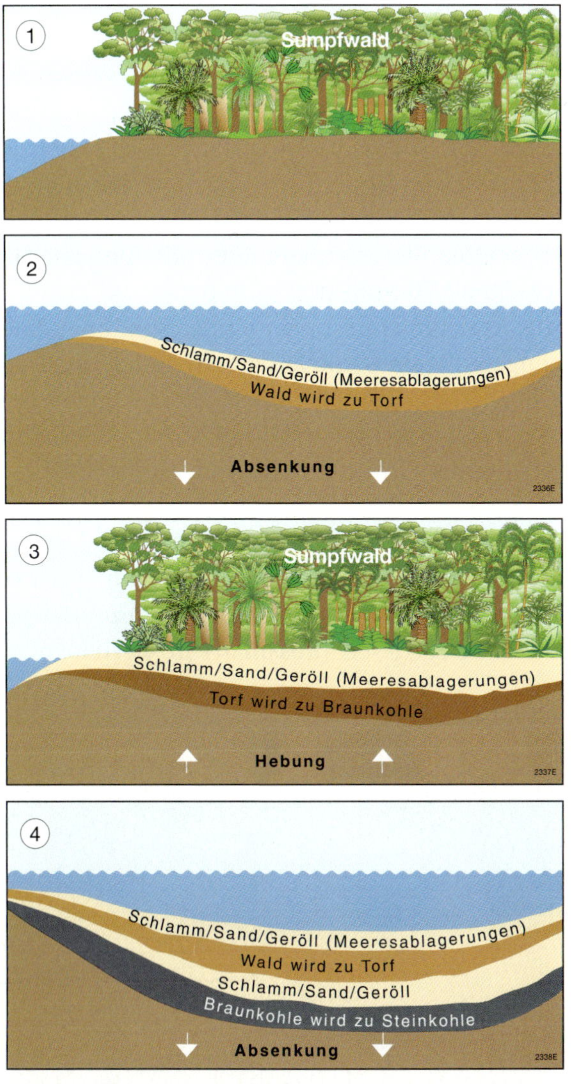

Wo man heute Kohle findet, standen vor 300 Millionen Jahren riesige Sumpfwälder. Das Klima war warm und feucht. Die Erdkruste war in Bewegung.

Langsam senkte sich das Land. Das Meer brach ein, überflutete die Sumpfwälder und deckte sie mit Schlamm, Sand und Geröll zu. Die Wälder wurden von der Luft abgeschlossen und gerieten unter den Druck der aufliegenden Massen. So veränderte sich das Holz mit der Zeit. Aus dem Holz wurde der Torf.

Die Bewegung der Erdkruste ging weiter. Das Land hob sich wieder. Dadurch wich das Meer zurück. Neue Sumpfwälder entstanden.

Nochmals senkte sich das Land, die Wälder wurden überflutet, wieder entstand Torf. Die weiter unten liegenden Torfschichten wandelten sich in **Braunkohle** um. Die Braunkohle wurde schließlich zu **Steinkohle**.
Das Heben und Senken des Landes wiederholte sich in 70 Millionen Jahren über hundertmal. Deshalb findet man in den Kohlegebieten von Nordrhein-Westfalen über 100 Flöze übereinander. Flöz nennt man eine Kohle führende Gesteinsschicht.

M2 *Vom Sumpfland zur Kohle*

M3 *Braunkohle und Steinkohle*

Merke
Hinsichtlich Entstehung und Qualität unterscheidet man Braun- und Steinkohle. Deutschlands wichtigster Bodenschatz wird vor allem zur Gewinnung von Energie eingesetzt.

Grundbegriffe
- Braunkohle, Steinkohle
- Tagebau
- Tiefbau

Extra

Die Geologische Zeittafel lesen

Aufgaben

1 Welche erdgeschichtlichen Vorgänge kennst du schon?

2 Ermittle, in welchem Erdzeitalter die Braunkohle und die Steinkohle, das Skandinavische Gebirge, der Ural und die Alpen entstanden sind. Nenne auch die entsprechenden erdgeschichtlichen Abschnitte (erdgeschichtliche Zeittafel).

3 Wann lebten die Saurier?

4 Seit wie vielen Jahren gibt es Menschen auf der Erde?

5 Stelle deinem Banknachbarn weitere Aufgaben zum Lesen der erdgeschichtlichen Zeittafel.

Wie man sich im Tagebuch informieren kann

Beim Blick in das „Tagebuch" der Erdgeschichte erschließt sich uns eine Wunderwelt. Das Gesicht der Erde prägten sowohl endogene (erdinnere) und exogene (erdäußere) Kräfte als auch der Mensch.

Im Laufe von Jahrmillionen entwickelte sich auf der Erde eine mannigfaltige Pflanzen- und Tierwelt. Änderten sich zum Beispiel die geografischen Verhältnisse auf der Erde, mussten sich auch die Pflanzen und Tiere anpassen. Dies gelang ihnen oftmals aber nicht. Die Saurier, die größten Lebewesen aller Zeiten, starben beispielsweise vor ca. 60 bis 70 Millionen Jahren aus.

Die erdgeschichtliche Zeittafel liest man immer von unten nach oben. Sie ist so aufgebaut, dass die erdgeschichtlich jüngeren Abschnitte jeweils über den erdgeschichtlich älteren angeordnet sind. Das entspricht der Reihenfolge der Ablagerung von Gesteinen im Laufe der Erdgeschichte. Große Zeitabschnitte, die Millionen von Jahren umfassen, bezeichnet man als Erdzeitalter. Diese wiederum werden in weitere Zeitabschnitte untergliedert.

Die Entwicklung der Lebewesen nimmt im „Tagebuch" der Erdgeschichte einen wichtigen Platz ein. So dienen zum Beispiel Abdrücke von Pflanzen und Tieren (**Fossilien**) in Gesteinen zur Zeitbestimmung.

M1 *So sah der Wald vor 300 Millionen Jahren aus*

4495 E

Erdzeitalter			Entwicklung der Lebewesen	Wichtige erdgeschichtliche Vorgänge	
Erdneuzeit	Quartär	vor 1,8 Mio. Jahren	erste Menschen; wollhaariges Mammut	Der Mensch gestaltet die Landschaft; Entwicklung der heutigen Tier- und Pflanzenwelt. Entstehung des Menschen, wiederholter Wechsel von Kalt- und Warmzeiten. Lössablagerungen	Abtragung der Gebirge
	Tertiär	vor 70 Mio. Jahren	Riesenlaufvogel; Urpferdchen	Die Kontinente haben weitestgehend ihre heutige Lage und Gestalt eingenommen, es entstehen große Braunkohlenlagerstätten.	Gebirgsbildung (Faltengebirge und Bruchschollengebirge)
Erdmittelzeit	Kreide	vor 140 Mio. Jahren	Flugsaurier; Urvogel; Ichthyosaurus; Brachiosaurus	Wechsel von Meeresbedeckung und Festland bei feucht-warmem bis trocken-heißem Klima; mächtige Gesteinsschichten werden abgelagert, wie z.B. die Kalkgesteine im Thüringer Becken und die Sandsteine des Elbsandsteingebirges. Das Erdöl der Nordsee entsteht. (Zeit der Saurier)	
	Jura	vor 190 Mio. Jahren	Stegosaurus		
	Trias	vor 220 Mio. Jahren	frühes Säugetier		
Erdaltzeit	Perm	vor 280 Mio. Jahren	früher Saurier; Bärlappgewächs; Schachtelhalm; Baumfarn	Trockenes, heißes Klima; das Meer verdunstet zu großen Teilen; es entstehen Salzlagerstätten und Kupferschiefer. Gewaltige Vulkanausbrüche; das Meer dringt vor.	Abtragung der Gebirge / Gebirgsbildung (Mittel-, West-, Osteuropa)
	Karbon	vor 350 Mio. Jahren	Riesenlibelle; frühes Insekt; Schlangenamphibie	Bei feucht-warmem Klima entstehen die europäischen Steinkohlenwälder; die Entstehung großer Lagerstätten beginnt. Die Lebewesen erobern das Festland; Panzerfische durchschwimmen die Meere; große Vulkanausbrüche. Die ersten höheren Lebewesen sind entstanden, sie leben ausschließlich im Wasser; ein weites, flaches Meer breitet sich aus.	Abtragung der Gebirge / Gebirgsbildung in Nordeuropa

M2 *Auszug aus der geologischen Zeittafel*

Von den 100 größten deutschen Wirtschaftsunternehmen haben ihren Hauptsitz:

im Ruhrgebiet	14
in Hamburg	13
in München	7
in Frankfurt	6
in Berlin	5
in Düsseldorf	4

M1 *Wirtschaftsunternehmen des Ruhrgebiets im Vergleich*

Einwohner in den großen deutschen Stadtlandschaften:

im Ruhrgebiet	5400000
in Berlin	3400000
in Hamburg	1700000
in München	1200000
in Düsseldorf	600000
in Frankfurt	600000

M2 *Einwohnerzahlen des Ruhrgebiets im Vergleich*

www.deutsche-steinkohle.de
www.virtuelles-bergwerk.de

Das Ruhrgebiet – ältestes Industriegebiet

Das Ruhrgebiet ist das Herzstück des Wirtschaftsraumes Rhein-Ruhr. Es reicht nach Norden über den Fluss Lippe, nach Süden über die Ruhr, nach Westen über den Rhein hinaus und nach Osten bis hinter Hamm. Hier lagern die größten Vorkommen an Steinkohle in Deutschland. Noch vor 200 Jahren waren viele Städte des Ruhrgebiets kleine Orte. Zwischen ihnen lagen Ackerland und Wälder. Erst als man gelernt hatte, mithilfe von Kohle das Eisen aus dem Eisenerz herauszuschmelzen und es zu Stahl zu veredeln, änderte sich das Bild des Ruhrgebiets. Das war Mitte des 18. Jahrhunderts. Viele Menschen fanden eine Beschäftigung im Steinkohlenbergbau. Es siedelten sich Fabriken an, die Eisen herstellten, verarbeiteten und zu Stahl veredelten. Hinzu kamen Industriebetriebe, die den Stahl weiterverarbeiteten. Später folgten Betriebe der chemischen Industrie.

Immer mehr Arbeitskräfte wurden benötigt. Oft kamen sie von weit her und brauchten Wohnraum. Die Städte dehnten sich ins Umland aus und wuchsen schließlich zusammen. Ein industrieller Verdichtungsraum war entstanden. Im Ruhrgebiet wohnen heute über fünf Millionen Menschen.

M3 *Blick über das Ruhrgebiet bei Essen*

Erstaunlich!
Das Ruhrgebiet ist eine Region der Superlative. Es ist die größte und am dichtesten bewohnte Stadtlandschaft in Deutschland. Hier findet man die meisten Kirchen und Kneipen, Theater und Sportstätten, Golf- und Bolzplätze, Universitäten und Forschungsstätten, Parks und Burgen, die größte Regionalzeitung (Westdeutsche Allgemeine Zeitung, abgekürzt WAZ) und das modernste Fußballstadion Deutschlands, die Arena „Auf Schalke" in Gelsenkirchen.

Das Ruhrgebiet verändert sich

Früher wurden viele Haushalte und Industriebetriebe mit Steinkohle beheizt. Nach und nach stellte man die Heizungsanlagen auf Erdöl oder Erdgas um. Dies war billiger und sauberer. Auch in der Industrie wird weniger Steinkohle verfeuert. Speziell in der Eisen- und Stahlindustrie wurden neue Techniken entwickelt, die weniger Kohle benötigen.

Immer mehr Steinkohle, die bei uns verbraucht wird, kommt aus anderen Ländern. Sie liegt dort nicht so tief in der Erde und die Flöze sind bis zu 20 Meter mächtig. Teilweise kann sie - wie die Braunkohle - sogar im Tagebau gefördert werden. Das ist viel billiger.

All das hat zur Folge, dass im Ruhrgebiet Zechen schließen müssen. Heute gibt es nur noch wenige Anlagen, die auf den Kohlebergbau hinweisen. Auf den ehemaligen Bergbauflächen haben sich Gewerbeparks angesiedelt und es entstanden Grünflächen. Die Städte bemühen sich neue Industrien anzusiedeln. In Bochum hat zum Beispiel die Firma Opel auf ehemaligem Zechengelände ein Werk errichtet. Aber auch im Freizeitbereich entstehen neue Arbeitsplätze.

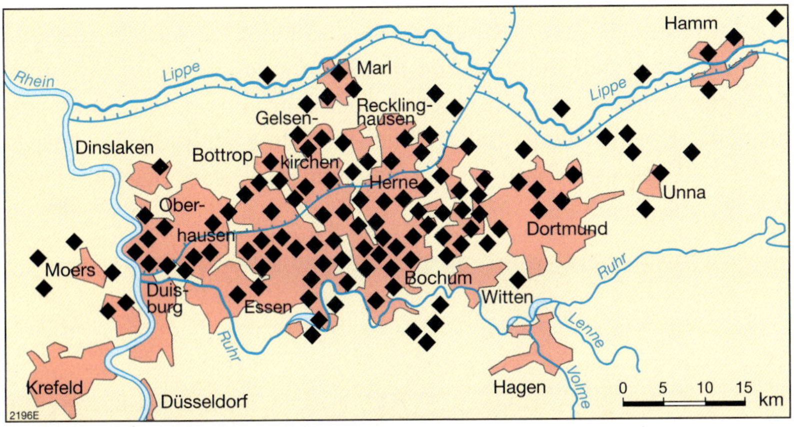

M4 *Zechen 1954*

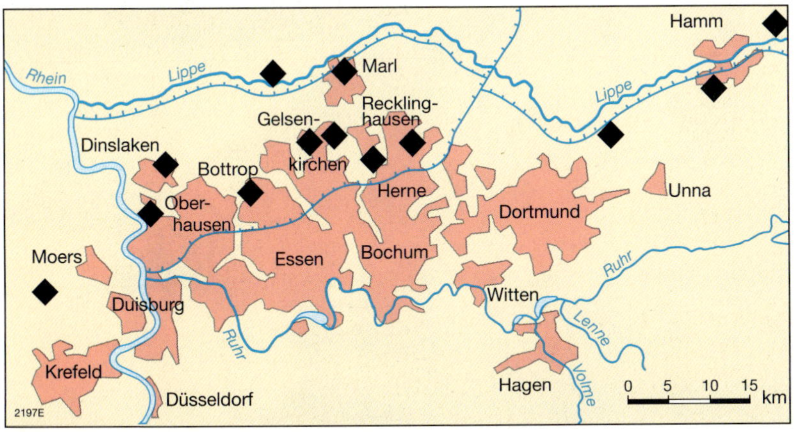

M5 *Zechen heute*

M6 *Alte Zeche, heute Kulturhaus*

Jahr	Landwirtschaft	Industrie	Dienstleistungen
1970	34	1 286	882
1980	28	1 065	968
1990	26	964	1 181
2000	26	710	1 393

M7 *Beschäftigte im Ruhrgebiet nach Wirtschaftsbereichen*

Aufgaben

1 Beschreibe die Ausdehnung der Rhein-Ruhr-Region. Ordne das Ruhrgebiet darin ein (Atlas).

2 Nenne zwei Gründe, warum im Ruhrgebiet Zechen schließen mussten.

3 In welchen Bereichen entstehen neue Arbeitsplätze auf altem Zechengelände (siehe auch M6)?

Merke
Der Verdichtungsraum Ruhrgebiet ist das älteste Industriegebiet Deutschlands. Auf der Grundlage von Steinkohle entstanden zahlreiche Betriebe. Seit vielen Jahren vollzieht sich hier ein Strukturwandel.

Niederlausitzer Braunkohlenrevier

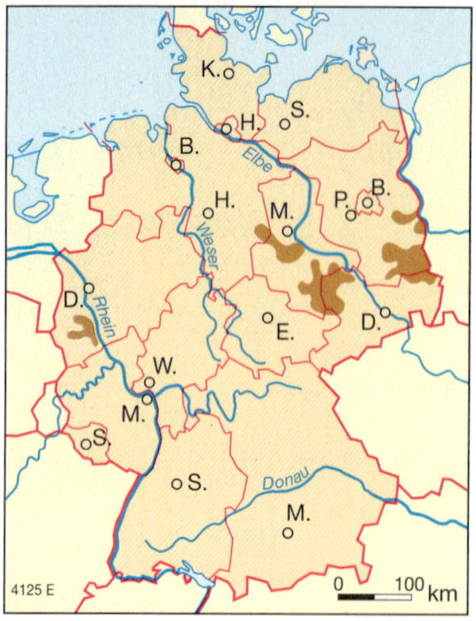

M1 *Braunkohlenreviere in Deutschland*

Niederlausitz – Industrie im Wandel

Die Industrie der Niederlausitz hat eine lange Tradition. Tuchwaren aus Forst, Cottbus, Guben und Finsterwalde wurden im 19. Jahrhundert bis in die USA verkauft. Der reichlich vorhandene Sand lieferte wertvolle Ausgangsstoffe für die Glasindustrie.

Große Industriebetriebe entstanden aber erst, nachdem Braunkohle in Tagebauen abgebaut wurde. Die Niederlausitz entwickelte sich zu einem Zentrum des Braunkohlenbergbaus und der Energiewirtschaft. Bis 1989 waren mehr als die Hälfte aller Arbeitskräfte in diesen Bereichen tätig. Das Industriegebiet der Niederlausitz war somit sehr einseitig entwickelt.

Seit 1990 wurden viele Betriebe in der Niederlausitz stillgelegt. Da die Braunkohle an Bedeutung verloren hat, haben mehrere große Tagebaue inzwischen ihre Förderung eingestellt. Heute fördert man Braunkohle zum Beispiel noch in den Tagebauen Jänschwalde, Cottbus-Nord und Welzow-Süd. In hochmodernen Kraftwerken, die sich in unmittelbarer Nähe der Tagebaue befinden, so in den Kraftwerken Schwarze Pumpe, Boxberg und Jänschwalde, wird die Kohle weiterhin für die Stromerzeugung genutzt.

In der Niederlausitz vollzieht sich in der Industrie inzwischen ein Strukturwandel. Zu erkennen ist, dass es keine einseitige Ausrichtung mehr auf den Bergbau und die Stromerzeugung gibt. Auf dem Gelände ehemaliger Braunkohlenbetriebe entstehen moderne Industrie- und Gewerbeparks. Auch die Umgestaltung der ausgekohlten Tagebaue schafft neue Arbeitsplätze, so zum Beispiel in der Tourismuswirtschaft.

Aufgabe

1 Beschreibe, was sich im Niederlausitzer Braunkohlenrevier verändert hat (Text).

www.fcenergie.de

M2 *Kraftwerk Jänschwalde*

M3 *Im Niederlausitzer Braunkohlenrevier*

M4 *Braunkohlenabbau um 1900 ...*

M6 *... und heute*

Abbau und Nutzung von Braunkohle

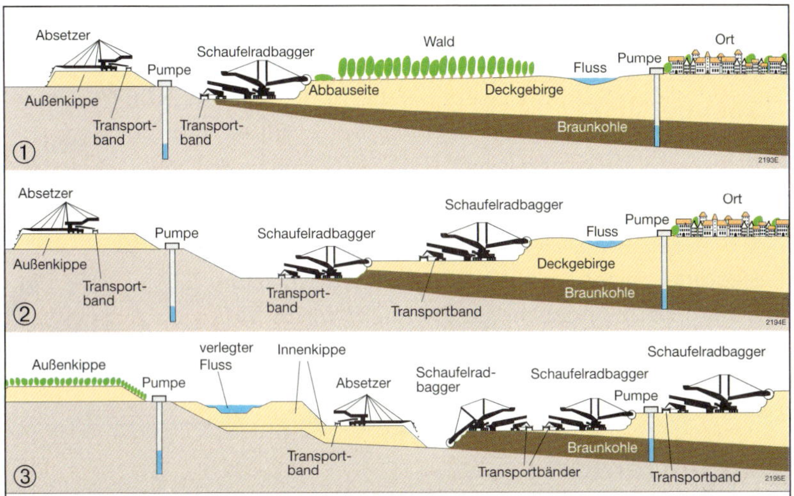

① Der Schaufelradbagger trägt den Abraum bis zur Lagerstätte der Kohle ab. Der Abraum gelangt über Transportbänder zum Absetzer. Der Absetzer kippt den Abraum an den Rand des Tagebaus. Es entsteht die Außenkippe.

② Der Schaufelradbagger trägt die Kohle ab, während ein weiterer Bagger das Flöz an einer anderen Stelle freilegt und das Deckgebirge abträgt. Der Wald wurde dafür abgeholzt.

③ Ist die Kohle in einem Teil des Tagebaus ausgekohlt (abgebaut), wandert der Tagebau weiter. Fluss und Ort werden verlegt. Der ausgekohlte Teil wird mit Abraum aufgefüllt (Innenkippe).

M5 *Der Tagebau wandert*

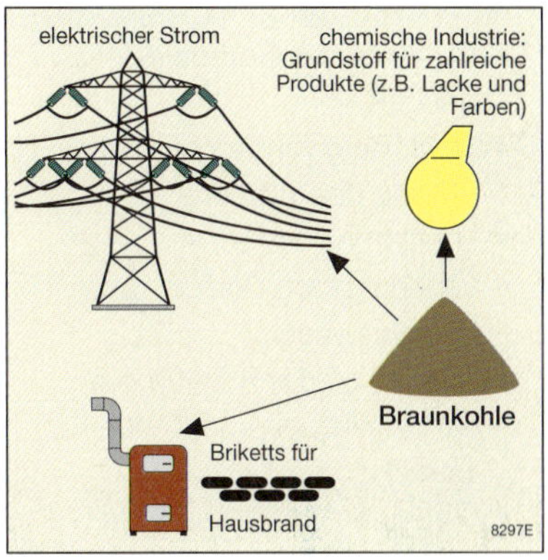

M7 *Nutzung von Braunkohle*

Aufgabe

2 Erkläre folgende Aussage: Der Tagebau wandert.

www.lmbv.de

Merke
Die Niederlausitz ist ein Zentrum der Energiegewinnung. Die Energiegewinnung erfolgt auf der Grundlage von Braunkohle. Viele Industriebetriebe haben sich hier angesiedelt.

M1 *Bagger wühlen die Landschaft um*

Tagebaue verändern die Landschaft

Ein Braunkohlentagebau stellt einen gewaltigen Eingriff in die Landschaft dar: Ackerboden wird entfernt, Wälder werden abgeholzt, Flüsse und Orte werden verlegt. Die Schaufelräder der Bagger tragen den Boden und das Gestein bis zum Braunkohlenflöz ab. Bis Ende 1999 hat der Braunkohlentagebau in der Niederlausitz eine Fläche von rund 780 km^2 eingenommen (das entspricht ungefähr der Größe von Berlin). Die Betriebsflächen der gegenwärtigen Tagebaue umfassen rund 90 km^2.

Bevor der Abbau beginnt, muss das Grundwasser abgepumpt werden. Die Pumpen müssen auch während des Abbaus ständig weiterlaufen, damit sich der Tagebau nicht mit Wasser füllt. Das abgepumpte Wasser wird in die Flüsse und Bäche geleitet, zum Beispiel in die Spree und die Schwarze Elster. Dadurch sinkt der Grundwasserspiegel und einige Pflanzen in der Umgebung des Tagebaus sterben ab. Der aufwirbelnde Staub aus den Tagebauen verschmutzt zudem die Luft. Dies hat Auswirkungen auf Menschen, Pflanzen und Tiere.

Info

Auswirkungen des Tagebaus
- Absinken des Grundwasserspiegels,
- Zerstörung von Ackerflächen, Wiesen und Weiden,
- Entstehung von Lärm,
- Verlegung von Dörfern und Verkehrswegen,
- Niederschlag von Staub aus den Tagebauen und Kraftwerken,
- Verlegung von Flüssen und Bächen,
- Verdörren von Pflanzen

Bagger erreichten den Ort Horno im Sommer 2004

Horno (sorbisch Rogow) musste dem Tagebau Jänschwalde weichen. Deshalb bezogen die Einwohner von Horno eine neue Siedlung. Tagebau und Kraftwerk Jänschwalde sichern nach Angaben des Energiekonzerns Vattenfall 4000 Jobs.

Das Geisterdorf

HORNO. Der Wind pfeift vom Tagebau Jänschwalde herauf, bringt die Stimmen der Arbeiter und das Knirschen des Baggers in den Ort. Der Stahlkoloss ist nur noch wenige Meter von Horno entfernt. Jahrzehntelang kämpften die Einwohner des kleinen Lausitzdorfes gegen das große Tagebauunternehmen und dessen Abbaggerungspläne. Doch dann gaben sie den Kampf zermürbt auf.

Die Hornoer verkauften ihre Häuser und Grundstücke „freiwillig“ an den Energiekonzern Vattenfall, zu dem der Tagebau Jänschwalde gehört. Wie die Menschen die Umsiedlung verkraften, will Hornos Bürgermeister nicht sagen: „Wir haben das nicht gewollt, wir wollten in Horno bleiben.“ Inzwischen ist das alte Horno zum Geisterdorf geworden.

(Quelle: Berliner Zeitung vom 30.12.2003)

Aufgabe

1 Die Umwelt und die Menschen werden durch Tagebaue belastet. Erläutere.

2 Informiere dich über den Lausitzring.

3 Suche das Lausitzer Seenland (Text S. 79) im Atlas.

4 Einerseits werden Tagebaurestlöcher geflutet, andererseits fehlt dem Spreewald das Wasser. Erläutere den Zusammenhang.

M2 *Flutung des Tagebaues Greifenhain*

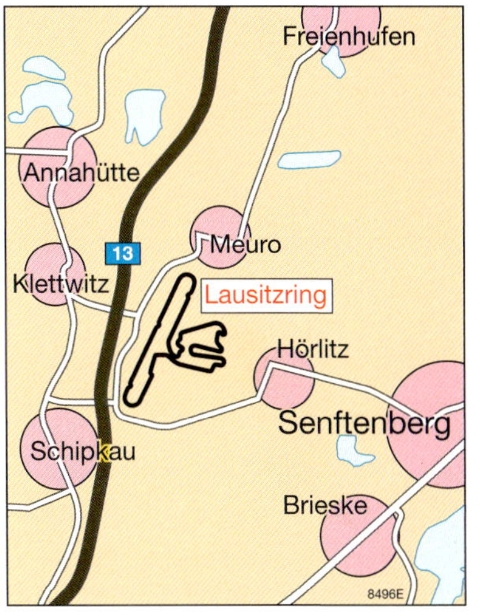

M3 *Lage des Lausitzringes*

Das Lausitzer Seenland – Schiff ahoi

Der jahrzehntelange Abbau von Braunkohle im Tagebau hat in der Niederlausitz eine Vielzahl von Restlöchern hinterlassen. Ihre **Rekultivierung** kostet viel Geld.

Bis 2015 sollen 15 ehemalige Tagebaue geflutet und mehrere davon zwischen dem brandenburgischen Großräschen und dem sächsischen Hoyerswerda durch Kanäle miteinander verbunden werden. Am 9. 12. 2003 wurde der erste Kanal eingeweiht, der gut ein Kilometer lange mit Schiffen befahrbare „Barbara-Kanal.“ Er verbindet die entstehenden Seen in den ehemaligen Tagebauen Koschen und Skado nahe dem sächsischen Geierswalde. Erst in sechs Jahren aber wird der Kanal für Bootskapitäne und Surfer nutzbar sein. Dann sind die Seen komplett geflutet. Die Verwirklichung anderer Kanalverbindungen ist weitaus schwieriger. So müssen Bundesstraßen und Eisenbahnlinien gequert werden.

Der Traum einer Seenkette in der Lausitz ist nicht neu. Bereits 1965 entwickelte der Landschaftplaner Otto Rindt (1906-1994) eine solche Idee. Er träumte davon, dass sich das Gebiet von einer Bergbau- zu einer Tourismusregion entwickelt. Jetzt werden seine Träume wahr. Es entsteht Europas größte künstliche Seenlandschaft, die vielfältig nutzbar ist und für viele Menschen Arbeitsplätze schaffen wird. Die Umgestaltung der Lausitz hat schon längst begonnen.

Info

Rekultivierung
Rekultivierung nennt man die Wiederherstellung von Landschaften, die zum Beispiel durch Braunkohlentagebaue zerstört wurden. Eine rekultivierte Landschaft dient oft der Erholung. Sie kann aber auch wieder landwirtschaftlich genutzt werden.

www.lausitz.de
www.eurospeedway.de

Merke
Durch den Braunkohlenabbau wird die Landschaft verändert. Nicht nur Äcker und Wälder, auch Siedlungen müssen dem Tagebau weichen. Nach dem Bergbau wird die Landschaft umgestaltet (rekultiviert).

Grundbegriff
- Rekultivierung

Vergleichende Bildauswertung

Methode

Vergleichen
Vergleichen heißt, mindestens zwei Objekte auf Gemeinsamkeiten, Ähnlichkeiten und Unterschiede hin zu untersuchen.

Erstellt ein Fotoalbum über euren Ort – früher und heute

1. a) Informiert eure Eltern, Großeltern und Bekannten über euer Vorhaben und bittet sie um alte Fotos aus eurem Ort.
   b) Wählt besonders eindrucksvolle Fotos für euer Album aus und fotokopiert sie.
   c) Gebt die Fotos wieder an ihre Besitzer zurück, denn sie sind oft eine wertvolle Erinnerung.
   Tipp: Fotos mit Personen, Fahrzeugen im Vordergrund sind besonders interessant.
2. Stöbert in der Schul-Chronik oder in der Gemeinde-Chronik nach weiteren Bildern oder anderen interessanten „Quellen." Das können zum Beispiel Urkunden, Zeugnisse oder Zeitungsberichte sein.
3. a) Sucht in Arbeitsgruppen die Standorte der fotografierten Gebäude und Straßen.
   b) Fotografiert von der gleichen Stelle die heutige Situation.
4. a) Klebt alte und neue Fotos auf gegenüberliegende Seiten oder untereinander. Ihr könnt als Album zum Beispiel ein Ringbuch mit Pappseiten nehmen.
   b) Beschreibt kurz die Veränderungen unter oder neben den Bildern.
5. Präsentiert das Album mit den Veränderungen in eurem Ort auf einem Elternabend.

M1 *Seiten im Fotoalbum*

Führt mit Bürgerinnen und Bürgern über euren Ort früher und heute ein Interview

Führt Interviews mit älteren und jüngeren Leuten.

1. Sammelt Fragen und stellt sie in einem Fragebogen zusammen.
2. Befragt zunächst zehn ältere Menschen. Ihr könnt zum Beispiel folgende Fragen stellen:
   - Wo wohnten Sie 1960?
   - Wo arbeiteten Sie 1960?
   - Wie kamen Sie zum Arbeitsplatz?
   - Welches Verkehrsmittel benutzten Sie?
   - Wie lange benötigten Sie bis zur Arbeitsstelle?
   - Welche Geschäfte gab es im Ort?
3. Befragt nun zehn jüngere Menschen. Verändert die Fragen entsprechend. Vergleicht die Antworten und formuliert die Ergebnisse.

Führt mit Fachleuten über die Entwicklung in eurem Ort ein Interview

Ladet eine Expertin oder einen Experten (Mitarbeiterin oder Mitarbeiter der Stadtverwaltung bzw. Gemeindeverwaltung, der Kirche oder des Heimatvereins) ein oder vereinbart einen Termin bei der Stadt oder Gemeinde, im Museum, im Pfarramt, im Vereinsheim ...

1. Überlegt euch Fragen, die ihr stellen wollt. Solche Fragen könnten zum Beispiel sein:
   - Wie viele Einwohner hatte unser Ort 1960 und wie viele Einwohner hat er heute?
   - Wie viele Menschen wohnen in dem Neubaugebiet?
   - Welche Berufe gab es in unserer Gemeinde 1960 und welche gibt es heute?
   - Welche Geschäfte gab es 1960, welche Geschäfte gibt es heute?
2. Überlegt, wie ihr die Fragen verteilt.
3. Vereinbart, wie ihr die Antworten festhalten könnt. Wenn ihr die Antworten mit einem Kassettenrekorder aufnehmen wollt, müsst ihr die Gesprächspartnerin oder den Gesprächspartner vorher fragen.

Grübeln und Tüfteln

Wir führen eine Zukunftswerkstatt durch

Methode

Zukunftswerkstatt
Eine Zukunftswerkstatt ist eine Methode, mit der ihr Ideen für eine bessere Zukunft entwickeln könnt. In ihr arbeitet man nicht nur mit Kopf und Verstand, sondern vor allem mit Herz und Gefühl.

Gestaltung einer lebenswerten Umwelt

Geht dabei in folgenden Schritten vor:

1. Kritikphase
Tragt Problemfälle aus eurer Umgebung zusammen (z.B. zerstörte Landschaften, verschmutzte Umwelt, Verkehrsbelastung). Schreibt zu jedem Fall Stichworte auf kleine Zettel.

Sortiert eure Beschwerden und Kritiken nach Schwerpunkten und bringt diese an einer Pinnwand an.

Wählt das Problem, das euch am meisten interessiert bzw. ärgert, aus. Bearbeitet dieses nun weiter.

2. Fantasiephase
Entwickelt viel Fantasie. Tragt eure Ideen und Vorstellungen zur Lösung des Problems zusammen.

Beachtet dabei: Alle Vorschläge sind erlaubt. Es gibt keinerlei Einschränkungen: Tut so, als hättet ihr genügend Geld, alle Macht und jede Technik.

Stellt eure Zukunftsvorstellungen anschaulich dar. Ihr könnt dazu zum Beispiel eine Geschichte erzählen, Gedichte oder Zeitungsmeldungen schreiben, ein Rollenspiel aufführen, Zeichnungen, Skizzen, Collagen, Poster oder Modelle anfertigen.

3. Verwirklichungsphase
Findet heraus, ob es Möglichkeiten gibt, eure Ideen zu verwirklichen, und sei es nur in Teilen.

Holt euch Unterstützung. Sucht dazu das Gespräch mit geeigneten Personen (z.B. Bürgermeister, mögliche Sponsoren). Informiert euch, ob bereits Veränderungen geplant sind.

Nennt mögliche Schritte (kurz-, mittel- und langfristige) zur Lösung des Problems.

Aufgabe

1 Entwickelt Ideen für eine umweltfreundliche Nutzung von Tagebaurestlöchern.
Entwerft selbst eine Skizze und diskutiert mit euren Mitschülern.

M1 *Zeichnung von Sandra aus Senftenberg*

Das deutsche Mittelgebirgsland

Im Schwarzwald

Mittelgebirgslandschaft

Aufgaben

1 Benenne die in der stummen Karte aufgeführten Mittelgebirgslandschaften, Flüsse und Städte (Arbeitsheft, S. 14 und Atlas).

2 Welche Mittelgebirgslandschaften befinden sich entlang des Rheins, welche entlang der Donau?

3 Ein Flugzeug fliegt vom Harz bis in den Schwarzwald. Welche Landschaften und Flüsse könnte es überfliegen?

4 Beschreibe anhand der Fotos die Vielfalt der Landschaften im Mittelgebirgsraum.

Gliederung und Merkmale

Deutschlands Mittelgebirgsland ist stark zergliedert. Es wechseln Gebirge und ihre Vorländer mit Becken, Tiefebenen, Bergländern und Durchbruchstälern ab (M3). Mit der Münsterländer Bucht im Westen und der Leipziger Tieflandsbucht im Osten reicht das Tiefland weit in das Gebirgsland hinein. Die Mittelgebirge haben meist abgerundete Berge und sind bewaldet. Der Feldberg im Schwarzwald ist mit 1493 Metern der höchste Berg im deutschen Mittelgebirgsland.

Mittelgebirge sind das ganze Jahr über beliebte Erholungsgebiete. Dort können die Urlauber Wanderungen unternehmen und im Winter Ski fahren. Im Elbsandsteingebirge ist durch steile Felswände sogar Bergsteigen möglich.

Auch viele Sehenswürdigkeiten locken die Menschen an: der Hexentanzplatz und der Brocken im Harz, der Rennsteig im Thüringer Wald, die Bastei im Elbsandsteingebirge, die Loreley im Durchbruchstal des Rheins, das Hermannsdenkmal im Teutoburger Wald. Kennst du noch weitere?

An Stauseen, in denen das Wasser der zahlreichen Flüsse aufgestaut wird, liegen beliebte Campingplätze. Kur- oder Heilbäder befinden sich dort, wo aus den Quellen Wasser mit Heilkraft sprudelt. Solche Orte erkennst du an ihrem Namen „Bad." Besonders beliebt sind auch die Weinbauorte an Rhein, Mosel, Elbe, Saale und Unstrut. Durch günstige klimatische Bedingungen kann hier die Sonderkultur Wein angebaut werden.

M1 *Nordschwarzwald bei Bad Herrenalb*

M2 *Oberes Elbtal bei Diesbar-Seußlitz*

Wie die Bruchschollenlandschaft entstanden ist

Die Entstehung des Mittelgebirgslandes reicht viele Millionen Jahre zurück. Dort, wo sich das Mittelgebirgsland heute ausdehnt, befand sich in der **Erdmittelzeit** ein fester Gebirgsrumpf. Dieser zerbrach zu Beginn der **Erdneuzeit** durch **endogene** Kräfte (aus dem Erdinneren) in einzelne große Schollen. Diese wurden entweder herausgehoben, abgesenkt oder gekippt. Dadurch entstanden die unterschiedlichen Oberflächenformen des Mittelgebirgslandes (M3). Nach ihrer Entstehung bezeichnet man die deutschen Mittelgebirge als **Bruchschollengebirge**.

Beim Zerbrechen und bei der Bewegung der Schollen bildeten sich Risse und Spalten, in denen glutflüssiges Gestein aufstieg. So ist das Vorkommen von Basaltkuppen (Reste ehemaliger Vulkane, zum Beispiel der Scheibenberg im Erzgebirge) und von Erzlagerstätten zu erklären. Im Laufe der Jahrmillionen wirkten **exogene** Kräfte wie Wind, Regen und Frost auf die Oberflächenformen ein. Die oben lagernden Gesteinsschichten verwitterten und Flüsse schnitten tiefe Täler ein.

Aufgabe

5 Erkläre die Entstehung von Oberflächenformen, die im Mittelgebirgsland auftreten (M3 und Arbeitsheft, S. 15).

Merke
Der deutsche Mittelgebirgsraum ist eine vielfältig gegliederte Bruchschollenlandschaft, die durch endogene und exogene Kräfte entstanden ist.

Grundbegriffe
- Erdmittelzeit
- Erdneuzeit
- endogen, exogen
- Bruchschollengebirge
- Grabenbruch

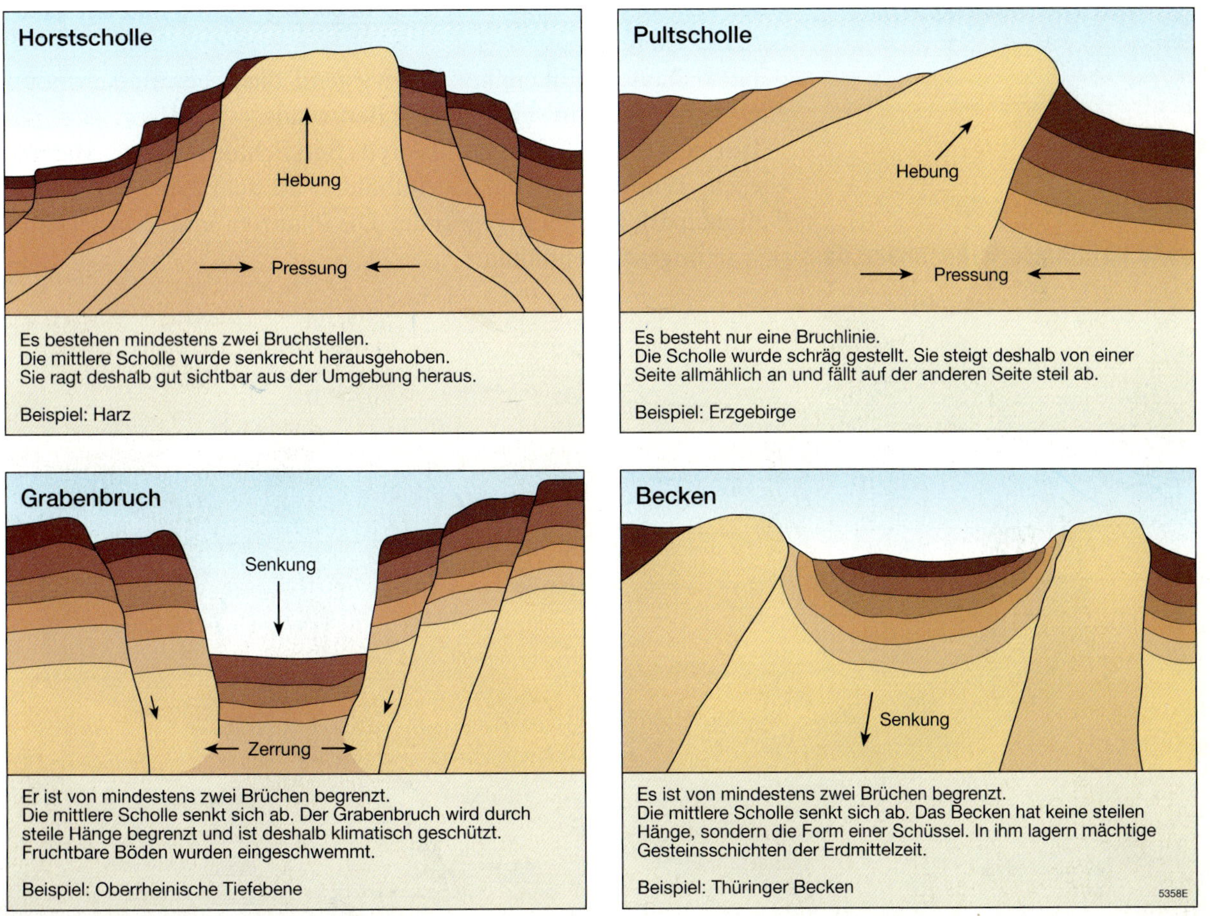

M3 *Formen des Mittelgebirgslandes*

M1 *Die Brockenhexe – Wahrzeichen des Harzes*

Der Harz – ein steil aufragendes Mittelgebirge

Wie eine große Insel ragt der Harz aus dem Norddeutschen Tiefland empor. Seine höchsten Erhebungen liegen im Westteil des Gebirges, dem Oberharz. Weithin sichtbar ist der Brocken als höchster Berg des Harzes (1142 m). Der östliche Gebirgsteil, der Unterharz, liegt nur 500 bis 600 Meter hoch. Warum ragt der Harz aus seiner Umgebung heraus?

Als in der Zeit des Tertiär (Beginn der Erdneuzeit) die heutige Mittelgebirgslandschaft in Schollen zerbrach, wurde die Harz-Scholle durch endogene Kräfte mehrere hundert Meter emporgehoben. Im Nordwesten geschah dies allerdings stärker als im Südosten. Daraus erklärt sich, dass das Gebirge besonders im Norden und Westen aus seiner Umgebung steil herausragt.

Seit der Heraushebung des Harzes hat sich sein Aussehen stark verändert. Exogene Kräfte wirkten auf ihn ein. So wurden die Hochflächen von Flüssen (zum Beispiel durch die Bode) zerschnitten. Und Gesteine, die an der Oberfläche lagen, verwitterten. Dadurch wurden ältere Gesteine freigelegt, die in den Harzvorländern nur in sehr großer Tiefe anzutreffen sind. Zu diesen Gesteinen gehört unter anderem der Granit. Aus ihm bestehen der Brocken und der Ramberg bei Thale.

Noch heute ist der Harz überwiegend dicht bewaldet, worauf auch sein Name hinweist (Harz = Bergwald).

Um den Harz mit seinen Mooren, Bergfichtenwäldern, Mattenwiesen, Wildbächen und Geröllhalden zu schützen, wurde der Nationalpark Hochharz gegründet. Die Pflanzen- und Tierwelt kann sich so ungestört entfalten.

Aufgaben

1 Beschreibe mithilfe des Atlas die Lage des Oberharzes, des Unterharzes und des Brockens.

2 Erkläre mithilfe des Textes und von M2 die Entstehung des Harzes.

www.harz-online.de
www.nationalpark-hochharz.de

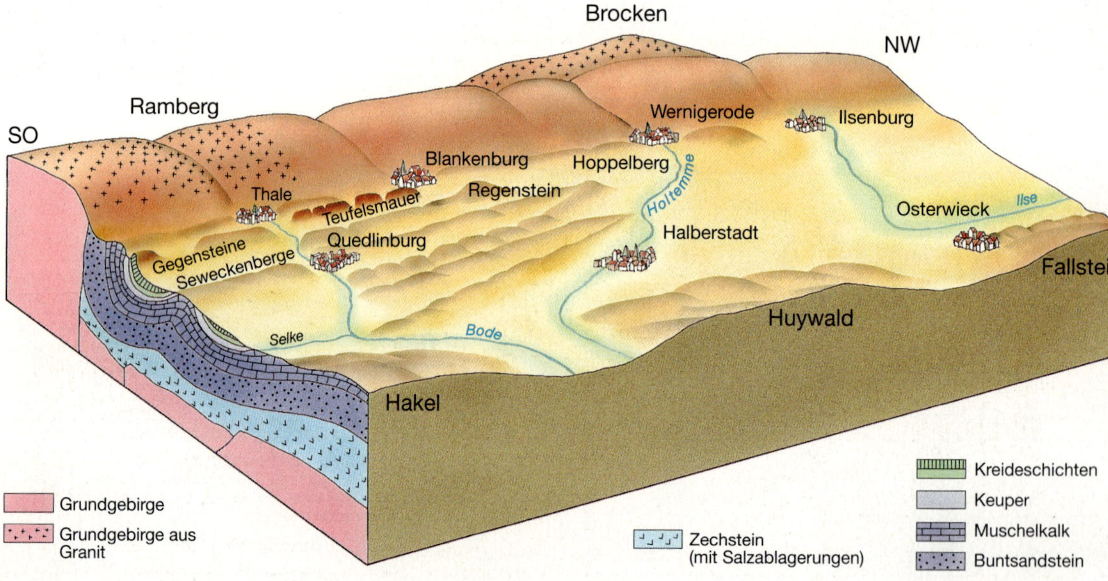

M2 *Der Harz und sein nördliches Vorland (Blockprofil)*

Das Tal des Mittelrheins – ein Durchbruchstal

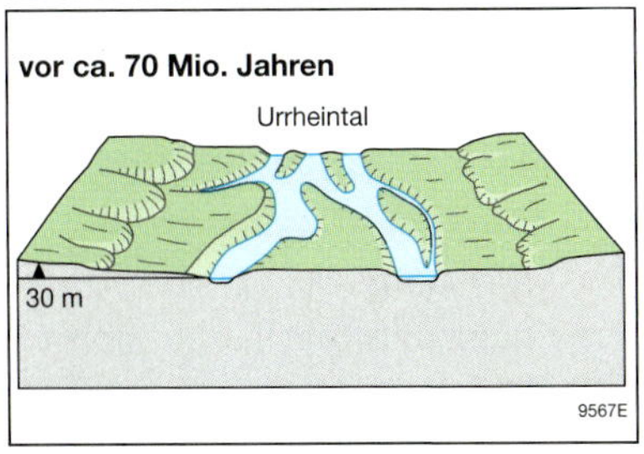

In einem engen Tal durchfließt der Rhein heute das Rheinische Schiefergebirge (M 3). Am Ende der Erdmittelzeit war hier noch ein welliges, breites Flachland.

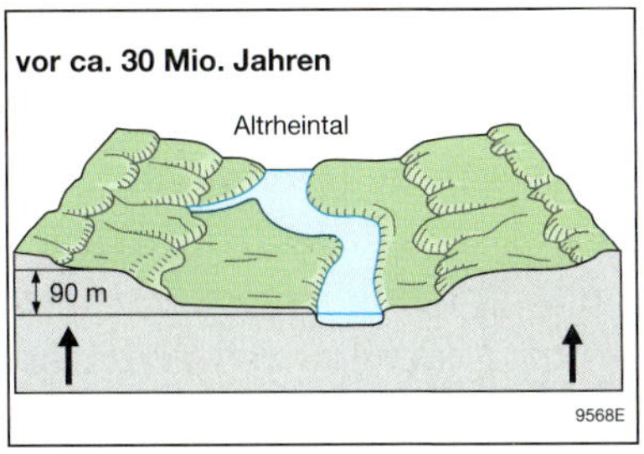

Zu Beginn der Erdneuzeit (im Tertiär) wurde das Gebiet durch erdinnere Kräfte langsam gehoben. Der Rhein schnitt sich in Jahrmillionen in das Gebirge ein.

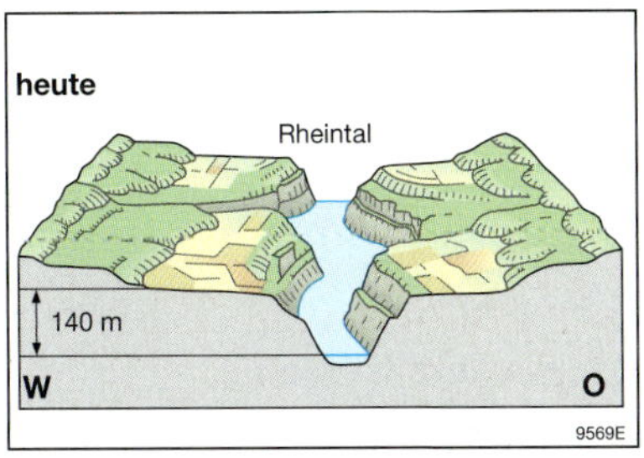

Der Rhein durchquert heute ein ganzes Gebirge. Das durch sein Einschneiden in das aufsteigende Gebirge entstandene Tal wird als **Durchbruchstal** bezeichnet.

M3 *Im Rheintal: Loreley-Felsen*

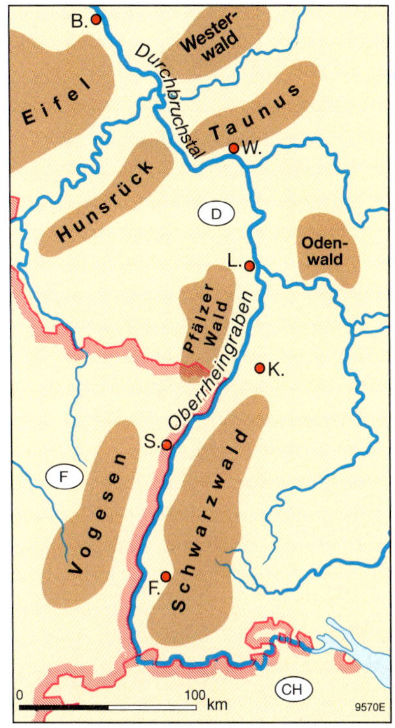

M4 *Gebirge entlang des Rheintals*

Aufgaben

3 Wie entstand das Durchbruchstal des Rheins?

4 Der 132 m steil aufragende Loreley-Felsen (M3) ist durch ein Gedicht des Dichters Heinrich Heines (1797 – 1856) bekannt geworden. Informiere dich darüber.

www.loreley-touristik.de

Merke
Der Harz und das Durchbruchstal des Rheins entstanden im Tertiär als das Mittelgebirgsland durch endogene Kräfte in Schollen zerbrach und langsam emporgehoben wurde.

Grundbegriff
- Durchbruchstal

Beschreiben von Gesteinen

Methode

Gesteine beschreiben

Schrittfolge:

1. Betrachte den zu beschreibenden Stein genau.
2. Suche Antworten auf folgende Fragen:
   Welche Farbe hat er?
   Ist eine Schichtung zu erkennen oder wirkt er sehr kompakt?
   Ist es ein weicher oder harter Stein? (Reibe ihn zwischen den Fingern oder ritze ihn mit einem spitzen Gegenstand).
   Wie schwer ist er? Vergleiche mit anderen Steinen.
3. Fasse deine Untersuchungsergebnisse zusammen und beschreibe den Stein.

Gesteinssammlung anlegen

Steine sammeln kann ein tolles Hobby sein.
Vor allem, wenn ihr in ihnen eingeschlossene Überreste von tierischen und pflanzlichen Lebewesen findet.

Schrittfolge:

1. Sammelt auf Exkursionen, Wanderfahrten oder im Urlaub Steine und schreibt den Fundort auf.
2. Ermittelt den Namen der Gesteine.
   Ordnet die Steine den Gesteinsgruppen zu.
3. Baut Kästen, in die ihr die Gesteine einsortieren könnt.

Aufgaben

1 Suche Steine in deinem Lebensumfeld und beschreibe sie. Orientiere dich an der Schrittfolge.

2 Ordne die auf Seite 89 vorgestellten Gesteine den Gesteinsgruppen zu (Text).

Gesteine begegnen uns überall

Tagtäglich kommst du in deinem unmittelbaren Umfeld mit Gesteinen in Berührung. Bekannt sind sie dir als Baustoff für Gebäude und Straßen, als Brennstoff (z. B. Kohle) und sogar als Lebensmittel (z. B. Steinsalz oder Kochsalz). Unsere Vorfahren nutzten Gesteine wie Feuerstein als Werkzeuge oder auch als Waffen.

Nach ihrer Entstehung und ihren Eigenschaften lassen sich Gesteine in drei große Gruppen einteilen:

1. Erstarrungsgesteine oder magmatische Gesteine
Sie entstehen bei der Abkühlung von glutflüssigem Material im Erdinnern (z. B. Granit) oder an der Erdoberfläche (z. B. Basalt).

2. Ablagerungsgesteine oder Sedimentgesteine
Alle Gesteine, aber auch Pflanzen- und Tierreste, die an der Erdoberfläche liegen, werden unter dem Einfluss von Sonne, Regen, Frost und Druck zerkleinert. Man bezeichnet diesen Vorgang als Verwitterung. Wasser, Eis oder Wind transportieren das zerkleinerte Material fort und lagern es auf dem Festland oder im Meer ab. Unter hohem Druck verfestigen sich z. B. Sand zu Sandstein oder Kalkreste zu Kalkstein.

3. Umwandlungsgesteine oder metamorphe Gesteine
Unter Druck und hohen Temperaturen (über 300 °C) kommt es zur Umwandlung (Metamorphose) von magmatischen und Sedimentgesteinen. So wird zum Beispiel aus Kalkstein Marmor, auch Schiefer ist ein Umwandlungsgestein. Zu erkennen sind sie an ihrem geschichteten Aufbau.

M1 *Gesteinssammlung*

Granit: „Feldspat, Quarz und Glimmer – dich vergess' ich nimmer." Das sind die vorwiegenden Mineralien, aus denen das grobkörnige und harte Erstarrungsgestein Granit besteht.
Nutzung: Rand- und Pflastersteine, Grabsteine, Treppen, Fassadenverkleidung.
Vorkommen: Harz, Fichtelgebirge, Oberpfälzer Wald, Bayerischer Wald.

Basalt: dichtes dunkelgraues bis schwarzes Erstarrungsgestein, in dem gewöhnlich keine Mineralien erkennbar sind. Sein Vorkommen zeugt von Vulkanismus.
Nutzung: Schotter, Wärmeschutz, Brandschutz.
Vorkommen: Rhön, Erzgebirge, Oberpfalz.

Löss: das gelblich-braune, feinkörnige Sediment ist leicht mit den Fingern zu zerreiben. In Lössgebieten findet man häufig steilwandige Hohlwege.
Nutzung: Heilerde, Lössboden ist aufgrund seiner hohen Fruchtbarkeit vor allem für die landwirtschaftliche Nutzung geeignet.
Vorkommen: Magdeburger Börde, Thüringer Becken.

Sandstein: Sedimentgestein aus feinen oder groben Sandkörnern, das durch ein Bindemittel (z. B. Ton oder Kalk) zusammengehalten wird.
Nutzung: Baustein, Steinmetzarbeiten.
Vorkommen: Spessart, Buntsandsteingebiet Thüringer Becken, Elbsandsteingebirge.

Kalkstein: Sedimentgestein, das fein- bis grobkörnig ist. Häufig findet man eingeschlossene Fossilien. Er ist wegen seiner Härte gegen Verwitterung sehr widerständig und bildet schroffe Bergformen.
Nutzung: in der Außen- und Innenarchitektur für Fassadenbekleidungen, Bodenbeläge und Fensterbänke.
Vorkommen: Nördliche Kalkalpen.

Marmor: körniges Umwandlungsgestein, das aus Kalkstein hervorgegangen ist. Marmor kann, abhängig von den einzelnen Beimengungen, sowohl weiß, gelb, rot, grün oder schwarz sein.
Nutzung: in der Außen- und Innenarchitektur für Fassadenbekleidungen, Bodenbeläge, Fensterbänke oder Grabsteine.
Verbreitungsgebiet: Fichtelgebirge.

M2 *Wichtige in Deutschland vorkommende Gesteine (siehe* www.gw.eduhi.at – *Themen, Geologie)*

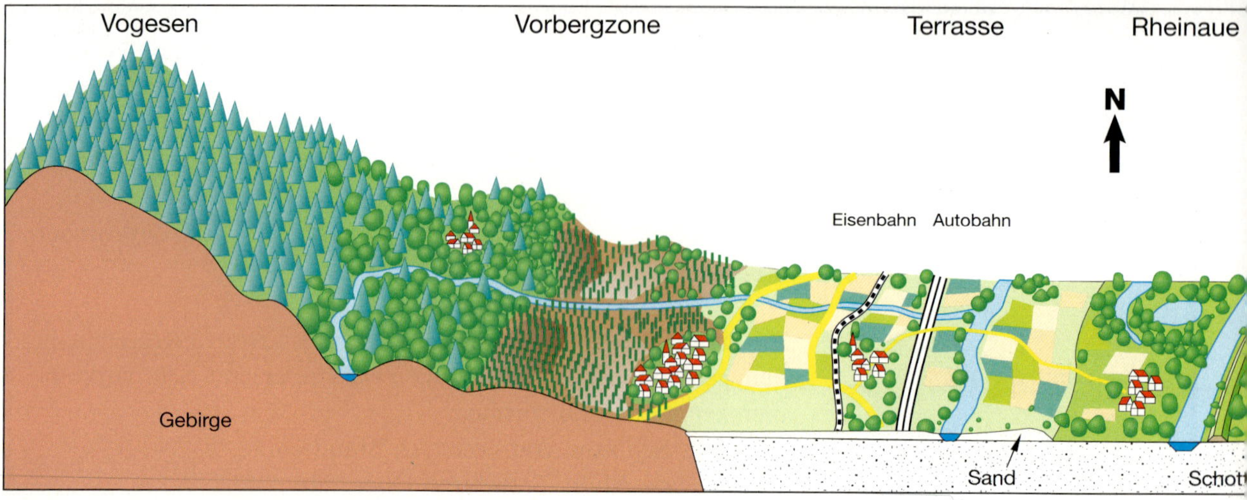

M1 *Querschnitt durch den Oberrheingraben*

Oberrheinisches Tiefland

In der Rheinaue: Altrheinarme und kleine Seen mit glasklarem Wasser, zeitweise überschwemmte, urwaldähnliche Wälder, Wiesen mit Orchideen; daneben Kiesgruben und Baggerseen für Erholungsuchende. Ein wahres Vogelparadies mit Arten, die vom Aussterben bedroht sind; sogar Kormorane aus dem hohen Norden überwintern hier. Aber es gibt auch Felder, auf denen Getreide und Zuckerrüben angebaut werden. Solche verschiedenen Eindrücke vermittelt diese Landschaft, die den Hauptschifffahrtsweg Europas auf weiten Strecken begleitet.

Auf der Terrasse: Geröll und Sand, die Flüsse und Bäche aus den Gebirgen hier ablagerten, haben diese Ebene geschaffen. Vor allem Getreide-, Mais- und Kartoffelfelder prägen das etwas eintönige Bild, das kaum durch die großen Nord-Süd-Verbindungen von Straße und Schiene unterbrochen wird.

M2 *Bedeutende Weinbaugebiete im Südwesten Deutschlands*

M3 *Weinlese an Steilhängen ... und an sanft geneigten Hängen*

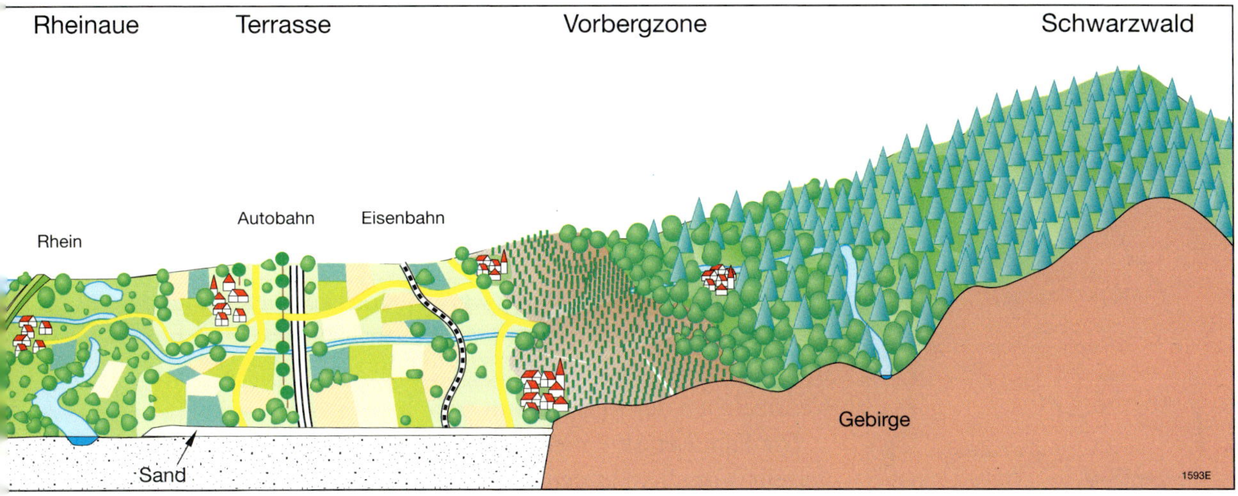

In der Vorbergzone: Im Frühjahr strömen Tausende hierher, nur um die schier endlose Pracht der Baumblüte zu erleben. Manche sprechen sogar vom Garten Eden, wenn sie die vielen Obstbäume am Fuße des Schwarzwaldes zur Erntezeit sehen. Schon seit 5000 Jahren siedeln hier Menschen und betreiben auf den fruchtbaren Böden Landwirtschaft und bauen als **Sonderkultur** Wein an.

Im Schwarzwald: Ruhe und Erholung. Das ist es, was die meisten Menschen suchen, wenn sie in dieses Mittelgebirge kommen. Mit 1493 m ist der Feldberg die höchste Erhebung. Der Norden lockt viele mit seinen weiten, fast ebenen Waldflächen in den Hochlagen sowie den Hochmooren und Seen. Die Gesteinsschichten des Buntsandsteins bilden den Untergrund. Der südliche, höher gelegene Teil hingegen ist durch deutlich größere Höhenunterschiede zwischen den Tälern und den vielen Berggipfeln geprägt. Er besteht aus Granit und Gneis, die Buntsandsteinschichten des Nordschwarzwaldes fehlen hier.

Info

„Rotkäppchen" – (k)ein Märchen

Das Weinanbaugebiet um Freyburg (Unstrut) und Naumburg (Saale) ist im Vergleich zu denen an Rhein und Mosel geradezu ein Zwerg. An den sonnigen Muschelkalkhängen wird seit mehr als 1200 Jahren Wein angebaut. Die meisten Winzer bewirtschaften heute ihre Weinberge in der Freizeit. Mit viel Liebe und Mühe verrichten sie diese aufwändige Arbeit. Im Herbst ist Weinlese. Den größten Teil der geernteten Trauben liefern sie an die Freyburger Winzervereinigung ab. Dort wird in großen Holzfässern der begehrte Saale-Unstrut-Wein gekeltert.

In Freyburg befindet sich eine Sektkellerei. Hier wird der bekannte Rotkäppchen Sekt hergestellt. Seinen Namen gab ihm die rote Kappe, die jeden Flaschenhals ziert, und nicht die bekannte Märchenfigur.

Info

Sonderkulturen

Wein, Obst, Gemüse, Tabak, Hopfen und Spargel gehören einer Gruppe von Nutzpflanzen an, die als Sonderkulturen bezeichnet werden. Sie benötigen ein warmes, ausgeglichenes Klima.

Aufgaben

1 Beschreibe die Lage der Weinbaugebiete in Deutschland (M2 und Atlas).

2 Begründe, warum im Oberrheinischen Tiefland Wein angebaut wird.

Merke

Das Oberrheinische Tiefland erstreckt sich entlang des Rheins von der Schweizer Grenze bis zur Rheinmündung. Es ist ein landwirtschaftlicher Gunstraum, in dem Sonderkulturen angebaut werden.

Grundbegriff
- Sonderkultur

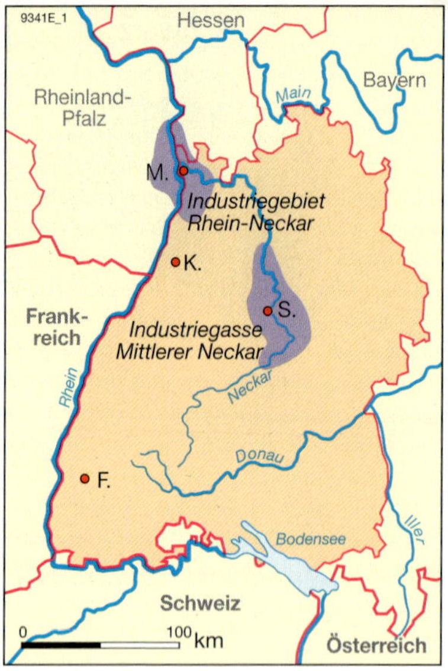

M1 *Verdichtungsräume in Baden-Württemberg*

Industriegasse Mittlerer Neckar

Die Region Stuttgart ist ein bedeutender Wirtschaftsraum Deutschlands. Weltberühmte Firmen des Fahrzeugbaus (DaimlerChrysler AG, Porsche), des Maschinenbaus (SKF-Kugellagerfabriken) und der Elektrotechnik (Bosch, AEG, Siemens, IBM) haben hier ihren Sitz. Dabei gibt es in der Stadt Stuttgart und in ihrer Umgebung kaum Rohstoffe wie Kohle oder Eisenerz.

Die Bauern der Umgebung waren jedoch geschickte Handwerker. Daher entstanden hier vor allem Industriebetriebe, in denen importierte Rohstoffe veredelt wurden. Diese Veredlungsindustrie ist ein Kennzeichen der Region Stuttgart.

Die Fabriken sind nicht gleichmäßig in der Stadt und im Umland verteilt. Vor allem in den Tälern des Neckars und seiner Nebenflüsse entwickelten sich Industriegassen mit Fabriken, Eisenbahnschienen, Bahnhöfen und Straßen. In der Innenstadt von Stuttgart wird der Platz für Fabriken immer geringer. Lastwagen brauchen lange, bis sie in der Stadt sind. So verlagern immer mehr Fabrikbesitzer ihre Betriebe ins Umland.

Stuttgart ist nicht nur eine der bedeutendsten Industriestandorte Deutschlands. Als Landeshauptstadt Baden-Württembergs erfüllt Stuttgart wichtige Verwaltungsfunktionen.

M2 *Blick auf die Industriegasse am mittleren Neckar*

DaimlerChrysler, ein Weltkonzern

Neben dem Großraum Stuttgart hat DaimlerChrysler Fabrikanlagen an vielen Standorten in Deutschland. Dabei ist jeder Standort auf die Herstellung eines Produktes spezialisiert. So werden zum Beispiel Busse und Lkw-Motoren in Mannheim, die A-Klasse in Rastatt, der Unimog und Lkw in Wörth und der Transporter in Düsseldorf gefertigt. Auch in Hamburg, Berlin und Bremen gibt es DaimlerChrysler-Werke.

Durch die Verbindung mit dem amerikanischen Chrysler-Konzern wurde das Angebot von Trucks, Jeeps und Minivans vor allem für den amerikanischen Markt erweitert. Damit ist der Konzern nahezu weltweit vertreten und kann in allen Ländern Autos nach dem Geschmack und den Bedürfnissen der Kunden anbieten.

M4 *Automobilproduktion bei DaimlerChrysler*

M3 *Produktionsstandorte der deutschen Automobilindustrie*

Aufgaben

1 a) Welche drei Industriezweige sind vor allem in der Region Stuttgart vertreten?
b) Stelle mithilfe des Atlas fest, welche weiteren Industrien es in der Region Stuttgart gibt.

2 Informiere dich, welche Autotypen DaimlerChrysler in den Werken in Ludwigsfelde und Berlin herstellt.

www.daimlerchrysler.de

Merke
Längs des Neckartales haben sich vor allem Betriebe des Maschinen- und Fahrzeugbaus und der elektronischen Industrie angesiedelt.
Stuttgart ist der Hauptindustriestandort der Industriegasse Mittlerer Neckar.

Talsperren im Harz

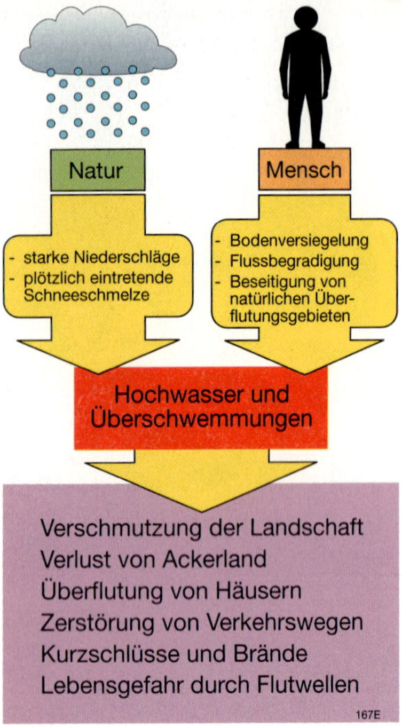

Aufgaben

1 Weise die folgende Aussage mit entsprechenden Atlaskarten nach: Die Mittelgebirge ragen auch klimatisch aus ihrer Umgebung heraus.

2 Erkläre den Wasserreichtum im Oberharz.

3 Beschreibe mithilfe von M3 das Rappbode-Talsperrensystem.

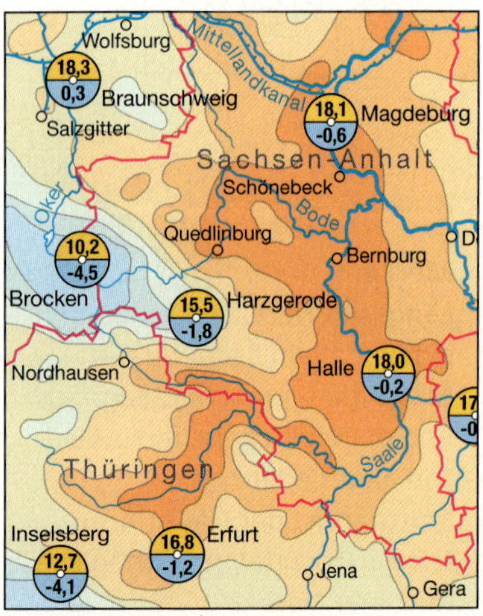

M1 *Klima im Harzgebiet*

Der Harz – ein Regenfänger

Bei der Planung einer Urlaubsreise in ein Mittelgebirge wie den Harz musst du dir genau überlegen, was alles in dein Gepäck hinein gehört. Auch im Sommer dürfen darin festes Schuhwerk, Pullover und besonders eine Regenjacke nicht fehlen. Warum?

Ein Blick auf Temperatur- und Niederschlagskarten zeigt, dass es in den Gebirgen mit zunehmender Höhe immer kälter und regenreicher wird. Sie ragen klimatisch wie eine Insel aus ihrer Umgebung heraus (M1).

In den Gebirgen fallen aber nicht überall gleich hohe Niederschläge. Der Westen wird meist stärker beregnet als der Osten. Wie ist das zu erklären?

Bei uns in Mitteleuropa wehen die Winde überwiegend aus westlicher Richtung. Vom Atlantischen Ozean her kommend, bringen sie feuchte Luftmassen mit. Wenn diese auf die Gebirge treffen, müssen sie an den Hängen in höher gelegene Regionen aufsteigen. Dabei kühlt sich die Luft ab und es bilden sich Wolken. Aus diesen Wolken fällt auf der Westseite (Luv-Seite) starker Regen, der **Steigungsregen** genannt wird.

Nachdem die Luftmassen die höchsten Höhen überwunden haben, sinken sie wieder ab. Dabei erwärmen sie sich und die Wolken lösen sich auf. Es regnet deshalb selten. Man sagt, die östlichen Gebiete liegen im Regenschatten (Lee-Seite).

M2 *Pumpspeicherkraftwerk Wendefurth*

Das Rappbode-Talsperrensystem

Im Harz wurde Wasser schon vor fast 500 Jahren in künstlichen oberirdischen Speichern aufgefangen. Im 19. und 20. Jahrhundert suchten die Bewohner des Harzes nach Lösungen, um die Hochwasserfluten bändigen und zugleich den hohen Trink- und Brauchwasserbedarf der großen Städte im Harzvorland decken zu können. Seitdem wurden an vielen Flüssen des Oberharzes **Talsperren** errichtet. Die größte von ihnen ist das Rappbode-Talsperrensystem (M3).

Die Rappbode-Talsperre

Staumauer: Bau von 1952-1959, 106 m Höhe, 430 m Länge, 11 m Breite an der Krone, 4,3 km Kontrollgänge

Stausee: 8 km Länge, bis 85 m Tiefe

109 Mio. m^3 Wasser Fassungsvermögen, 60 Mio. m^3 Trinkwasserabgabe im Jahr

Talsperren erfüllen vielfältige Aufgaben:
- Schutz vor Überschwemmungen durch Auffangen des überschüssigen Wassers (besonders im Frühjahr),
- Abgabe des gespeicherten Wassers in trockenen Jahren zur Versorgung von Bevölkerung, Landwirtschaft und Industrie,
- Trinkwassergewinnung, Lieferung über Fernleitungen in Wassermangelgebiete, zum Beispiel nach Halle und Leipzig,
- Erholung und Freizeitgestaltung (Baden, Wassersport und Wandern sind jedoch nur an solchen Seen erlaubt, die nicht als Trinkwasserspeicher dienen),
- Erzeugung von Elektroenergie in Wasserkraftwerken.

Merke

Durch den Bau eines Staudamms oder einer Staumauer quer durch ein Tal wird Wasser von Flüssen künstlich aufgestaut, sodass sich ein Stausee bildet. Talsperren mit ihren Stauseen erfüllen unterschiedliche Aufgaben.

Grundbegriffe
- Steigungsregen
- Talsperre

Das Pumpspeicherkraftwerk Wendefurth erzeugt nur in solchen Zeiten des Tages Energie, in denen sehr viel Strom benötigt wird. Dann stürzt das Wasser aus einem Oberbecken durch große Fallrohre hinab ins Tal, um dort große Turbinen anzutreiben (M2). In den Nachtstunden wird das Wasser aus dem Unterbecken wieder nach oben gepumpt.

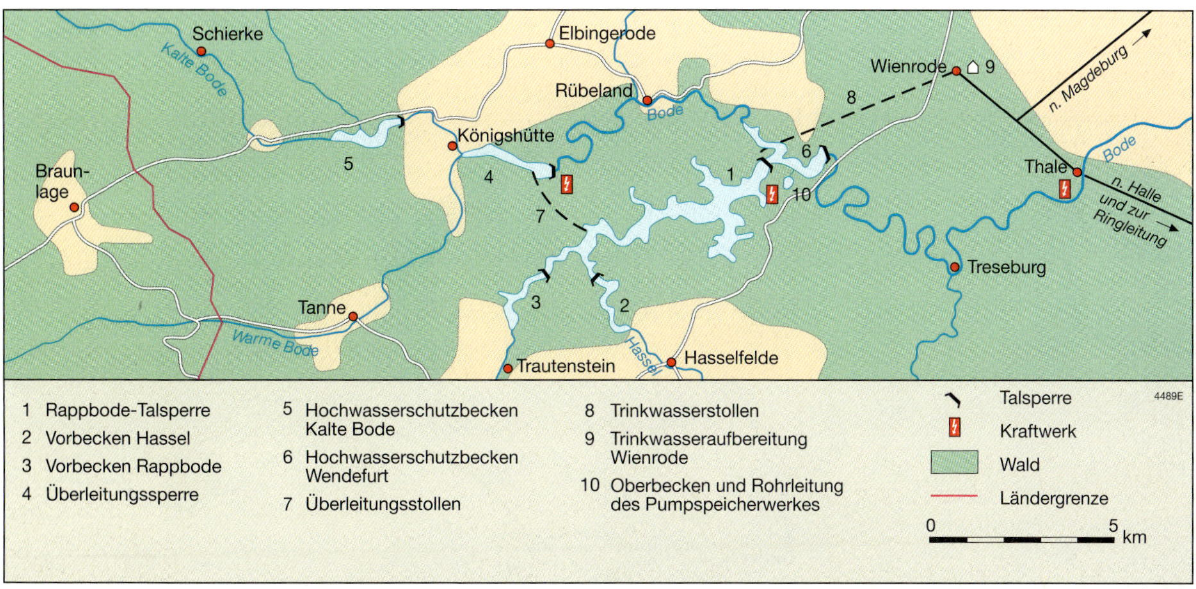

M3 *Das Rappbode-Talsperrensystem*

Grübeln und Tüfteln

Löse das Kreuzworträtsel.
Übertrage es zunächst in dein Heft.

Das Lösungswort ergibt ein Mittelgebirge in Sachsen.

1 windabgewandte Seite
2 Stadt am Main
3 Gebirge in Sachsen-Anhalt
4 höchster Berg im Schwarzwald
5 Anlage zum Aufstau von Wasser
6 Landschaft zwischen Harz und Thüringer Wald
7 berühmter Wanderweg im Thüringer Wald
8 Fluss, der das Mittelgebirgsland von Süd nach Nord durchfließt
9 Festung in der Sächsischen Schweiz
10 Anbaukultur an Sonnenhängen

5341E

Die Mittelgebirgskette

Die deutsche Mittelgebirgskette hat viele unterschiedliche Glieder. Suche die Mittelgebirge (1- 21) im Atlas. Bestimme die einzelnen Kettenglieder und notiere dazu jeweils den höchsten Berg (Name, Höhe).

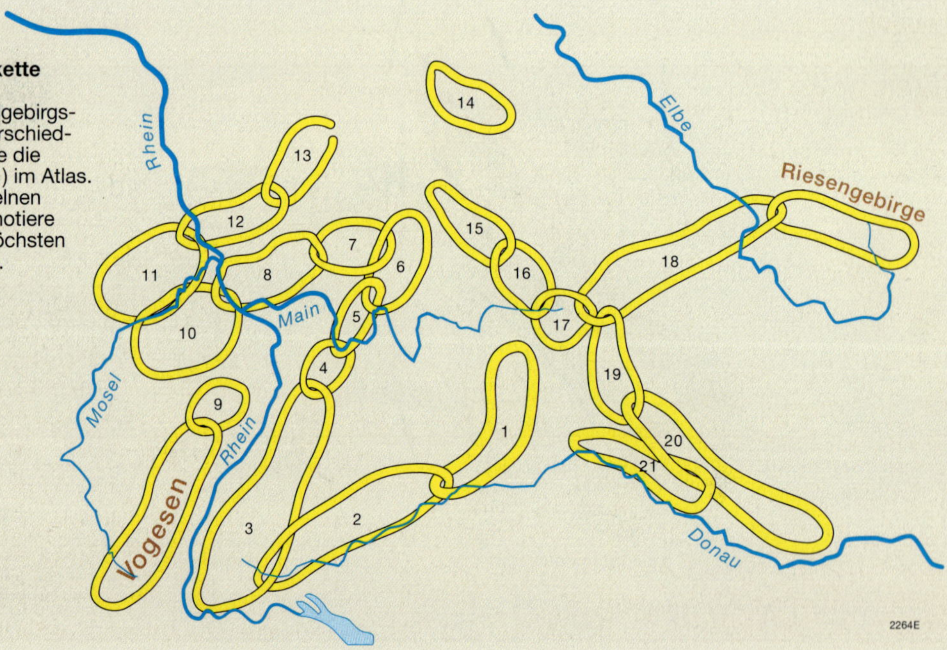

Die Alpen – Natur und Mensch im Einklang?

Naturraum Alpen

Info

Die Alpen im Überblick
Ost-West-Erstreckung: 1000 km
Nord-Süd-Erstreckung: 250 km
Höchster Berg:
- Montblanc 4807 m

Grenze West-/Ostalpen:
- Bodensee – Comer See

Gliederung der Ostalpen:
- Nördliche Kalkalpen
- Zentralalpen
- Südliche Kalkalpen

Niedrigster Pass durch die Zentralalpen:
- Brennerpass 1374 m

Bekannte Alpentunnel:
- St. Gotthard-Tunnel, Tauern-Tunnel, Montblanc-Tunnel

Die Alpen – Herausforderung für die Menschen

Ein mächtiger Gebirgszug zieht sich mitten durch Europa: die Alpen. Sie bieten mit ihren steilen Felsen einen majestätischen Anblick. Ihre höchsten Gipfel sind das ganze Jahr über mit Schnee bedeckt, wie der Montblanc (4807 m), der höchste Berg Europas, oder die Zugspitze (2962 m), der höchste Berg Deutschlands.

Das Alpengebiet wurde schon vor mehr als 2000 Jahren besiedelt. Die Menschen haben gelernt, auf den steilen Hängen Landwirtschaft zu betreiben oder Waren über die hohen Gebirgspässe zu transportieren.

Aufgabe

1 Die fünf Fotos (M1 bis M5) sind in verschiedenen Alpenstaaten aufgenommen. Aus welchen beiden Alpenstaaten sind keine Bilder dabei?

M1 … *(Savoyer Alpen/Frankreich)*

Ötzi – der Mann aus dem Eis

Vor etwa 5300 Jahren war ein Mann in den Ötztaler Alpen unterwegs, mit schadhafter Ausrüstung und ohne Proviant. In eisiger Höhe ereilte ihn der Tod. Unvorstellbar lange Zeit später wird er als gefriergetrocknete Mumie geborgen und unter dem Kosenamen „Ötzi" weltweit bekannt. Am 19. September 1991 gab das Gletschereis wieder frei, was es Jahrtausende konserviert hatte – nicht nur den Körper des Mannes, sondern auch seine Ausrüstungsgegenstände und Teile seiner Kleidung. Diese erzählen uns vom Leben in der Jungsteinzeit.
Ötzi war für das Leben im Hochgebirge perfekt ausgerüstet. Ein knielanger Fellmantel schützte ihn gegen Wind und Kälte. Bei Regen und Schnee legte er einen kunstvoll geflochtenen Grasmantel um seine Schultern, auf diese Weise perlten die Tropfen ab. Die Bärenfellmütze schützte vor der Kälte. Auch die Schuhe waren raffiniert konstruiert und ideal für lange Märsche durch unwegsames Gelände: sie waren mit Heu ausgestopft, der Außenschuh bestand aus Hirschleder, die Bärenfellsohle hatte sogar „Profil."
Auch hatte er alles bei sich, was er benötigte, um ein Lagerfeuer entfachen oder Waffen herstellen zu können.

(G. Sulzenbacher: Die Gletschermumie. Mit Ötzi auf Entdeckungsreise durch die Jungsteinzeit. Wien/Bozen 2002); www.iceman.it , www.oetzi-dorf.com

Das Hochgebirge möglichst einfach zu durchqueren war über Jahrhunderte eine schwierige Aufgabe. Passstraßen wurden gebaut und Tunnel in den Felsen getrieben, um den Verkehr zwischen Nord- und Südeuropa zu vereinfachen. Techniker bauten Staudämme. Sie stauten auf diese Weise das Gletscherwasser in Seen und nutzten das Gefälle für die Stromerzeugung in Wasserkraftwerken.

Tausende von Menschen besuchen jährlich als Ski-Touristen, Bergwanderer oder Kletterer die Alpen. Für die Touristen wurden Hotels und Freizeiteinrichtungen gebaut. Bergbahnen und Skilifte erreichen heute schon viele Gipfel. Dies bringt aber nicht nur Vorteile für die Wirtschaft, sondern belastet die Natur.

Aufgaben

2 Finde zu den fünf Fotos (M1bis M5) passende Unterschriften. Benutze dazu den Text.

3 Bearbeite das Arbeitsblatt Hochgebirgslandschaft Alpen im Arbeitsheft auf Seite 16.

M2 ... *(Kaprun/Österreich)*

M3 ... *(Bayerische Alpen/Deutschland)*

M4 ... *(Dolomiten/Italien)*

M5 ... *(St. Gotthard/Schweiz)*

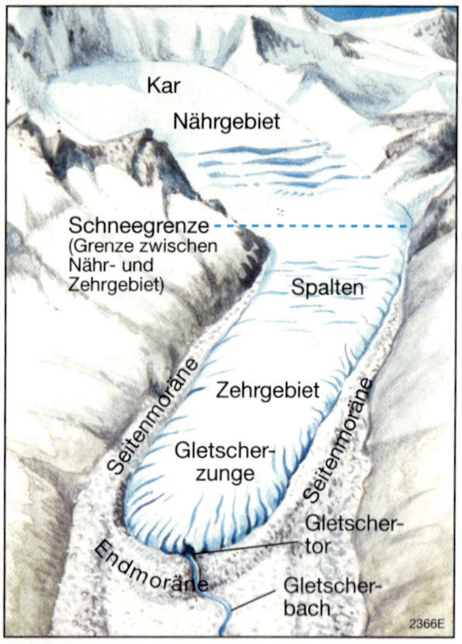

M1 *Schematische Darstellung eines Gletschers*

Gletscher überform(t)en die Alpen

In den Eiszeiten bedeckten die mehrere hundert Meter mächtigen **Gletscher** auch weite Teile der Alpen und des Alpenvorlandes. Diese flossen langsam aus den Hochlagen des Gebirges durch die Täler bis ins Vorland, wo sie schließlich abschmolzen.

Auf ihrem Weg talwärts bearbeiteten die Gletscher die Gesteinsmassen des Untergrundes: Gesteinsbrocken vermischten sich mit dem Eis, wurden aneinander gerieben, schliffen die Oberfläche des Untergrundes ab und legten diese tiefer. Die vorher engen Flusstäler wurden tief und breit ausgeschürft. Sie heißen Trogtäler oder nach ihrer unten abgerundeten Form auch U-Täler. Das Eis hat die Alpen „überformt."

Heute leben wir in einer Warmzeit. Von den Gletschern der Eiszeiten ist nicht viel übrig geblieben. Zwar findet man noch etwa 4000 kleinere und größere Gletscher. Diese bedecken aber nur noch einen sehr geringen Teil der Alpen und schmelzen zudem immer weiter dramatisch ab.

Info

Kleine Gletscherkunde

Gletscher: Eis- und Schneemasse, die langsam talwärts fließt (30 – 200 m pro Jahr).

Nährgebiet: oberer Teil des Gletschers, in dem der Schnee im Sommer nicht vollständig abschmilzt und zu Eis wird.

Kar: eine durch das Eis ausgeschürfte Vertiefung.

Zehrgebiet: unterer Teil des Gletschers, in dem das Eis allmählich abschmilzt.

Gletscherspalte: Riss im Gletschereis.

Gletscherzunge: der unterste, häufig zungenförmige Teil des Gletschers.

Gletschertor: Höhle unter dem Ende der Gletscherzunge. Hier sammelt sich das Schmelzwasser und bildet einen Gletscherbach.

Moräne: vom Gletscher mitgeführter Schutt, der an seinem Ende (Endmoräne), am Rand (Seitenmoräne) oder am Grund (Grundmoräne) abgelagert wird.

M2 *Tschierva-Gletscher mit Piz Bernina (4049 m)*

Das Alpenvorland

Zwischen der Donau und den Alpen erstreckt sich das Alpenvorland, das als flachwellige Hochfläche langsam von Norden nach Süden ansteigt. Trotz der geringen Höhenunterschiede ist das Landschaftsbild vielfältig und erinnert uns an Landschaften des Norddeutschen Tieflandes.

Von Regensburg kommend durchfahren wir zunächst eine waldarme, hügelige Ackerbaulandschaft. Auf fruchtbaren Löss- und Lehmböden dehnen sich vor allem Weizen- und Zuckerrübenfelder aus. An hohen Stangengerüsten wächst auf vielen Flächen Hopfen, der zum Bierbrauen benötigt wird.

Südwärts schließt sich eine eher eintönige Schotterebene an. Sie geht schließlich in ein hügeliges Gebirgsland über, das reich an Wiesen, Mooren und vor allem Seen ist.

Aufgaben

1 Beschreibe, wie die Gletscher die Alpen überform(t)en.

2 Beschreibe das Landschaftsbild des Alpenvorlandes.

3 Vergleiche die Oberflächenformen des Alpenvorlandes mit denen im Norddeutschen Tiefland. Wie sind diese Oberflächenformen entstanden? (vgl. S. 50/51)

Von Gletschern überformt

Die Oberfläche des Alpenvorlandes entstand ähnlich wie die des Norddeutschen Tieflandes. Während der Eiszeiten drangen aus jedem größeren Alpental Gletscher vor. Unter ihnen sammelten sich viele Gesteinsbrocken, Sand und Ton an. Nach dem Abtauen des Eises blieb dieser Gesteinsschutt als Grundmoräne liegen. In den von den Gletschern geschaffenen Becken bildeten sich vielfach Seen aus, zum Beispiel der Chiemsee, der Ammersee und der Bodensee.

Vor den Gletscherenden wurden Endmoränenwälle aufgebaut. Die Schmelzwässer überwanden diese Barriere und schütteten davor Schotterflächen aus Kies und Sand auf. Der Wind wehte feinen Staub aus den Moränen und Schotterflächen aus und lagerte ihn in dem nördlich gelegenen Hügelland ab. So entstand dort eine mächtige Lössschicht.

Merke
Die höheren Lagen der Alpen sind auch heute noch von Gletschern bedeckt. Während der Eiszeit schürften sie U-Täler aus und lagerten im Alpenvorland die Formen der glazialen Serie ab.
Die Gletscher der Alpen haben sich in den vergangenen Jahren stark verkleinert.

Grundbegriff
- Gletscher

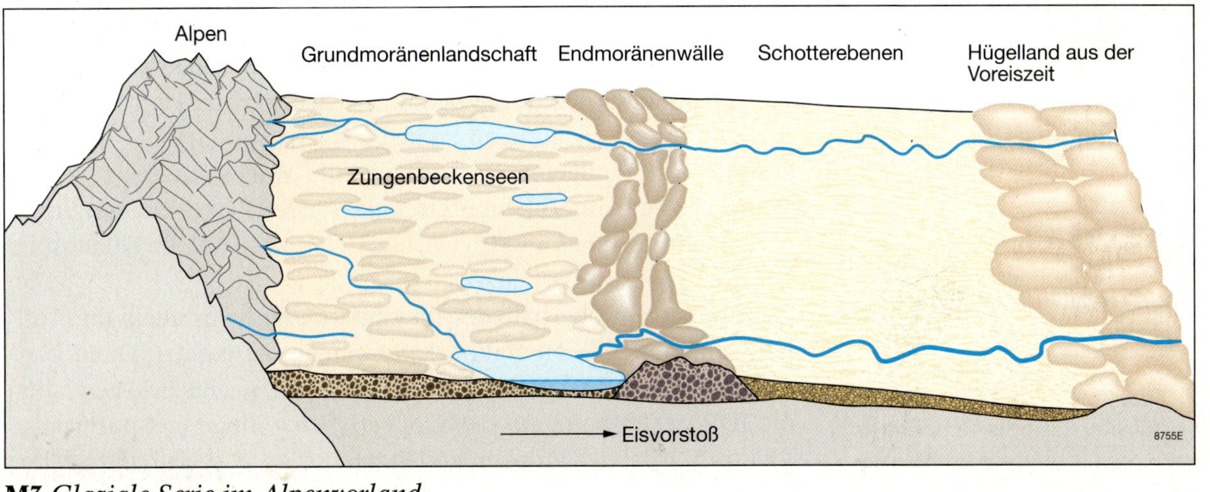

M3 *Glaziale Serie im Alpenvorland*

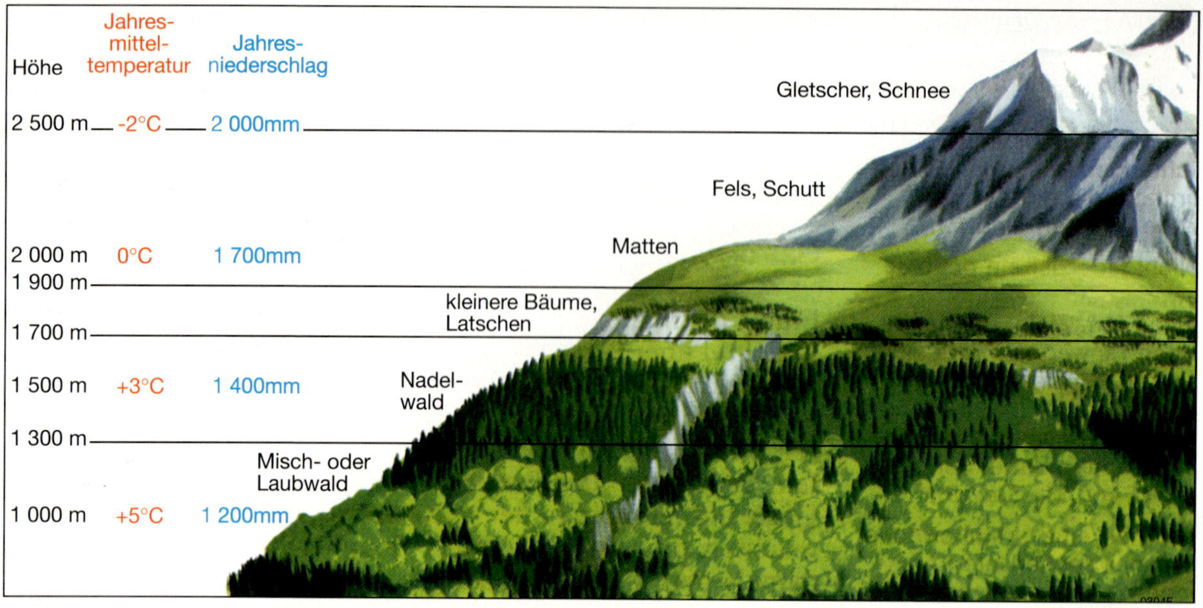

M1 *Höhenstufen der Vegetation in den Alpen*

	Garmisch-Partenkirchen	Zugspitze
Januar	-3	-11
Februar	-1	-11
März	3	-10
April	7	-7
Mai	11	-3
Juni	14	0
Juli	15	2
August	15	2
September	12	0
Oktober	7	-4
November	2	-7
Dezember	-2	-10

M2 *Temperaturen von Garmisch-Partenkirchen und der Zugspitze (in °C)*

www.zugspitze.de

Aufgaben

1 Beschreibe M1 und erkläre die Entstehung von Höhenstufen.

2 Berechne mithilfe von M1, um wieviel Grad die Temperatur bei einem Höhenunterschied von 200 Metern etwa abnimmt.

Aus dem Wald in die Eisregion

Von Garmisch-Partenkirchen führt eine Bahn auf die Zugspitze, Deutschlands höchsten Berg. Auf der 18,6 km langen Strecke von Grainau bis zum Schneefernerhaus überwindet die Zahnradbahn 1900 Höhenmeter. Dabei durchquert sie verschiedene **Höhenstufen der Vegetation**.

„Schau nur, wie schnell sich das Landschaftsbild ändert", sagt Gunther, der diese Fahrt zum ersten Mal mit seinen Eltern macht. „Warum gibt es im Tal Laubwälder und in höheren Lagen nur noch Nadelwälder? Warum wachsen hier oben auf 2200 m überhaupt keine Bäume mehr?", fragt er seinen Vater. „Du hast sicher schon gemerkt, dass es mit zunehmender Höhe kälter wird", antwortet dieser. „Obwohl es Sommer ist, werden wir heute noch Schnee sehen. Wenn wir mit der Bahn 500 m höher gefahren sind, dann hat die Temperatur schon deutlich abgenommen. Das bedeutet, dass sich mit zunehmender Höhe die Zeit während des Jahres verkürzt, in der die Bäume und die anderen Pflanzen wachsen können.

Man rechnet mit einer Verkürzung ihrer Wachstumszeit von einer Woche pro 100 m Höhenunterschied. Nadelbäume können bis zu einer Höhe von etwa 1700 m wachsen. Dann beginnt die Höhenstufe der Krüppel- und Latschenkiefern.

Die Pflanzen oberhalb der Baumgrenze sind vor allem im Frühjahr sehr hohen Temperaturschwankungen ausgesetzt. Dann können mittags am Boden 40 °C erreicht werden, nachts dagegen fallen die Temperaturen oft auf -10 °C. Überleben können hier nur wenige Pflanzen. Noch weiter oben finden wir nur noch Felsen und Schnee vor."

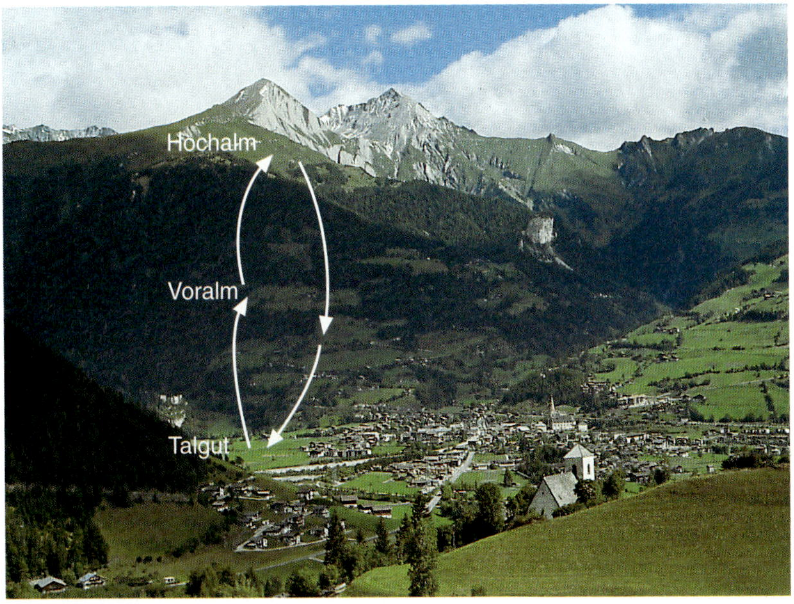

M3 *Viehauftrieb und Viehabtrieb*

M4 *Fertig zum Almabtrieb*

Aufgaben

3 Beschreibe das Leben auf einer Alm.

4 Begründe, warum es heute fast nur noch Galtalmen gibt (M5).

5 Informiere dich über das Fest zum Almabtrieb.

Merke

Mit zunehmender Höhe sinken die Temperaturen und nehmen die Niederschläge zu. An diese Bedingungen hat sich das Pflanzenwachstum angepasst. Höhenstufen der Vegetation haben sich ausgeprägt. Die Almwiesen werden im Sommer als Weideland für die Kühe genutzt. Die Almwirtschaft hat sich stark gewandelt.

Grundbegriffe
- Höhenstufe der Vegetation
- Almwirtschaft

Einsames Leben auf der Alm

Seit zwölf Jahren lässt Frau Holzer im Sommer alles hinter sich und steigt hinauf auf die Alm. Die Annehmlichkeiten des modernen Lebens bleiben unten im Tal: Strom hat sie ebenso wenig im Haus wie fließendes Wasser. Arbeit gibt es hier oben mehr als genug in den dreieinhalb Monaten des Almsommers. Die Kühe wollen gemolken und die Milch verarbeitet sein. Nach dem Frühstück beginnt die langwierige Arbeit des Käsemachens. Über dem gemauerten Herd, der mit Holz befeuert wird, hängen die Gerätschaften dafür und im Nebenraum reift der Käse in einem Regal.

Die **Almwirtschaft** hat sich in den letzten Jahren stark verändert. 1400 Almen gibt es noch in Bayern. Doch die Milchkühe stehen immer weniger auf den Almweiden. Heute werden oft nur die Jungtiere, das so genannte Galtvieh, hinaufgetrieben. So kann man ohne Arbeitskräfte auskommen, denn die Tiere brauchen noch nicht gemolken zu werden. Damit sind die meisten Almen eine Art Sommerfrische für den Nachwuchs, der im rauen Klima robuster gegen Krankheiten werden soll.

M5 *Nach: Süddeutsche Zeitung vom 7.9.2001*

Tourismusregion Alpen

M1 *Garmisch-Partenkirchen im Sommer*

Die Alpen – ein Touristenmagnet

„Der Alpinismus ist eines der großen Gegengewichte gegen die nervöse Hast und Ruhelosigkeit ... der Alltagsvergnügungen unserer Tage, er ist eine Quelle geistiger und körperlicher Gesundheit, ...“ So schrieb 1912 die Zeitschrift des Deutschen und Österreichischen Alpen-Vereins über das Bergsteigen und Wandern. Seitdem hat sich vieles im Alpentourismus geändert. 1972 steht in einem Buch für Bergwanderer: „Man sollte es nicht für möglich halten ..., da fahren in der Morgenfrühe vier, fünf, zehn Kabinen von Partenkirchen zum Wank hinauf und schon ist der Gipfel von ‚Naturfreunden' überflutet und die erhabene Stille wie weggeblasen. Aber weiter schwebt Kabine um Kabine nach oben ...“

Heute sind die Alpen das „größte Turngerät Europas“, ein europäischer Freizeitpark, der nicht immer mit dem ursprünglichen Erholungswert eines Hochgebirges zu tun hat.

Info

Tourismus
Der Tourismus, auch Fremdenverkehr genannt, ist für viele Regionen in Deutschland ein wichtiger Wirtschaftsfaktor. Er schafft Arbeitsplätze und Einkommen für viele Menschen. Als Touristen werden Personen bezeichnet, die sich mindestens 24 Stunden außerhalb ihres Wohnortes aufhalten.

M2 *Garmisch-Partenkirchen im Winter*

Urlaubsvergnügen das ganze Jahr

Werbeprospekte versprechen dem Gast 365 Tage Urlaubssaison in Garmisch-Partenkirchen. Während der Sommermonate suchen die Gäste beim Wandern in der Bergwelt Erholung oder lernen Bayerns Schlösser und Kirchen kennen.

In der Wintersaison gehört Garmisch-Partenkirchen den Skiläufern. Die Weltcupabfahrt und das Springen der Vierschanzentournee sind international bekannt.

Garmisch-Partenkirchen bietet seinen Gästen jede denkbare Wintersportmöglichkeit an. Wenn es zu wenig schneit, legt man mit Schneekanonen künstliche Abfahrtspisten an. Der Bürgermeister sagt: „Wir müssen unseren Ort und unsere Urlaubsangebote ständig weiter ausbauen, denn die Konkurrenz in Deutschland und in den anderen Alpenländern ist groß. Im Unterschied zu vielen Kurorten in der Welt dauert bei uns die Saison zwölf Monate."

Aufgaben

1 Berichte über die Bedeutung des Tourismus.

2 Beschreibe die Lage Garmisch-Partenkirchens in Deutschland.

3 Garmisch-Partenkirchen – attraktiv im Sommer und im Winter!" Erläutere diesen Werbeslogan.

Arbeit mit Material

M1 *Notizen aus der Vorbereitungsphase*

Sammeln, ordnen und präsentieren

1. Schritt: Vorbereitung – Material beschaffen, sichten und Themen festlegen

- Woher können wir Informationen und Bilder über die Touristenregion bekommen?
- Nach der Materialsichtung: Es gibt viele interessante Dinge. Über welche Themen wollen wir etwas schreiben?
- Mit welchen Mitteln können wir die Präsentation attraktiv gestalten?

2. Schritt: Durchführung – Material auswerten, Texte schreiben und ergänzen

- Interessante Bilder und Grafiken auswählen.
- Materialien nach Themen, die in der Präsentation vorkommen sollen, sortieren, Nichtbrauchbares zur Seite legen.
- Ausgewählte Texte lesen und wichtige Informationen herausschreiben.
- Texte mit Bildern, Zeichnungen, Tabellen oder Ähnlichem ergänzen.

3. Schritt: Präsentation erstellen – Auswahl einer bestimmten Präsentationsart wie Wandzeitung, Plakat, Collage oder Poster

- Überschrift für jede Seite überlegen, auch für die Titelseite.
- Themenseiten herstellen: Materialien übersichtlich anordnen, mehrere Varianten probieren.
- Texte beschriften, Fotos, Diagramme nicht vergessen.
- Verschiedenen Farben benutzen; sehr sauber schreiben oder Beschriftung mit dem Computer verfassen.

Aufgaben

1 Fertige zu einer Tourismusregion in den Alpen eine Präsentation an. Benutze dabei außer den selbst beschafften Materialien auch Informationen aus dem Buch.

2 Werte die Bilder M2 und M3 aus.

3 Berichte über Gefahren für die Natur durch den Tourismus.

M2 *Kunstschneepisten und Verkehrslawinen*

M3 *Erosionsschäden durch Bergwanderer*

Naturraum in Gefahr

„Die Natur hat die Alpen geschaffen, wir bauen sie um", ist ein Motto der Tourismusindustrie.

Für immer mehr Touristen müssen immer mehr Straßen und Hotels in die Berge gesprengt werden. Für die Winterurlauber werden breite Skipisten in den Wald geschlagen, um Abfahrten bis in die Täler und vor die Hotels zu ermöglichen. Auf diese Weise gehen viele wertvolle Waldflächen verloren. „Wo der Wald geht, kommen die **Lawinen**", wissen die Bergbewohner. Die meisten Bergwälder sind Bannwälder, die die Täler vor Lawinen oder Erdrutschen schützen. Die Stämme der Bäume halten an steilen Hängen den Schnee und ihre Wurzeln verhindern die Abtragung der dünnen Bodenschichten.

Seilbahnen erschließen heute nicht nur die Sommerskigebiete der Gletscherwelt, sondern befördern auch Scharen von Bergwanderern in die Gipfelregion. „Je höher wir aber in die Bergwelt eindringen, desto empfindlicher reagiert die Natur auf unsere Eingriffe", sagen die Naturschützer. „Nicht nur die scheuen und seltenen Alpentiere werden durch lärmende Touristen gestört, auch die Vegetation leidet unter dem Massentourismus. Schon ein unbedachter Fußtritt auf die dünne Gras- und Krautschicht kann Wunden aufreißen, die nie mehr zuwachsen.

„Der Umbau der Alpen durch den Massentourismus zerstört in nur wenigen Jahren, was die Natur im Laufe vieler Jahrtausende geschaffen hat", meinen besorgte Umweltschützer und treten für die Einschränkung des **Tourismus** ein. 1995 beschlossen die Alpenländer ein Abkommen zum Schutz der Alpen, die Alpenkonvention. So dürfen zum Beispiel bedrohte Tiere nicht mehr gejagt werden.

Schutz vor Lawinen – Wie verhalte ich mich richtig?

1. Für den Abfahrtsläufer:

Markierte Pisten dürfen nicht verlassen werden!

2. Für den Tourenläufer:

Richtige Routenwahl nach folgenden Grundsätzen:

- Vor Tourenbeginn erfahrene Bergführer nach sicherer Route befragen. Bäume oder flache Stellen sind lawinensichere Punkte.
- Schwünge im steilen Gelände vermeiden, weil dadurch Lawinen ausgelöst werden können.
- Großen Abstand zu möglichen Lawinenbahnen einhalten. Im Zweifelsfall umkehren oder andere Route ins Tal wählen.
- Lässt sich bei einer Skitour das Durchqueren eines lawinengefährdeten Geländes nicht vermeiden, sollte sich immer nur ein Skifahrer im Gefahrenbereich befinden.
- Keine Tour allein und ohne Piepsgerät, dem erprobten Suchgerät, durchführen.

M5 *Merkblatt des Alpenvereins*

M4 *Nach einer Lawine*

Merke

Die Alpen werden das ganze Jahr über touristisch genutzt. Der Massentourismus verändert die Landschaft und birgt Gefahren für Natur und Mensch.

Grundbegriffe

- Lawine
- Tourismus

Der andere Urlaub: Sanfter Tourismus

→ Bio

2376E

M1 *Hinweise für Besucher eines Naturparks*

Der andere Urlaub: sanfter Tourismus

Murmelnde Bäche, bunte Wiesen, frische Luft und blauer Himmel – so wünschen sich die meisten Touristen einen Sommerurlaub in den Alpen. Umweltschützer und Naturschützer in den Alpenländern weisen seit einigen Jahren immer wieder darauf hin, dass die Schönheit der Landschaft nur dann erhalten werden kann, wenn man den sanften Tourismus fördert. Unter diesem Begriff versteht man vor allem, dass der Fremdenverkehr möglichst umweltfreundlich ist, das heißt, dass die Natur wenig belastet wird. Der Gast soll Rücksicht nehmen auf die Landschaft und auf die Einheimischen. Die Urlauber sollen aber auch so viel Geld einbringen, dass die einheimische Bevölkerung davon leben kann. In vielen Orten in den Alpen ist der Fremdenverkehr die wichtigste Einnahmequelle. In den letzten Jahren haben Naturschutzorganisationen und Reiseveranstalter Ideen, Projekte und Reiseangebote entwickelt, die die Forderungen des sanften Tourismus ganz oder teilweise erfüllen.

Schutz durch Naturparks

Zum Schutz der Alpen sind darüber hinaus große Naturparks geschaffen worden, die in Zukunft noch erweitert werden sollen. In den Bayerischen Alpen steht schon fast die Hälfte der Bergwelt unter besonderem Schutz und darf technisch nicht weiter erschlossen werden.

Wichtiger als Gesetze und Verbote ist jedoch das vernünftige und umweltbewusste Verhalten der Gäste in der Gebirgswelt. Nur wenn man sie für das Schutzprogramm gewinnen kann und sie bereit sind, auch Einschränkungen hinzunehmen, kann die typische Alpenlandschaft erhalten bleiben.

Was muss ein Ort tun um das Umweltzeichen zu erhalten?

Zum Beispiel:
- Recycling-Papier bei Prospekten und Katalogen verwenden,
- umweltfreundliche Anreise und Ausflüge mit öffentlichen Verkehrsmitteln ermöglichen,
- umweltverträgliche Freizeitangebote bieten,
- Nahrungsmittel aus der Region aus ökologischem Anbau anbieten,
- Energie- und Wassersparmaßnahmen vornehmen,
- auf unnötige Verpackungen verzichten,
- Abfall-Recycling durchführen,
- einen Fahrradverleih einrichten,
- Wanderungen unter sachkundiger Leitung anbieten.

Was können Sie für den Grünen Koffer tun?

(nach: Initiative des Ökologischen Tourismus in Europa e.V. [ÖTE])

M2 *Projekt „Grüner Koffer“: Gütesiegel für Fremdenverkehrsorte*

Aufgaben

1 Nennen Unterschiede zwischen dem Massentourismus und dem sanften Tourismus.

2 Begründe die Parkordnung für einen Naturpark (M1).

Rollenspiel

Methode

Bau einer neuen Skipiste?
Arbeitsanleitung zum Rollenspiel

1. Planung des Spiels
- Macht euch mit dem Thema vertraut.
- Legt die handelnden Personen fest. Dabei können euch Rollenkarten (wie auf dieser Seite) helfen.
- Verteilt die Rollen und versetzt euch in die Lage der zu spielenden Personen.
- Besorgt euch Materialien, um das Rollenspiel „bühnenreif" gestalten zu können.

2. Durchführung des Spiels
- Spielt jede Szene. Jeder gestaltet seine Rolle spontan und ohne Drehbuch.
- Die Schülerinnen und Schüler ohne Rolle beobachten als Zuschauer das Spiel und machen Notizen.

3. Auswertung des Spiels und nochmalige Aufführung
- Besprecht die Szene: Die Spieler erzählen, wie sie sich in ihrer Rolle gefühlt haben, die Zuschauer berichten, was ihnen aufgefallen ist.
- Diskutiert, ob das Spiel in der Wirklichkeit so hätte ablaufen können.
- Macht Vorschläge für Änderungen.
- Spielt das Spiel noch einmal. Es können auch die Rollen vertauscht und andere Lösungswege aufgezeigt werden.

M3 *Skipiste im Sommer*

Aufgabe

3 Entwickelt Ideen für eine umweltschonende Nutzung der Alpen (Arbeitsheft, S. 17).

Du bist der Bürgermeister.
Du möchtest, dass eine Skipiste mit Skilift und Schneekanone gebaut wird. Du meinst, dass der Ort damit um einen Touristenmagnet reicher würde. Du hast zum Gespräch verschiedene Gäste eingeladen.

Du bist Julia.
Du fährst leidenschaftlich gern Ski und möchtest, dass die Piste gebaut wird. Dann würdest du fast das ganze Jahr über dort deine Freizeit verbringen.

Ihr seid ein älteres Ehepaar.
Ihr möchtet, dass die Natur erhalten bleibt. Anstelle der Skipiste sollten die Wanderwege ausgebaut werden. Auf Wanderungen kann man sich viel besser erholen und die Natur gut beobachten.

Skipiste mit Skilift und Schneekanone? Pro und Contra

Du bist Hotelbesitzer.
Du stimmst dem Bau zu, denn es kämen noch mehr Touristen in den Ort. Du könntest dann dein Hotel um einen Anbau erweitern.

Du bist Mitarbeiter der Nationalparkverwaltung.
Du lehnst den Bau strikt ab, da die Natur weiter zerstört würde. Du zählst die vielen Gefahren für Menschen, Tiere und Pflanzen auf.

Du bist ein Mitarbeiter im Tourismusbüro.
Du möchtest, dass mehr Touristen in den Ort kommen, bist aber für den sanften Tourismus. Du machst Vorschläge für andere Projekte.

München

M1 *Der FC Bayern München – eines der „Aushängeschilder“ der Stadt*

www.fcbayern.de

Großraum München

München ist die größte Stadt im Alpenvorland. Schon früh war sie Haupt- und Residenzstadt der bayerischen Herzöge und späteren Könige. Von deren Herrschaft zeugen zum Beispiel noch zahlreiche Prachtstraßen und Plätze. Heute gilt München als Kunst- und Musikstadt von europäischem Rang. Sie ist außerdem eine Stadt der Bildung und Forschung und ein sehr wichtiger Industriestandort. Seine Herausbildung wurde durch die verkehrsgünstige Lage der Stadt gefördert. Heute treffen hier mehrere Eisenbahnfernstrecken und Autobahnen zusammen. In unmittelbarer Nähe der Stadt befindet sich ein Großflughafen.

Weltbekannt ist die Stadt durch das alljährlich stattfindende Oktoberfest und den hier ansässigen Fußballclub Bayern München.

Aufgaben

1 Beschreibe die Lage Münchens.

2 Ermittle mithilfe der Karte auf Seite 69 Industriezweige in München.

Info

„bi den Munichen“

Mönche gründeten vor mehr als 1000 Jahren am Isarufer ein Kloster. Viel hatte die Umgebung hier allerdings nicht zu bieten, denn die Schotterebene brachte keine fruchtbaren Böden hervor. Auch Bodenschätze konnte man hier nicht finden.

Im Jahr 1158 wurde in der Nähe des Klosters eine Brücke über die Isar geschlagen. Eine befestigte Siedlung sicherte deren Schutz („bi den Munichen“ = bei den Mönchen). Von da an führte der Gewinn bringende Handel auf der Salzstraße von Salzburg nach Augsburg über den Ort „bi den Munichen.“ Ende des 13. Jahrhunderts erhielt diese Siedlung das Stadtrecht.

M2 *Blick über die Bayerische Landeshauptstadt und über das Alpenvorland in die Alpen*

M3 *Anwendungsbereiche der Mikroelektronik (Auswahl)*

Zentrum der Hightech-Industrie Deutschlands

Hightech ist die Abkürzung des englischen Begriffs *high technology* (=Hochtechnologie). Hightech-Betriebe werden auch als „weiße Industrie" ohne rauchende Schornsteine, Schmutz, laute Maschinen und harte körperliche Arbeit bezeichnet. Dort, wo natürliche Rohstoffe fehlen, kommt der Rohstoff „Denken und Erfindungsreichtum" zum Tragen. Zur Hightech-Industrie zählen Betriebe der Mikroelektronik, der Computer- und Nachrichtentechnik und der Bio- und Gentechnologie. Sie alle stellen hochwertige Güter her, von denen viele auch im privaten Haushalt verwendet werden, zum Beispiel Computer, Fernseher, Küchengeräte und Autos.

SIEMENS-NIXDORF
DAIMLER BENZ AEROSPACE (Flug- und Raumfahrttechnik)
SEL, BOSCH, DORNIER (Flugzeuge), MTU (Turbinen), BOEHRINGER (Bio- und Gentechnologie), BMW, AUDI, MAN

M4 *Ausgewählte Hightech-Betriebe in München*

Info

Standortfaktoren für die Ansiedlung von Hightech-Betrieben in München und Umgebung

- staatliche Hochschulen, staatliche und private Forschungseinrichtungen
- hoch qualifizierte Fachkräfte, ausgebildet an den Hochschulen
- Messen für Hochtechnologien (Informationsaustausch und Weiterbildung)
- Technologiezentren, in denen Wissenschaftler, Manager und Techniker eng zusammenarbeiten können
- gute Anbindung der Stadt an internationale Verkehrslinien
- viele kulturelle Einrichtungen und Möglichkeiten für die Erholung

Aufgaben

3 Nenne Merkmale der Hightech-Industrie.

4 Begründe, warum die Stadt die Ansiedlung von Hochtechnologiebetrieben fördert.

Grübeln und Tüfteln

Aufgaben

1 Verfolge die Reise in der nebenstehenden Karte. Beschreibe die Lage der 9 Stationen (Landschaften, Flüsse, Städte u. a.). Nutze dazu auch den Atlas.

2 Ordne den Stationen die 9 Zeichnungen zu und trage die Nummer der Station in dein Heft ein (Beispiel: Tagebau – Station Nr. 8).

3 Wenn du die Kästchen richtig zugeordnet hast, ergibt die Aneinanderreihung der unterstrichenen Buchstaben die Hauptstadt eines Bundeslandes:

Stations-Nr.	6	1	8	2	3	9	5	7	4
Buchstabe			g						

Übertrage die Tabelle in dein Heft.

☐ Hauptstadt

☐ Brocken

☐ Tagebau

☐ Inselkette

☐ Zugspitze

☐ München

☐ Elbsandsteingebirge

☐ Hafenstadt

☐ Ballungsgebiet

Grundbegriffe

- Bundesland
- Hauptstadt
- Tiefland
- Mittelgebirge
- Hochgebirge
- Wattenmeer
- Gezeiten
- Ebbe
- Flut
- Küste
- Flachküste
- Steilküste
- Deich
- Nationalpark
- Binnenhäfen
- Eiszeitalter
- glaziale Serie
- Grünlandwirtschaft
- Massentierhaltung
- ökologischer Landbau
- Schwarzerde
- Löss
- Standortfaktor
- Verdichtungsraum
- Braunkohle
- Steinkohle
- Tagebau
- Tiefbau
- Rekultivierung
- Erdmittelzeit
- Erdneuzeit
- endogen
- exogen
- Bruchschollengebirge
- Grabenbruch
- Durchbruchstal
- Sonderkultur
- Steigungsregen
- Talsperre
- Gletscher
- Höhenstufen der Vegetation
- Almwirtschaft
- Lawine
- Tourismus

Deutschland in Europa

Deutschland liegt in Mitteleuropa und gehört zu den flächengrößten und bevölkerungsreichsten Ländern Europas. Es ist eine Republik, die aus 16 Bundesländern besteht. Berlin als Hauptstadt ist politisches, wirtschaftliches und kulturelles Zentrum Deutschlands. Deutschland hat von Norden nach Süden Anteil an drei Großlandschaften.

Die Küsten

An Nord- und Ostsee gibt es Steil- und Flachküsten und viele vorgelagerte Inseln und Halbinseln. Durch den Wechsel von Ebbe und Flut (Gezeiten) hat sich an der Nordsee das Wattenmeer ausgebildet, das durch die Errichtung von Nationalparks geschützt wird. Die Küsten werden vielfältig wirtschaftlich genutzt. Vor allem durch Tourismus und die Hafenwirtschaft sind wichtige Wirtschaftsräume entstanden.

Das Norddeutsche Tiefland

Das Norddeutsche Tiefland wurde während und nach der Eiszeit geprägt. Es entstanden die Formen der glazialen Serie, die unterschiedlich landwirtschaftlich genutzt werden. Die Landwirtschaft dient der Ernährung der Bevölkerung und hat sich stark gewandelt. Die Magdeburger Börde ist ein landwirtschaftlicher Gunstraum, in dem Weizen und Zuckerrüben angebaut werden.

Ruhrgebiet und Niederlausitz

Deutschland gehört zu den wichtigsten Industrieländern der Erde. Auf der Grundlage des Standortfaktors Kohle entstanden im Ruhrgebiet und in der Niederlausitz zahlreiche Industriebetriebe. In beiden Räumen findet ein Strukturwandel statt. Veraltete, die Umwelt belastende Betriebe werden geschlossen oder modernisiert, die Förderung von Kohle wird verringert bzw. eingestellt, alte Bergbauflächen werden rekultiviert, neue Industriezweige siedeln sich an.

Das deutsche Mittelgebirgsland

Der Mittelgebirgsraum ist eine vielfältig gegliederte Bruchschollenlandschaft. Formen sind Gebirge, Becken, das Schichtstufenland, der Grabenbruch und Durchbruchstäler. In den Gebirgen entspringen viele Flüsse, die zum Teil aufgestaut werden. Bedeutende Wirtschaftsräume sind das Oberrheinische Tiefland, in dem Sonderkulturen angebaut werden, und die Industriegasse Mittlerer Neckar.

Die Alpen

Das Hochgebirge Alpen weist schroffe Berge und steile Hänge auf. Die Vegetation hat sich an das Klima angepasst und Höhenstufen ausgebildet. Die höchsten Erhebungen sind vergletschert. Die Alpen sind eine bedeutende Tourismusregion, die durch sanften Tourismus geschützt werden muss. München ist ein Verdichtungsraum im Alpenvorland und das Hightech-Zentrum Deutschlands.

Europäische Tage des Schreibens
40 Jahre Europäischer Wettbewerb
persönliche
Verbindungen.
Europatag
EINSICHT IN
NATUR UND GEIST
GLEICHHEIT
Gemeinsamkeit
spart Kosten
Europäische
Studienreise
Einigung
Die Stadt der

Wir lernen den Kontinent Europa kennen

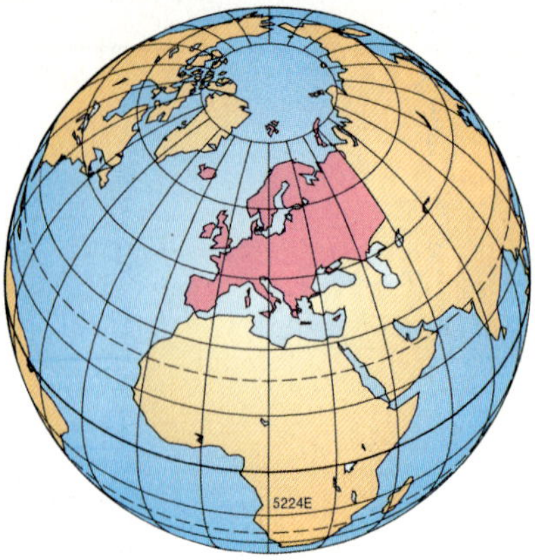

M1 *Lage Europas*

Unser Kontinent Europa

Der Name Europa soll vom Wort „ereb“ (= „dunkel“ im Sinn von „Land der untergehenden Sonne“) abgeleitet sein. Die Phönizier, ein Seefahrervolk, bezeichneten so die Westküste des Ägäischen Meeres. Die Ostküste dagegen nannten sie „asu“ („Land der aufgehenden Sonne“). Später verwendeten die Griechen die Begriffe auch für die angrenzenden Festländer. Aus „ereb“ wurde Europa, aus „asu“ Asien. Es gibt aber noch andere Deutungen des Namens Europa. Eine davon geht auf eine alte Sage zurück (M2).

Heute verwendet man das Wort Europa in vielen Sinnzusammenhängen: Europameisterschaften, Europapokal, Euroscheck, Eurotunnel, ...

Darin kommt auch der Gedanke eines vereinten Europas zum Ausdruck. Zwischen den Staaten der Europäischen Union sind die trennenden Schlagbäume schon gefallen. Aber auch andere Staaten Europas wollen sich dieser Gemeinschaft anschließen. Denn sie wissen, dass man die Gegenwartsprobleme nur miteinander lösen kann. Ihre Eigenart und Kultur aber werden die Völker in einem vereinten Europa beibehalten.

Bis sich aber alle Bewohner als Europäer fühlen, wird es sicher noch einen längeren Zeitraum dauern.

Merke
Europa, auf der Nordhalbkugel gelegen, ist ein kleiner und stark gegliederter Kontinent.

M2 *Europasage*

Europas Begrenzung und Gliederung

Der Kontinent Europa liegt auf der nördlichen Halbkugel. Will man seine Begrenzungen angeben, fällt das besonders im Osten schwer. Warum?

Die Kontinente der Erde sind meist von Ozeanen oder Meeren umgeben und deutlich als Landmasse abgegrenzt. Diese Merkmale treffen für Europa im Westen, Norden und Süden zu. Hier umspülen der Atlantische Ozean, das Nordpolarmeer und das Mittelmeer den Erdteil.

Im Osten geht Europa direkt in den Kontinent Asien über. Als Grenze zwischen beiden Erdteilen gilt traditionell die Linie: Uralgebirge, Uralfluss, Nordufer des Kaspischen Meeres, Manytschniederung, Schwarzes Meer, Ägäisches Meer.

Die Europa begrenzenden Meere reichen weit in das Festland hinein. Deshalb weist der Kontinent eine starke Gliederung in viele Inseln und Halbinseln auf. Diese nehmen mehr als ein Drittel des Kontinents ein.

Aufgaben

1 Beschreibe die Abgrenzung Europas.

2 Beschreibe die Oberflächengestalt Europas. Nutze dazu das Arbeitsheft, S. 18.

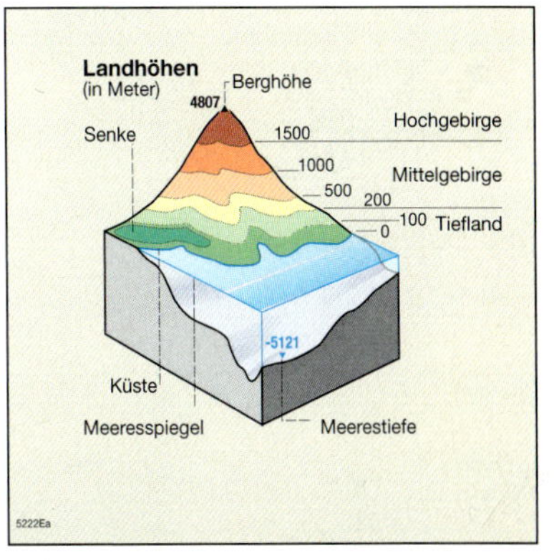

M3 *Europa – physische Karte*

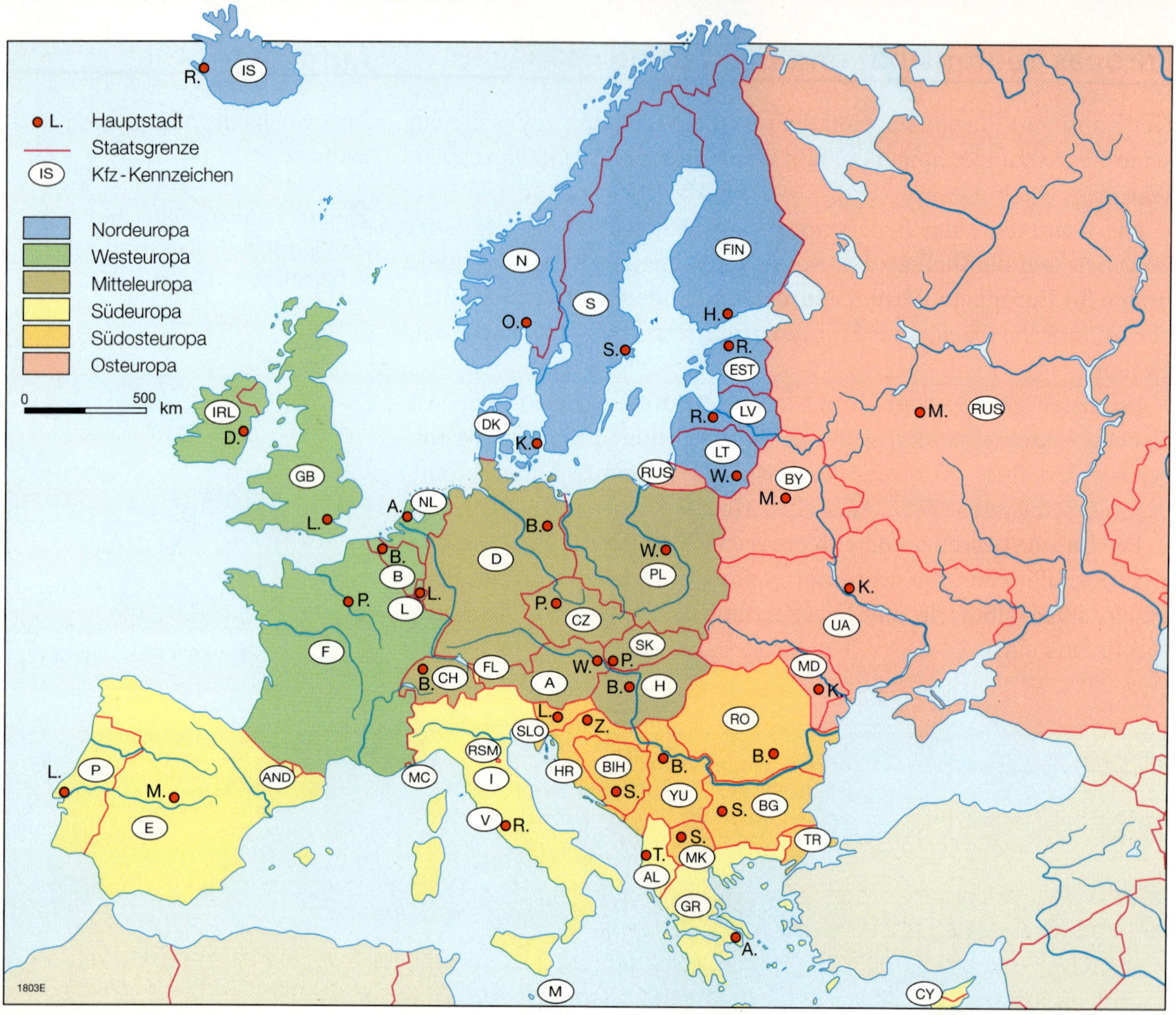

M1 *Die Staaten Europas und ihre Zugehörigkeit zu den europäischen Großregionen*

Staaten und Bevölkerung

Die Staatenkarte Europas zeigt ein buntes Bild. Mehr als 40 Länder liegen auf dem Kontinent. Sie weisen bedeutende Unterschiede in ihrer Flächengröße auf. Fast die Hälfte Europas nimmt der europäische Teil Russlands ein. Es gibt aber auch „Zwergstaaten" wie Monaco, San Marino oder Liechtenstein. Der flächenkleinste Staat ist mit nur einem halben Quadratkilometer die Vatikanstadt in Rom. Die Staaten Europas lassen sich je nach ihrer Himmelsrichtung im Kontinent zu Großräumen zusammenfassen (M1).

Auch hinsichtlich der Bevölkerungsverteilung gibt es große Unterschiede in Europa. Eine Zone hoher **Bevölkerungsdichte** zieht sich von Großbritannien über Mitteleuropa nach Norditalien. Hier konzentrieren sich viele große Städte. Weitere dicht besiedelte Gebiete finden wir an den Küsten West- und Südeuropas. Dünn besiedelt dagegen sind der Norden Europas und die Gebirgsregionen. Städte gibt es in diesen Gebieten nur wenige.

Aufgaben

1 Internationaler Autoreiseverkehr: Aus welchen Staaten Europas kommen diese Fahrzeuge (M1)?

(A), (NL), (I), (E),
(BG), (PL), (CH), (GB)

2 Nord-, Ost-, Südost-, Süd-, West- und Mitteleuropa – welche Staaten gehören zu diesen Großräumen? Gestalte dazu eine Übersichtskarte.

Erstellen einer thematischen Karte

Beispiel: Eine Wandkarte Europas – erklärt von Markus

„Wir kamen auf die Idee, selbst eine Wandkarte „Europa" zu basteln: eine Riesenkarte aus verschiedenfarbigem Tonpapier. Nord-, West-, Süd-, Südost-, Ost- und Mitteleuropa sollten jeweils eine eigene Kennfarbe erhalten. So mussten wir zunächst die sechs Europateile einzeln aufzeichnen. Unsere Lehrerin zeigte uns dazu einen einfachen Trick mit dem Tageslichtprojektor. Wir klebten zunächst blaues Tonpapier auf die Tafel. Dann legten wir eine Folie mit den Staaten Europas auf das Gerät. Mit dem drehbaren Spiegel am Projektor bildeten wir zuerst den nördlichen Teil Europas auf dem Tonpapier ab.

Beim Zeichnen achteten wir darauf, welche Staaten zu Nordeuropa gehören, damit dieser Teil die richtige Umgrenzung erhielt. Außerdem zeichneten wir alle dazugehörigen Staatsgrenzen und Hauptstädte nach. (Das Foto unten zeigt Nicole. Sie zeichnet gerade einen Teil Südeuropas auf gelbes Tonpapier.) Nach dem Aufzeichnen schnitten wir dann die Einzelteile exakt aus und klebten sie auf einen weißen Bogen Pappe. Aber unser Projekt ging noch weiter."

Aufgabe

3 Fertigt eine Wandkarte von Europa an. Orientiert euch an der Schrittfolge und Materialliste im Text.

Materialliste

- Folie: Karte „Europa – politisch" (Staatenkarte)
- Tonpapier für die Teile Europas in sechs Farben (S. 118, M1); Hinweis: Je nach Größe braucht man mehrere Bögen.
- dicke Faserschreiber zum Nachzeichnen und Beschriften
- rote Klebepunkte
- dicke, schwarze Wollfäden
- Ansichtkarten und Reiseprospekte aus Europa

Merke
Thematische Karten beinhalten ein bestimmtes Thema für einen bestimmten Raum. Zeichen und Farben stellen das Thema dar.

Grundbegriff
- Bevölkerungsdichte

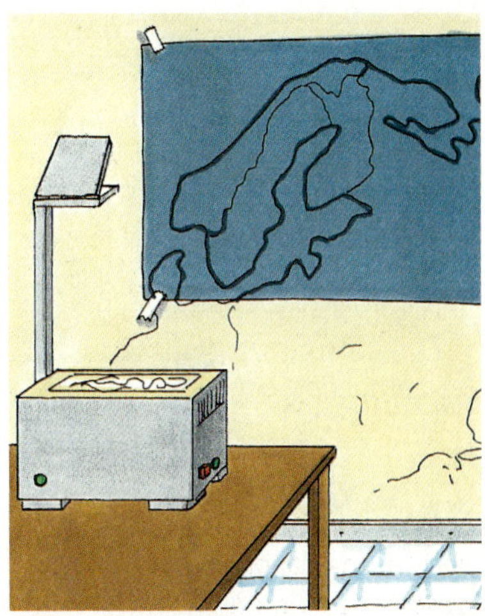

M2 *Der Trick mit dem Tageslichtprojektor: So funktioniert es!*

Kulturelle Vielfalt

M1 *Begrüßung in verschiedenen Sprachen*

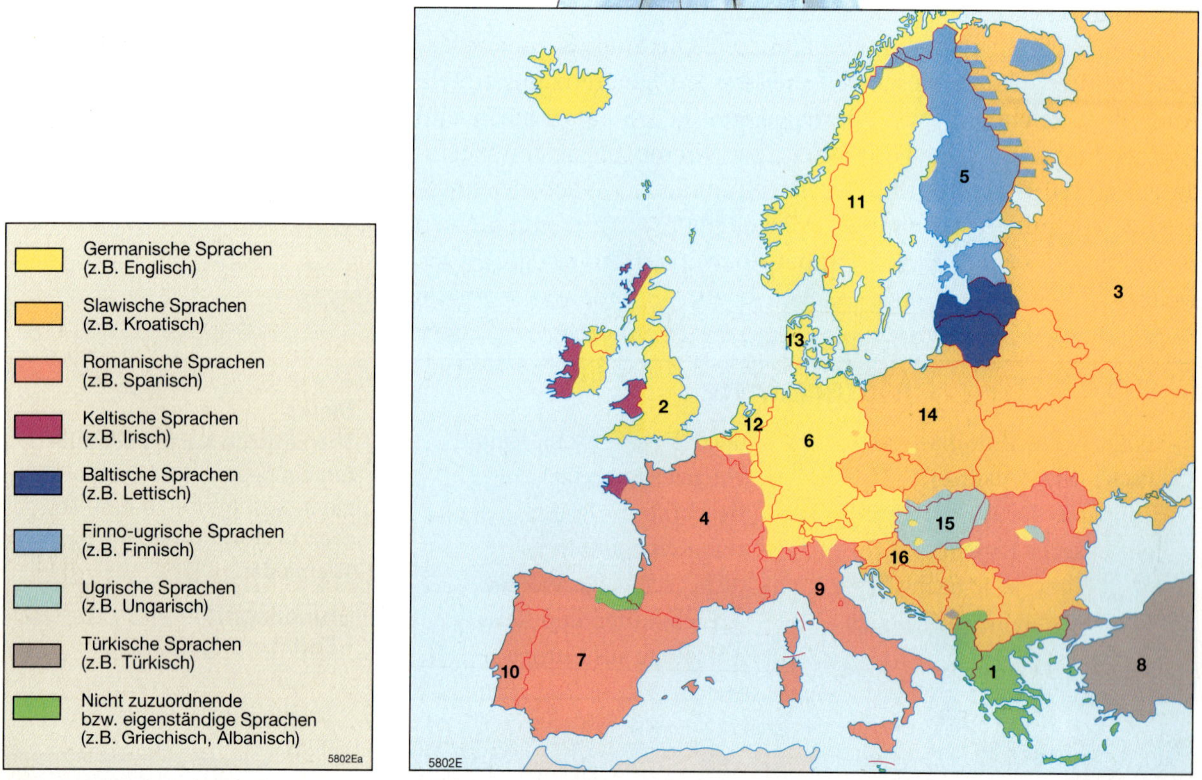

M2 *Sprachgruppen in Europa*

Was Europa verbindet

1. Die Religion: Eine wichtige Klammer, die das „europäische Haus" zusammenhält, ist das Christentum. Ab dem vierten Jahrhundert begann von Rom aus die Missionierung des Kontinents.

2. Die Kunst und Architektur: Europäische Kirchen und Schlösser wurden zu bestimmten Zeiten oft nach ähnlichen Bauplänen errichtet. Auch die typischen Stilelemente von Malerei und Musik waren in ganz Europa bekannt und wurden teilweise nachgeahmt.

3. Die Sprache: Ab dem vierten Jahrhundert wurde Latein die offizielle Sprache der Kirche und der Gelehrten. Auch unsere heutigen Sprachen haben viele gemeinsame Wurzeln.

4. Staatsform und Wertvorstellungen: Fast alle europäischen Staaten bekennen sich zur Demokratie, einer Staatsform, die bereits vor über 2000 Jahren in Griechenland entstand. Das moderne Europa verbindet ferner das Bekenntnis der Völker zur Beachtung der Freiheit und Menschenwürde.

Ein Mosaik vieler Völker

In Europa leben viele Völker mit unterschiedlichen Lebensgewohnheiten auf engem Raum. Die Vielfalt spiegelt sich in einer vielfältigen Religionszugehörigkeit wider.

Zum Entstehen dieses Mosaiks trug in früheren Zeiten das geografische Relief bei. Die großen Tieflandsgebiete und die Gebirge bestimmten den Verlauf der europäischen Handelsstraßen. Auf ihnen drangen auch Eroberer nach Europa vor. Über die weiten osteuropäischen Tiefebenen waren es zum Beispiel mehrfach asiatische Völker. Viele von ihnen ließen sich in den eroberten Gebieten nieder. Im Laufe der Zeit kam es dort zur Vermischung unterschiedlicher Kulturen, Sprachen und Religionen.

Aber auch innerhalb Europas kam und kommt es immer wieder zu Bevölkerungswanderungen. Ihnen lagen und liegen heute noch religiöse und kriegerische Auseinandersetzungen in den Heimatländern zugrunde. Auch Unterschiede im wirtschaftlichen Entwicklungsstand einzelner Länder spielen eine Rolle. So leben und arbeiten in den wichtigen Industriestaaten Mitteleuropas viele Angehörige anderer Nationalitäten. Die überwiegende Zahl von ihnen wurde bis in die siebziger Jahre des letzten Jahrhunderts als Arbeitskräfte angeworben. Heute suchen viele Menschen aus anderen Ländern aus wirtschaftlichen, politischen und religiösen Gründen Zuflucht in Europa.

Aufgaben

1 Die 16 Begrüßungen in M1 stammen aus den Ländern in M2 (siehe Zahlen 1 bis 16). In welchem Land wird welcher Gruß gesprochen?

2 Welche Länder gehören zu folgenden Sprachgruppen:
a) romanische Sprache,
b) slawische Sprache,
c) germanische Sprache?

3 „Europa fängt im Kopf an." Was bedeutet dieser Satz?

M3 *Backwaren aus Europa (Auswahl). Ordne sie den Ländern zu. Orientiere dich dabei an den Flaggen.*

Wirtschaftsräume Europas

Info

Mensch und Wirtschaft
Das Wirtschaften der Menschen dient der Herstellung von Produkten und Gütern, die für das Leben notwendig sind. Es dient aber auch dem Erfüllen von Bedürfnissen. Das können zum Beispiel sein: Kino- oder Spaßbadbesuch, Kauf eines Fahrrades/Autos oder Urlaub machen.

Europas Wirtschaft

Wirtschaftsräume eines Landes oder eines Kontinents haben einen unterschiedlichen Anteil an **Wirtschaftsbereichen** wie Industrie, Land- und Forstwirtschaft oder Tourismus (Dienstleistungsbereich).

Auf der Karte kannst du sehen, dass es in Europa Industrieräume sowie Agrar- und Erholungsräume gibt. Die Industrieräume sind zumeist Verdichtungs- oder Ballungsräume. Diese verschiedenen Räume unterscheiden sich in der Größe und ihren Spezialisierungsrichtungen. Neben wirtschaftlich hoch entwickelten liegen geringer entwickelte Räume. So erstrecken sich hoch entwickelte alte Industrieregionen (Verdichtungsräume) im zentralen westlichen Europa in Form einer Banane von Mittelengland bis in das Mittelmeergebiet.

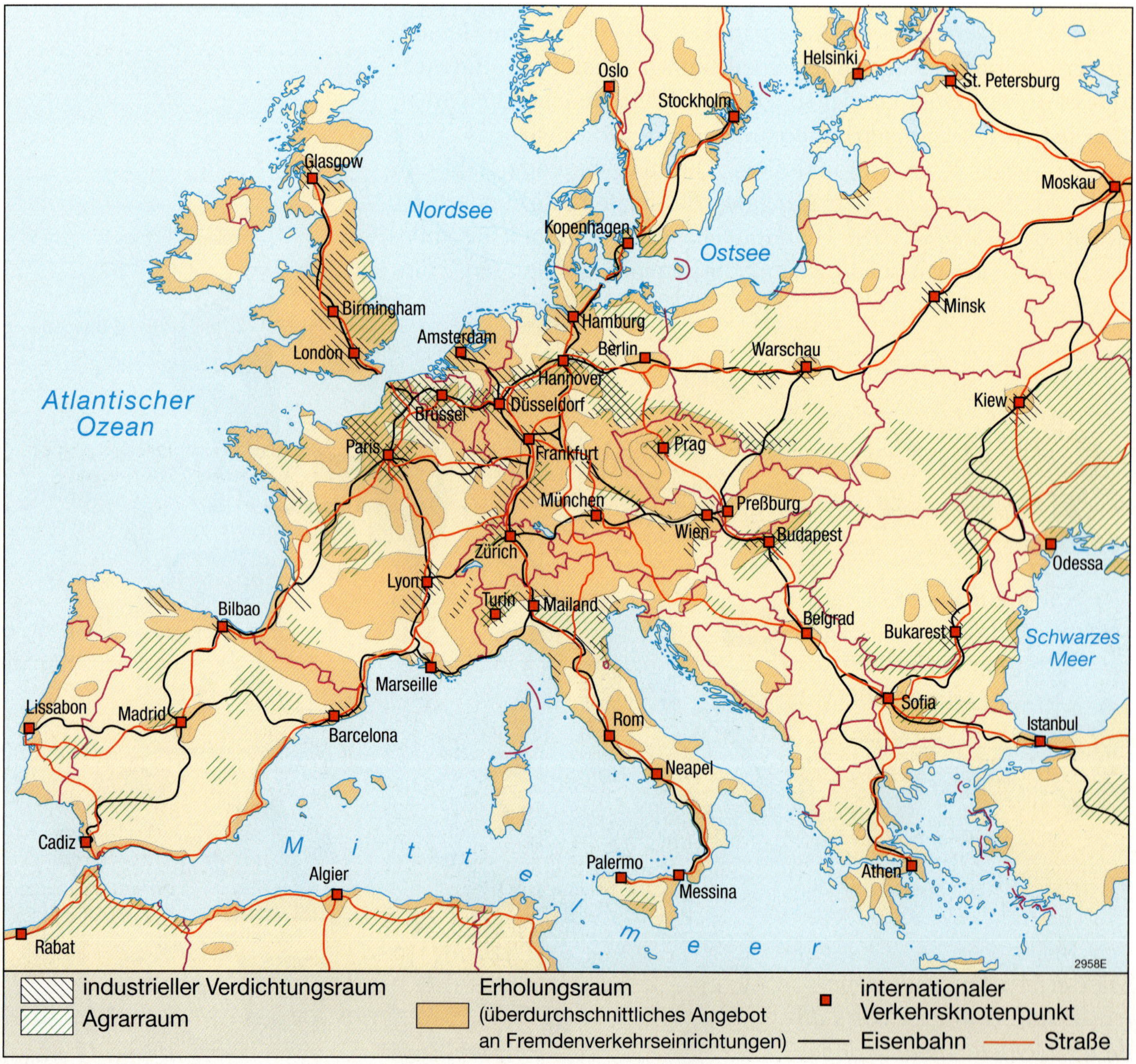

M1 *Verbreitung von Wirtschaftsbereichen in Europa*

M2 *Im mittelenglischen Industriegebiet*

M3 *Europoort Rotterdam – der weltgrößte Hafen*

M4 *Wirtschaftsregion Paris – Businessdistrikt*

Info

Wirtschaftsregionen im Wandel

In den alten europäischen Industriegebieten vollzieht sich seit längerer Zeit ein Strukturwandel. Früher waren hier vor allem Industriezweige wie Bergbau, die Eisen- und Stahlindustrie, der Maschinenbau und die Energiegewinnung zu finden. Durch die Ansiedlung neuer Industriebetriebe, zum Beispiel des Automobilbaus, ist eine vielseitige Industrie entstanden. Wichtig für diese Industriegebiete sind Wissenschafts- und Technologieparks. Sie schaffen neue Arbeitsplätze.

Aufgabe

1 Beschreibe die Verbreitung der Wirtschaftsbereiche in Europa (M1).

Merke

Europas Wirtschaft konzentriert sich vor allem in einem breiten Streifen von Großbritannien bis in den Mittelmeerraum. In den altindustrialisierten Räumen vollzieht sich ein Strukturwandel.

Grundbegriff

- Wirtschaftsbereich

Die Europäische Union und ihre Bedeutung

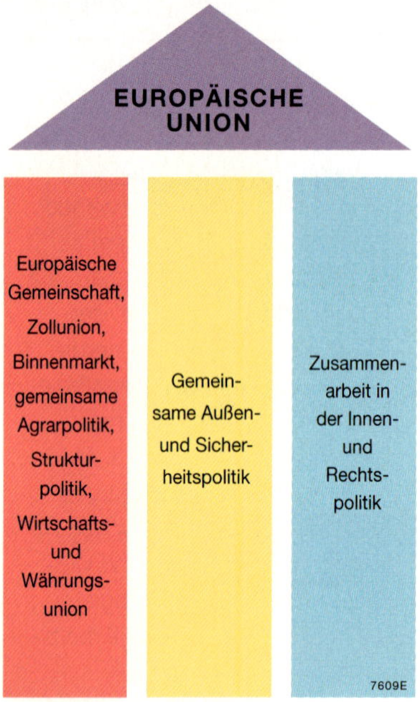

M1 *Die drei Säulen der EU*

http://europa.eu.int.

Gemeinsam in die Zukunft

Die **Europäische Union** (EU) ist ein Staatenbund. Er umfasst 25 selbstständige Länder (Stand 2004). Die Europäische Union ist ein politisches Gebilde und nicht zu verwechseln mit dem geografischen Begriff Europa. Die Staaten haben sich zusammengeschlossen um wirtschaftliche und politische Ziele zu erreichen. Die gemeinsame Außen- und Sicherheitspolitik stehen dabei im Vordergrund. Die Zusammenarbeit der Länder sichert den Frieden in Europa.

Gemeinsames Handeln ist auch in der Innen- und Rechtspolitik notwendig, wie die steigende Zahl der länderübergreifenden, europaweiten Verbrechen beweist. 1994 wurde die europäische Gemeinschaftspolizei EUROPOL mit Hauptsitz in Den Haag gegründet. Sie unterstützt die nationalen Polizeibehörden und stimmt deren Arbeit aufeinander ab.

Die Schaffung einer Wirtschafts- und Währungsgemeinschaft ist weitgehend verwirklicht. In allen Ländern der EU herrscht freier Verkehr für Personen, Waren, Geldmittel und Dienstleistungen. Der EURO ist ab 2002 in vielen Ländern Europas gesetzliches Zahlungsmittel. Die Zusammenarbeit der EU-Staaten zeigt sich auch im Umweltschutz, der Agrarpolitik und in der Gewährung von Hilfen für benachteiligte Gebiete (= Strukturpolitik). Da viele beitrittswillige Staaten Unterstützung benötigen, zögert die EU bei der Aufnahme neuer Mitglieder.

Am 1. 5. 2004 wurden zehn weitere Länder aufgenommen (M2).

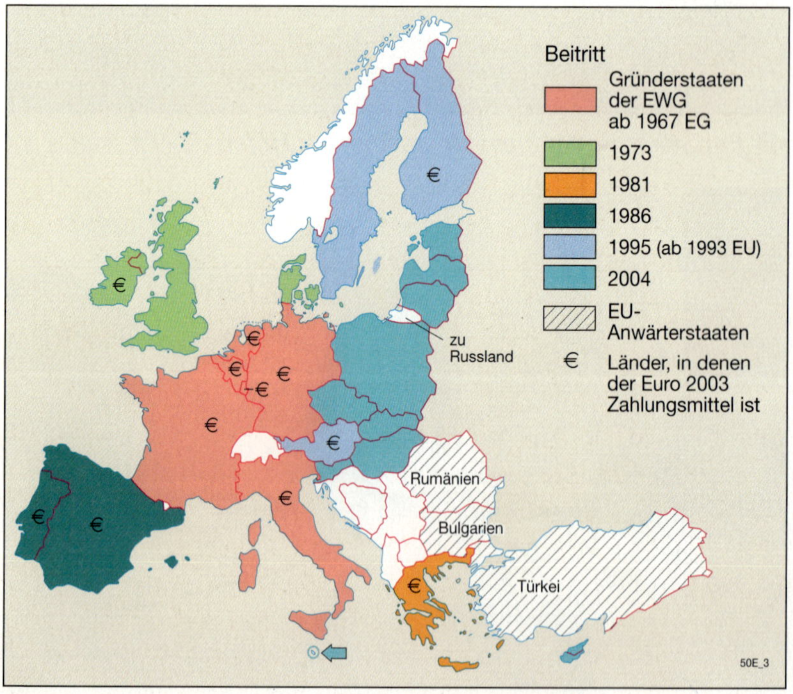

M2 *Die Mitgliedsstaaten der Europäischen Union*

Aufgaben

1 Nenne die drei Säulen der EU.

2 Gib eine Umschreibung für den Begriff EU und nenne einige Bereiche der Zusammenarbeit.

3 Gestalte eine Karte mit den Gründer- und Beitrittsländern der Staatengemeinschaft, die heute die EU bilden. Ordne nach den Jahreszahlen des Beitritts (M2). Nutze dazu das Arbeitsheft, S. 20.

Der Alltag in und mit der EU

Vielleicht gehen dir auch solche Gedanken durch den Kopf. Lass dich durch die nachfolgenden Beispiele überraschen, wie oft wir in unserem Alltag der EU bzw. den Auswirkungen der EU-Beschlüsse begegnen:

1. It's Partytime! Veronika bereitet ein Fest vor und muss dafür noch einiges im Supermarkt einkaufen. Beim Blick in den Einkaufswagen stellt sie fest, dass sie viele Lebensmittel aus europäischen Ländern eingepackt hat. Da befinden sich Schafskäse aus Griechenland, Oliven aus Italien, Tomaten aus Portugal, Käse aus Frankreich, Paprika aus Ungarn und Orangensaft aus Spanien. Veronika achtet auch auf Verfallsdatum und Inhaltsstoffe der Lebensmittel. Alle Produkte weisen eine einheitliche Kennzeichnung auf.

2. Nach erfolgreichem Abschluss ihrer Ausbildung kann Regina zwischen zwei Arbeitsplätzen wählen: als Reiseverkehrskauffrau einer großen Reiseagentur in Amsterdam oder bei einer Fluggesellschaft auf Mallorca. In London (Großbritannien), Paris (Frankreich), Budapest (Ungarn) oder in Prag (Tschechien) zu studieren würde ihr auch gefallen.

3. Wie jedes Jahr fährt Maximilian in den Sommerferien mit seinen Eltern nach Spanien. Vor Antritt der Reise hatten sie keine Gelegenheit mehr, Geld von ihrer Bank abzuheben. Doch das ist kein Problem. Mit einer Euroscheckkarte können sie an jedem Geldautomaten Bargeld abheben. Maximilians Eltern sind Spanien-Fans. Da sie jeden Urlaub dort verbringen, haben sie dieses Jahr nicht wie sonst üblich eine Ferienwohnung gemietet, sondern ein Haus in Spanien gekauft.

Info

Der Euro

Die Bezeichnung ist in jeder Sprache leicht auszusprechen und verdeutlicht, in welchem Gebiet die Währung gelten soll. Das grafische Zeichen lehnt sich an den griechischen Buchstaben Epsylon an, verweist damit auf die Wiege der europäischen Kultur und auf den ersten Buchstaben des Wortes „Europa." Die parallel verlaufenden Linien stehen für die Beständigkeit und Sicherheit des Euro. Seit dem 1. Januar 2002 ist der Euro gesetzliches Zahlungsmittel.

Merke

Die EU (Europäische Union) ist eine Gemeinschaft von Staaten, die in Fragen der Wirtschaft, Kultur und Politik zusammenarbeiten. Der Euro ist die gemeinsame Währung der EU.

Grundbegriff

- Europäische Union

Aufgabe

1 Der Airbus ist ein Beispiel für die Zusammenarbeit in der EU. Begründe.

M1 *Die neuen „Beluga"-Riesen-Frachter transportieren seit Oktober 1996 die Airbus-Großbauteile. Zwei der „weißen Wale" pendeln zwischen den Produktionsstätten in Deutschland, Franreich, England und Spanien hin und her. Sie befördern Cockpits, Rumpfhecks, Flügel sowie Seiten- und Höhenleitwerke zu den Airbus-Endmontagezentren in Hamburg und Toulouse.*

Der Airbus – sechs Länder bauen ein Flugzeug

Im Jahr 1993 rollte in Hamburg-Finkenwerder der erste Airbus A 321 an den Start. Er war das Ergebnis der Zusammenarbeit von fünf Ländern der Europäischen Union. Sie planten die Airbus-Flugzeuge gemeinsam und teilten sich die Kosten der Entwicklung. Auch die Produktion ist auf diese Länder aufgeteilt. Hamburg und Bremen in Deutschland und Toulouse in Frankreich sind wichtige Produktionsstandorte.

In Hamburg-Finkenwerder stellen mehr als 7000 Mitarbeiter jeden Monat vierzehn neue Flugzeuge der Airbus-Familie her. Täglich werden etwa 20000 Einzelteile montiert. Damit der Arbeitsablauf wie ein Uhrwerk klappt, müssen Zulieferfirmen aus ganz Europa reibungslos zusammenarbeiten. Viele Teile kommen per Bahn und Lkw aus Zulieferbetrieben in Deutschland. Mit dem Großraumflugzeug „Beluga" werden große Einzelteile wie Flügel und Leitwerke aus ganz Europa herantransportiert.

In Toulouse werden andere Flugzeuge der Airbus-Familie endmontiert. Mehrmals wöchentlich schweben die großen Frachtmaschinen über der Stadt und bringen fertig montierte Einzelteile aus verschiedenen Werken Europas.

Nur durch die Zusammenarbeit von hoch spezialisierten Industriebetrieben und Forschungsinstituten aus den verschiedenen Ländern konnte das Projekt durchgeführt werden.

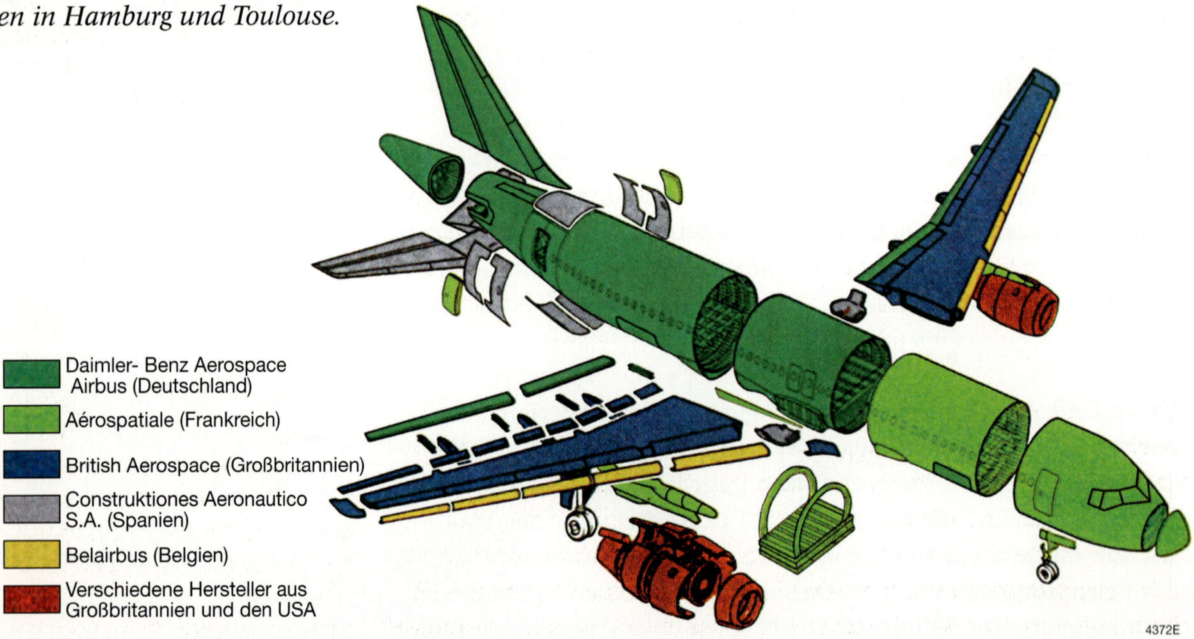

M2 *Der Airbus – ein Beispiel für die Zusammenarbeit in Europa*

Info

Die Europäische Umweltagentur

Die EU hat eine Europäische Umweltagentur (EUA) gegründet (Sitz in Kopenhagen). Sie sammelt Daten über den Zustand der Umwelt in den Mitgliedstaaten. Damit liefert sie eine gute Grundlage für Gesetzesentwürfe zum Umweltschutz in der EU. Sie soll das europäische Umweltgütesiegel vergeben, das die Verbraucher auf umweltfreundliche Produkte aufmerksam macht.

Umweltschutz in der EU

Wasser fließt über Grenzen

Wenn Familie Kornwijk in Amsterdam sich morgens wäscht und Kaffee kocht, dann tut sie dies mit Rheinwasser, denn fast das gesamte Leitungswasser in den Niederlanden wird aus dem Rhein gewonnen. Obwohl es in den Wasserwerken mit großem Aufwand gereinigt worden ist, sind immer noch kleinste Mengen von Schadstoffen darin enthalten. Diese stammen aus den Städten und Industriebetrieben, die ihre Abwässer in den Rhein und seine Nebenflüsse einleiten.

Gemeinsam will man mit dem 1987 beschlossenen „Aktionsplan Rhein“ die Einleitung von Schadstoffen vermindern. Dazu werden in allen größeren Städten Kläranlagen gebaut, und alle Industriebetriebe in den Anliegerstaaten bekommen strenge Auflagen, wie viele und welche Abwässer sie in den Rhein einleiten dürfen.

Dicke Luft über Europa

Nicht nur Wasser fließt über Grenzen. Noch wichtiger ist eine Zusammenarbeit mit anderen Staaten bei der Reinhaltung der Luft. Viele Schadstoffe, die aus deutschen Auspuffrohren und Schornsteinen entweichen, werden mit dem Wind in andere europäische Länder getragen. Deshalb werden Industriebetriebe verpflichtet, Filteranlagen in ihre Schornsteine einzubauen und in allen Ländern der EU wird der Verkauf von bleifreiem Benzin und schadstoffarmen Autos gefördert.

Aufgaben

2 Welche Staaten sind verantwortlich, wenn der Rhein und die Elbe verschmutzt werden (Atlas, Karte: Europa – Staaten)?

3 Die „Euro-Blume“ ist das neue Umweltgütesiegel. Erkundet, ob es in eurer Umgebung Produkte mit diesem Zeichen gibt.

Merke

Zwischen den Staaten der EU ist eine immer stärkere Zusammenarbeit zu beobachten.
Ein Beispiel dafür ist der Bau des Airbus.
Der Umweltschutz ist eine wichtige Aufgabe für die EU.

Aufgaben

1 Beschreibe die Verteilung der Klimazonen in Europa von Nord nach Süd. Nutze auch das Arbeitsheft, S. 22.

2 In welcher Klimazone liegt Deutschland?

Info

Klimabestimmende Faktoren
Das Klima der Erde wird vor allem durch die Breitenlage bestimmt: Es werden in Europa die subtropische, gemäßigte und subpolare Klimazone unterschieden.
Innerhalb dieser Zonen beeinflussen noch andere Faktoren das Klima. Dazu gehören vor allem
- die Höhenlage,
- die Entfernung zum Meer,
- warme und kalte Meeresströmungen,
- Eigenschaften der Luftmassen.

Vom Mittelmeer zum Nordkap

Wir unternehmen eine Reise vom Mittelmeer bis zum Nordkap im Norden der Skandinavischen Halbinsel. Je weiter wir uns vom Mittelmeerraum aus nordwärts bewegen und je näher wir unserem Ziel kommen, desto kühler wird es. Auch die Pflanzenwelt verändert sich: Im Mittelmeerraum gedeihen unter anderem Palmen, Pinien, Korkeichen und Zypressen. Die Laub- und Mischwälder unseres Raumes gehen weiter nördlich in ausgedehnte Nadelwälder über. Am Ziel unserer Reise sind wir in einer baumlosen Landschaft mit Gräsern, Moosen und Flechten angekommen. Wie ist das zu erklären?

Die Temperaturen eines Raumes werden vor allem durch dessen Lage zum Pol bzw. zum Äquator bestimmt. Aber auch die Lage zum Meer, die Höhenlage, die Windverhältnisse und die damit verbundenen Niederschläge bestimmen das Klima mit.

Große Gebiete, in denen sich Klimamerkmale (z.B. Temperaturen, Niederschläge, Wind, Bewölkung) ähneln, nennt man **Klimazonen**. Sie ziehen sich gürtelförmig und weitgehend parallel zu den Breitenkreisen um die ganze Erde. Europa hat Anteil an der subpolaren Klimazone, der gemäßigten Klimazone und der subtropischen Klimazone.

Die Abfolge der natürlichen **Vegetationszonen** entspricht weitgehend der der Klimazonen (M1 und M2). Im Laufe der Zeit hat der Mensch aber das natürliche Pflanzenkleid sehr verändert. Aus Naturlandschaften wurden im Verlauf der Jahrhunderte Kulturlandschaften, die vor allem von der land- und forstwirtschaftlichen Nutzung geprägt sind.

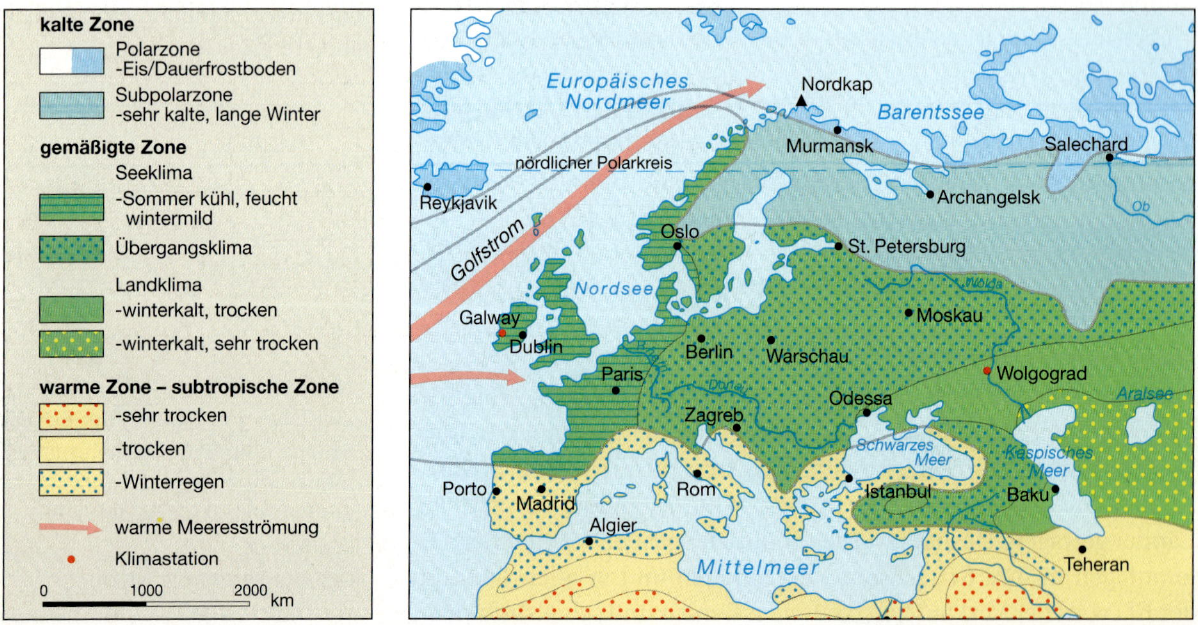

M1 *Europa – Klimazonen*

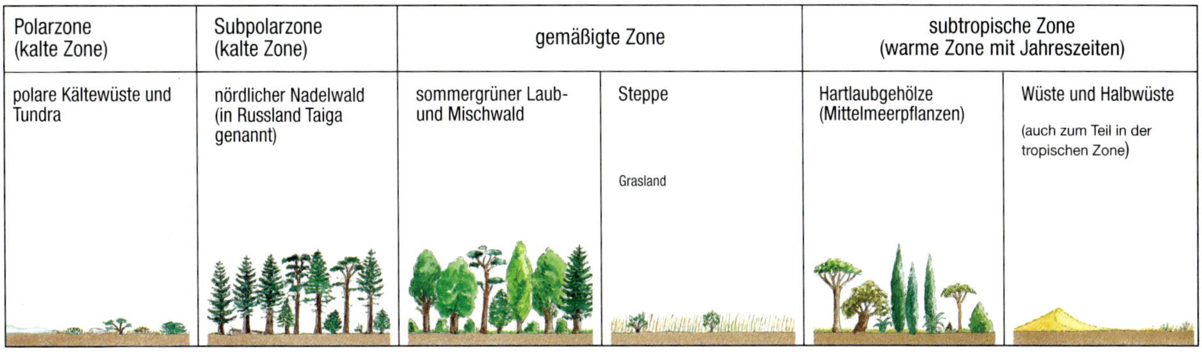

M2 *Klimazone – Vegetationszone – Pflanzendecke*

Vegetationszonen Europas

In den einzelnen Klimazonen haben sich die Pflanzen im Laufe von Jahrhunderten an die jeweiligen klimatischen Bedingungen angepasst. Entscheidend für das Wachstum der Pflanzen sind die Wärme (Temperatur) und die Niederschläge.

Bei uns in der gemäßigten Zone wachsen zum Beispiel Laubbäume wie die Buche oder Eiche. Sie werfen ihre Blätter im Winter ab um sich gegen die niedrigen Temperaturen und Fröste zu schützen. Nadelbäume wie die Fichten oder Kiefern hingegen tragen ihre Nadeln das ganze Jahr. Sie vertragen Frost und wachsen auch in Gebieten, die für Laubbäume schon zu kalt sind. In der warmen subtropischen Zone haben sich die Pflanzen gut an die sommerliche Hitze angepasst. Zu diesen Pflanzen gehört beispielsweise die Agave. Sie hat dicke, fleischige Blätter, sodass die Pflanze durch die Sonne nicht vertrocknet.

Aufgaben

3 Beschreibe die Anordnung der Vegetationszonen Europas von Norden nach Süden (M3).

4 In welchen Klimazonen und Vegetationszonen liegen folgende Staaten (Atlas, Karte: Erde – Staaten): Deutschland, Großbritannien, Spanien, Polen?

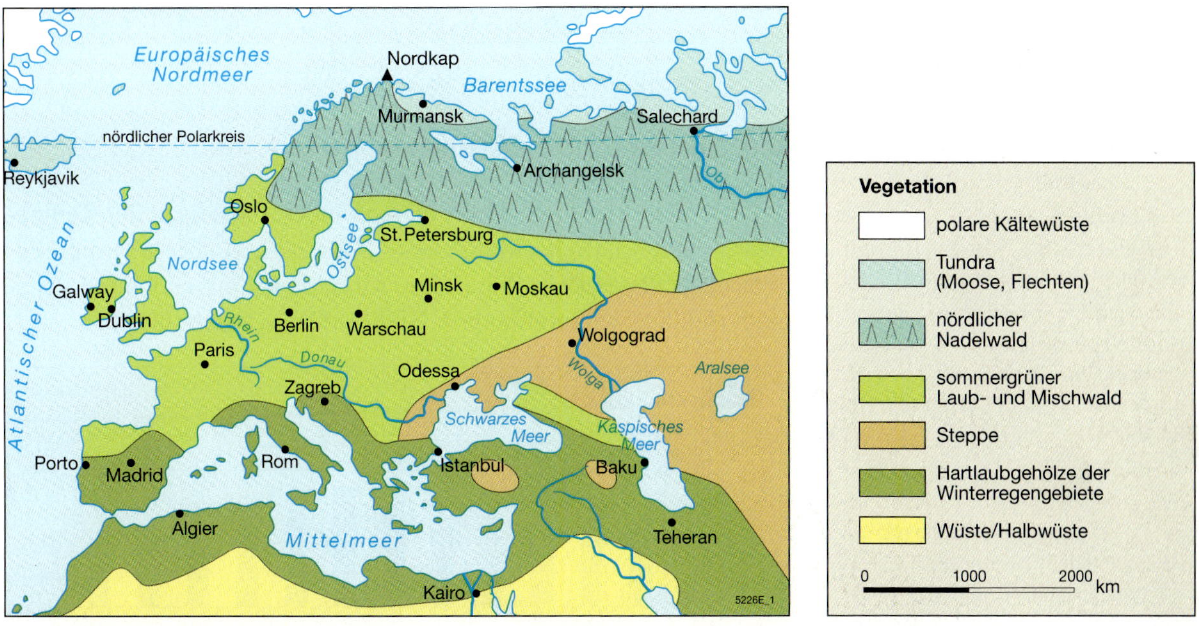

M3 *Europa – Vegetationszonen*

Arbeit mit Klimadiagrammen

Das Klima

Meteorologen messen und beobachten die Wetterelemente über Zeiträume von mindestens 30 Jahren. Danach errechnen sie Durchschnittswerte (Mittelwerte). Die langjährigen Mittelwerte geben Auskunft über das Klima eines Ortes oder eines Gebietes. Beim Klima macht man somit langfristige Aussagen über das Zusammenwirken der fünf „Bausteine", während es sich beim Wetter immer nur um ein kurzfristiges Zusammenwirken handelt.

Im Geografieunterricht wollen wir das Klima anderer Orte und Länder kennen lernen. Uns interessieren besonders die Temperaturen und Niederschläge. In einem Klimadiagramm werden die errechneten Mittelwerte optisch veranschaulicht.

Wie errechnet man Mitteltemperaturen?

Tagesmittel: Meteorologen messen dreimal am Tag die Temperatur: um 7 Uhr, 14 Uhr und 21 Uhr. Aus den drei Messwerten errechnen sie die Tagesmitteltemperatur. Sie zählen die gemessenen Werte zusammen. Dabei nehmen sie den Wert von 21 Uhr doppelt, damit nachts nicht noch eine Messung durchgeführt werden muss. Die Summe dieser Werte wird durch vier geteilt.

Beispiel: 7 Uhr: 4 °C (1x)
14 Uhr: 10 °C (1x)
21 Uhr: 5 °C (2x)

Rechnung:
4 °C + 10 °C + 5 °C + 5 °C = 24 °C
24 °C : 4 = 6 °C
Das Tagesmittel ist also 6 °C.

Monatsmittel: Aus den Tagesmitteln errechnet man das Monatsmittel. Zuerst zählt man alle Tagesmitteltemperaturen eines Monats zusammen. Danach teilt man durch die Anzahl der Tage des Monats (30, 31, 28, 29).

Jahresmittel: Aus den zwölf Monatsmitteln errechnet man das Jahresmittel. Zuerst zählt man alle Monatsmitteltemperaturen zusammen. Danach teilt man durch die Anzahl der Monate (12).

Die Temperaturkurve

Um die Temperaturen der einzelnen Monate überschaubar zu machen stellt man die Monatsmittel zeichnerisch in Temperaturkurven (rot, vgl.Beispiel Berlin) dar. Dazu muss man zunächst Tagesmittel und dann die Monatsmittel errechnen.

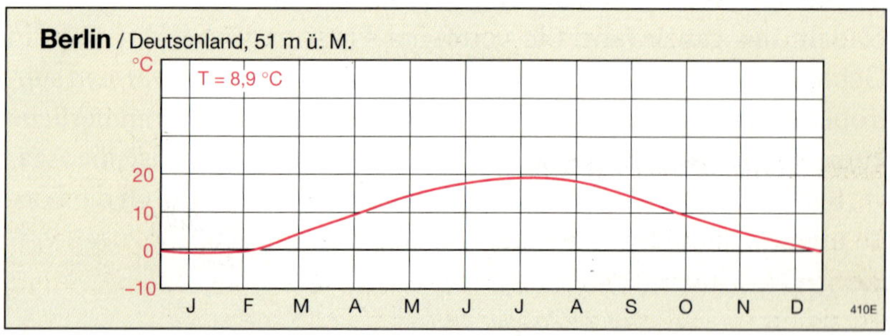

Die Niederschlagssäulen

Bei den Niederschlägen ermittelt man im Gegensatz zu den Temperaturen keine Durchschnittswerte. Man zählt stattdessen die Niederschlagsmengen aller Tage eines Monats zusammen. Die Monatsniederschläge zeichnet man in Niederschlagssäulen (blau).

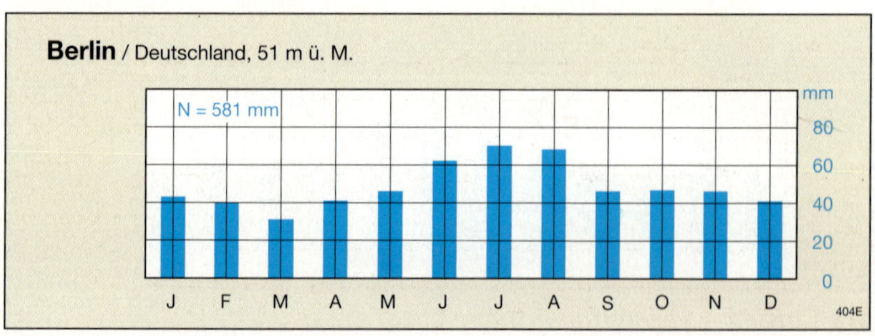

Wie liest du Temperaturkurven?

a) Beginne mit dem Januar (J). Lege deinen Finger auf den Buchstaben J (Januar).
b) Fahre mit dem Finger senkrecht nach oben, bis du auf die Kurve triffst.
c) Lies die Zahl waagerecht am linken Rand ungefähr ab (Januarmitteltemperatur).
d) Tue dasselbe bei den übrigen Monaten.
e) Lies die Jahresmitteltemperatur ab (rote Zahl oben links im Diagramm).

Wie liest du Niederschlagsdiagramme?

a) Beginne mit dem Januar (J). Lege deinen Finger auf den Buchstaben J (Januar).
b) Fahre mit dem Finger senkrecht nach oben, bis du an das obere Ende der Säule gelangst.
c) Lies die Zahl waagerecht am rechten Rand ab (Monatsniederschlag Januar).
d) Tue dasselbe bei den übrigen Monaten.
e) Lies den Jahresniederschlag ab (blaue Zahl links).

Das Klimadiagramm

In einem Klimadiagramm sind die Temperaturkurve und die Niederschlagssäulen zusammen eingezeichnet. Das Klimadiagramm verrät dir viel über das Klima eines Ortes:
- Wie warm ist es durchschnittlich in den zwölf Monaten?
- Welcher ist der wärmste, welcher der kälteste Monat?
- Wie viele Niederschläge fallen durchschnittlich in den einzelnen Monaten?
- In welchem Monat regnet es am meisten, in welchem am wenigsten?
- Wie viele Niederschläge fallen durchschnittlich im Verlauf eines Jahres?

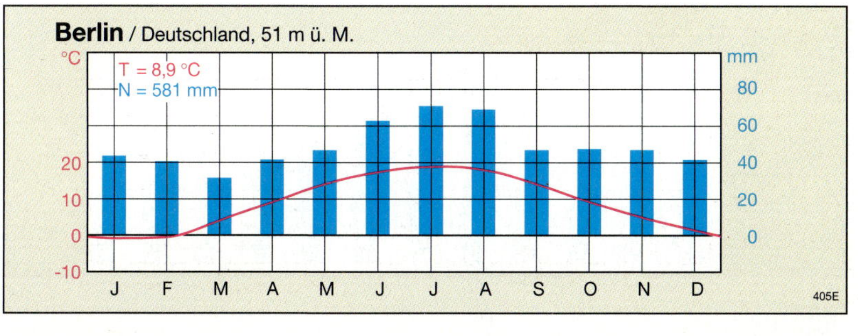

Info

Klima
Das Zusammenwirken von Temperatur, Niederschlag, Bewölkung, Wind und Luftdruck über einen längeren Zeitraum nennt man Klima.

M1 *Regenmesser*

Unterschiede im Klima

Aufgaben

1 Nenne Merkmale von See-, Übergangs- und Landklima (M1, Text, Arbeitsheft, S. 23).

2 Lies die E-Mails von Kevin und Natascha. Vergleiche:
- Lage
- Klima im Winter und im Sommer
- Landwirtschaft
- Freizeitgestaltung.

Nutze auch die Klimadiagramme.

Klimaunterschiede in der gemäßigten Klimazone

Veränderungen der Temperaturen und Niederschläge sind auch festzustellen, wenn wir Europa von Westen nach Osten innerhalb der gemäßigten Klimazone durchqueren. Wir gelangen nacheinander in Gebiete mit **Seeklima**, **Übergangsklima** und **Landklima.** Kannst du dir erklären, warum?

In der gemäßigten Klimazone wehen die Winde im ganzen Jahr überwiegend aus westlicher Richtung. Vom Atlantischen Ozean werden feuchte Luftmassen zum Festland transportiert. Sie sind die „Regenbringer."

Je weiter ein Gebiet vom Ozean entfernt liegt, desto weniger Niederschläge fallen. Eine Ausnahme bilden die Gebirge. (Denke an den Harz als „Regenfänger.")

Der Atlantik und das Festland beeinflussen auch die Temperaturen der über ihnen lagernden Luftmassen. Im Sommer ist die Meeresluft kühler als die Luft über dem Festland, im Winter dagegen milder.

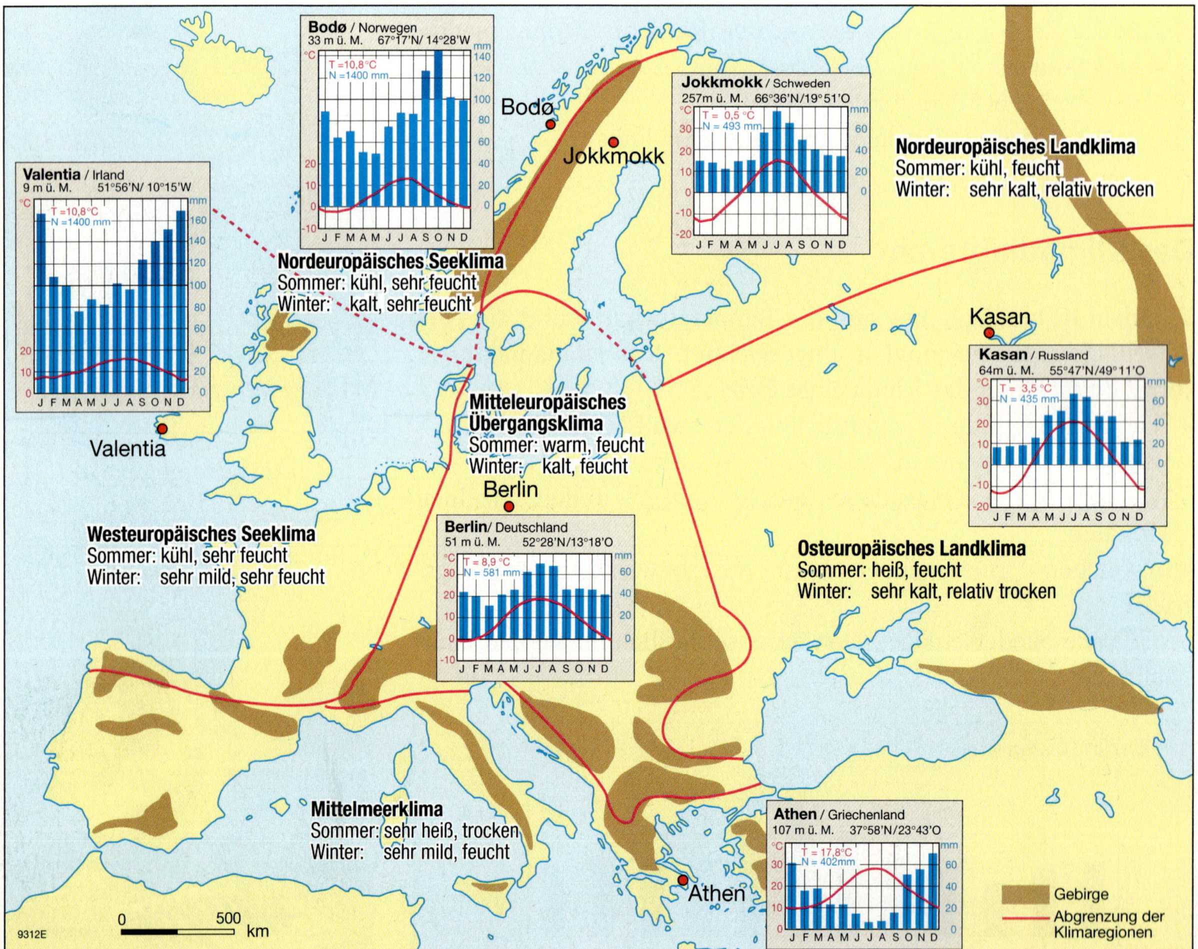

M1 *Klimaregionen in Europa*

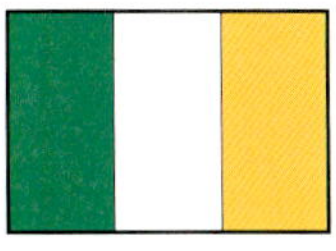

Valentia/Irland, 3. Januar

Liebe Natascha,

vielen Dank für deine Mail zu Weihnachten mit den schönen Bildern. Bei uns regnet es wieder einmal, jetzt schon fünf Tage ununterbrochen. Die alte englische Redewendung „It's raining cats and dogs" passt auch für uns. Den Rindern und Schafen, die das ganze Jahr auf den Weiden stehen, macht der Regen allerdings nichts aus. Und besonders kalt ist es ja auch nicht. Schnee gibt es nur selten und er schmilzt schnell wieder weg. Das Gras wächst das ganze Jahr über, auch Gemüse können wir hier fast immer anbauen. Alles ist üppig grün, deshalb nennt man Irland auch die grüne Insel.

Meine Freunde und ich warten auf schönes Wetter, damit wir wieder Rugby, Fußball oder Tennis spielen können, alles natürlich auf Rasen. Glücklicherweise gehören jetzt in der Secondary School lange Hosen zur Schuluniform. In der Primary School hatten wir nur kurze Hosen; man hatte immer behauptet, Sommer und Winter würden sich so wenig unterscheiden, dass man keine extra Hosen bräuchte.

Ich freue mich, dass ich dich im Sommer besuchen darf!

Dein Kevin

Kasan/Russland, 15. Februar

Lieber Kevin,

ihr habt ja gar keinen richtigen Winter! Das ist bei uns schon ganz anders: Vor zwei Wochen gab es eine Rekordkälte: minus 41 Grad! Die Schule ist ausgefallen, weil die Schulbusse nicht mehr funktioniert haben. Minus 10 Grad sind hier normal. Solange kein Wind weht, ist es ganz angenehm.

In den Sommermonaten ist es hier ganz schön heiß, an manchen Tagen über 30 Grad. Da reift das Getreide schnell. Vielleicht könnten wir mehr ernten, wenn es mehr regnen würde. Aber der Atlantische Ozean ist zu weit weg, von dort kommt der Westwind mit seinen Regenwolken nur ganz selten bis zu uns. Dafür gibt es immer wieder Staubstürme: Der Wind weht den feinen Boden von den Feldern. Nach starken Gewittergüssen bilden sich ab und zu reißende Bäche, die dann viel Boden abspülen.

Vor vielen Jahren wurden Wälder angelegt um diese Erosionen zu verhindern, aber es hat nicht viel genützt. Wir spielen natürlich oft im Freien, wenn es nicht zu heiß ist, oder wir gehen Pilze und Beeren suchen. Prima, dass du im Sommer kommst, da kannst du vieles selbst sehen!

Deine Natascha

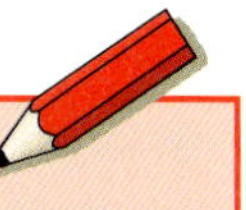

Merke

Europa hat Anteil an mehreren Klimazonen. Innerhalb der gemäßigten Klimazone unterscheidet man See-, Übergangs- und Landklima.
Die Vegetation ist dem Klima angepasst.

Grundbegriffe

- Klima- und Vegetationszonen (S.128)
- See-, Land- und Übergangsklima

M2 *Landschaft in Irland*

M3 *Getreideanbau in Südrussland*

Grübeln und Tüfteln

1 Ordne die Euromünzen den jeweiligen Ländern zu. Nenne weitere Länder und Gebiete, die zur Eurozone zählen.

2 In welchem Jahr wurde der Euro gesetzliches Zahlungsmittel? (Informiere dich z.B. unter www.euro.de)

1

Großherzog Henri

2

Nationalsymbol Harfe

3

Moltebeeren mit Blüten

4

König Juan Carlos

5

König Albert II.

6

Bertha von Suttner

7

Fruchtbarkeitssymbol

8

Wappenadler

9

Zeus entführt Europa

10

Königliches Siegel von 1144

11

Königin Beatrix

12

Dante Alighieri

An der Fjordküste Norwegens

Vom Eis geprägt

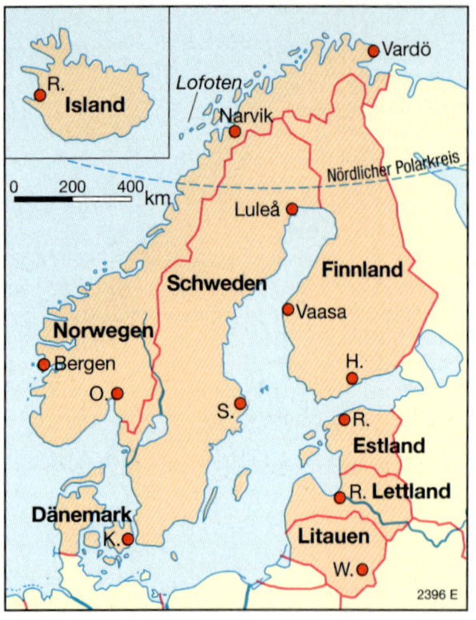

M1 *Nordeuropa*

M2 *Im Fjell*

Land	Einw. in Mio.	Fläche in 1000 km^2
Dänemark	5,3	43
Estland	1,4	45
Finnland	5,2	338
Island	0,3	103
Lettland	2,4	65
Litauen	3,5	65
Norwegen	4,5	324
Schweden	8,8	450

M3 *Nordeuropa (2002)*

Eiszeitliche Formen

Vor etwa 10 000 Jahren ging das **Eiszeitalter** (Pleistozän) zu Ende. Im Verlauf des Pleistozäns gab es zahlreiche Kaltzeiten. Für die letzten drei Kaltzeiten wurden Gletschervorstöße nachgewiesen, man bezeichnet sie daher auch als Eiszeiten. Über 2000 Meter hoch war der Gletscher, der vom Nordpol bis weit nach Süden reichte. Dieser Eispanzer schürfte durch seinen gewaltigen Druck die Landoberflächen ab. Nordeuropa stellt daher in weiten Teilen ein Gebiet mit glazialen **Abtragungsformen** dar. Als Ergebnis der abschleifenden Wirkung entstand ein flachwelliges Relief. Es ist durch einen Wechsel von Felsbuckeln und Felswannen gekennzeichnet und wird als Rundhöckerlandschaft bezeichnet.

Südskandinavien gehört hingegen zu den Gebieten mit **Ablagerungsformen** des **Inlandeises**. Hier ist die glaziale Serie ausgeprägt.

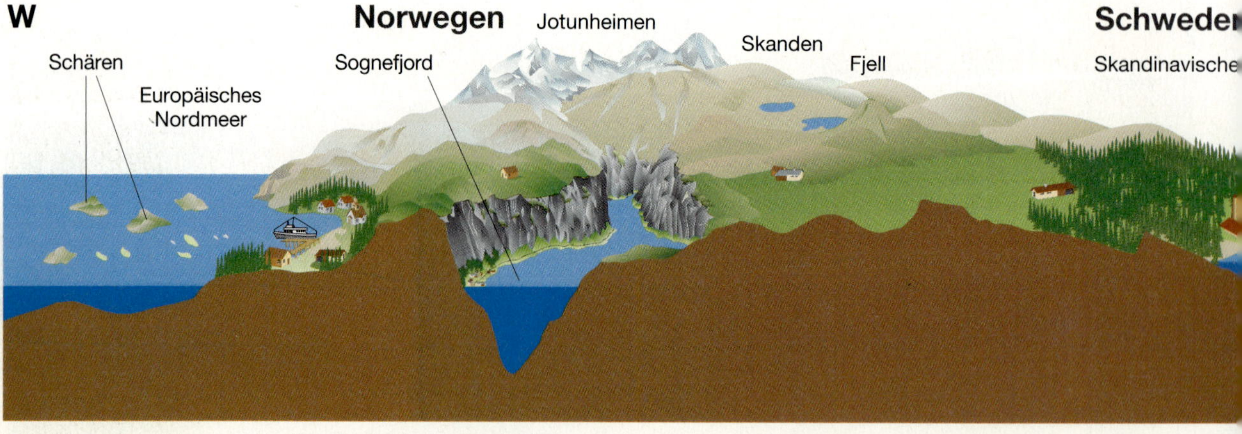

M4 *Skandinavien – ein Landschaftsquerschnitt*

Die Finnische Seenplatte und die Schären

Ein Beispiel für eine Rundhöckerlandschaft ist die Finnische Seenplatte. In tausenden von Felswannen sind Seen entstanden. Diese sind von Wäldern umrahmt und oft durch Kanäle miteinander verbunden.

Im Meer setzen sich die Rundhöcker fort. Hier ragen die höheren Erhebungen als kleine Inseln über die Meeresoberfläche. Man bezeichnet diese Felsinseln als **Schären.**

Das Fjell

Das skandinavische Gebirge, die Skanden, ragt steil an der Westküste Norwegens empor. Der Eispanzer der Eiszeit hat Kuppen und Bergspitzen zu einer Hochfläche abgehobelt und Vertiefungen eingegraben, in denen sich Seen und Moore gebildet haben. Man nennt diese karge, meist baumlose Hochfläche Fjell.

Von einigen der höchsten Gipfel der Skanden reichen Gletscher bis auf das Fjell herab. Dazu gehört der Jostedalsbre, der größte Festlandsgletscher Europas.

Die Fjorde

An der Westküste Norwegens entstanden während der Eiszeit tief eingeschnittene Täler, Fjorde genannt. Das Wort Fjord bedeutet „enge Meeresbucht." Viele von ihnen reichen über 100 km ins Landesinnere. Der Sognefjord erreicht sogar eine Länge von 200 km. Die U-förmigen Fjorde wurden von Gletscherzungen ausgehobelt, die sich ins Meer schoben.

Die Fjorde sind so tief, dass selbst Hochseeschiffe bis weit in das Landesinnere fahren können. Auffallend steil ragen die felsigen Fjordhänge empor. Das hat zur Folge, dass sie wenig bewaldet sind. Vom Fjell stürzen Bäche und Flüsse in Wasserfällen zu Tal.

Touristen genießen die Naturschönheiten von Postschiffen aus, die zwischen der Stadt Bergen und dem Nordkap verkehren.

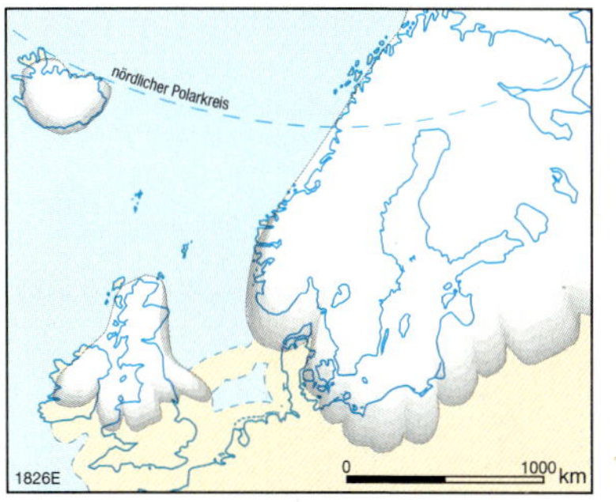

M5 *Eisbedeckung in Nordeuropa vor ca. 12000 Jahren*

Aufgabe

1 Vergleiche glaziale Abtragungs- und Ablagerungsgebiete. Nutze dazu das Lehrbuch und das Arbeitsheft, S. 24.

Merke
Die Oberfläche Nordeuropas wurde während der Eiszeit durch Gletscher überprägt. Es entstanden Abtragungs- und Ablagerungsformen.

Grundbegriffe
- Eiszeitalter
- Abtragungsform
- Ablagerungsform
- Inlandeis
- Schären

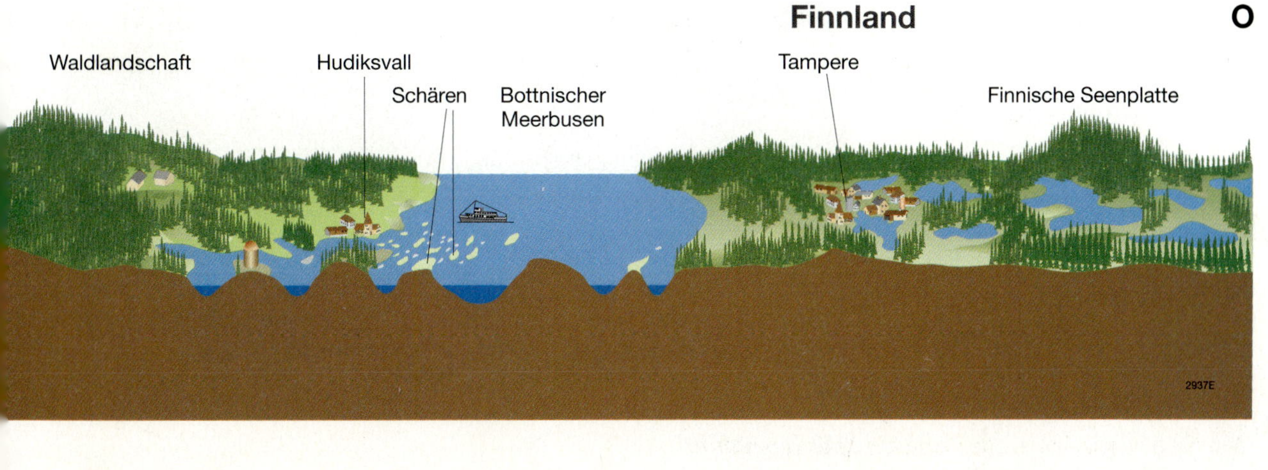

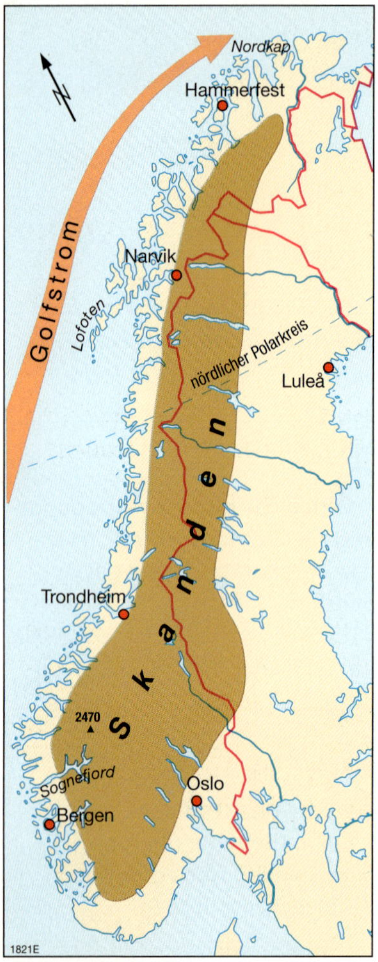

M1 *Der Golfstrom vor der Küste Norwegens*

www.max-weishaupt-realschule.de/ek/eklex.htm

Mit dem Schiff durch Norwegens Fjorde

Pünktlich um 9.00 Uhr legt das Postschiff in Bergen ab. Zwanzig Passagiere sind mit an Bord. Sie wollen in sechs Tagen Narvik erreichen. Nachdem das Schiff den Hafen verlassen hat, durchfährt es ein Gewirr von kleinen, kahlen Schären. Vor der norwegischen Küste gibt es über 150 000 solcher Inseln. Die meisten von ihnen sind unbewohnt. Ab und zu steht darauf eine Fischerhütte, ein Ferienhaus oder ein Seezeichen.

Unser erstes Ziel ist ein Fjord, der Sognefjord. Die Einfahrt in den Fjord ist überwältigend schön. Tiefblaues Wasser bildet die Fahrrinne. Die Felswände an den Seiten sind bis zu 1000 Meter hoch. Nur ein schmaler Streifen entlang des Fjords ist teilweise besiedelt. Die Dörfer bestehen oft nur aus wenigen Häusern. Meist leben hier Fischer oder Bauern.

Bis ins Innere der Fjorde ist trotz der Lage im Norden Europas Obstanbau möglich. Das bewirkt der Golfstrom, eine warme Meeresströmung, die aus dem Golf von Mexiko kommt. Das leicht erwärmte Wasser wirkt wie eine „Warmwasserheizung.“ Es hält auch im Winter die Küste von Eis frei.

Das Schiff ist an der Küste und in den Fjorden das wichtigste Verkehrsmittel, denn die steilen Wände sind ein natürliches Hindernis für den Landverkehr. Fähren dienen als Verbindung zwischen den Ufern. Das Leben entlang der Küste wird durch den Fahrplan der Postschiffe geprägt. Regelmäßig fahren sie mit Personen, Gütern und Briefsendungen selbst in den entferntesten Winkel. Tagsüber stehen oft Menschen am Kai und warten darauf, dass das Postschiff festmacht. Waren werden dann an Land gebracht oder an Bord genommen.

M2 *Sognefjord*

Info

Der Golfstrom

Der Golfstrom ist eine warme Meeresströmung. Sie entsteht in der Nähe der Halbinsel Florida (Golf von Mexiko) in warmen, tropischen Gewässern.
Klima und Lebensbedingungen am Atlantischen Ozean werden auf der Nordhalbkugel durch den Golfstrom beeinflusst.

Die Samen

M3 *Das Rentierschlittenrennen ist eine Attraktion*

M5 *Lebensraum der Samen*

Viehzüchter des Nordens

Die in der nordskandinavischen Landschaft Lappland beheimateten Sami (früher auch Lappen genannt) leben als Viehzüchter. Die Herden der Sami bestehen aus Rentieren. Das Ren ist ein genügsames Tier. Moose, Flechten und Gräser reichen ihm als Nahrung. Noch vor 40 Jahren zogen die Sami-Familien mit den Renherden zu den Weideplätzen und lebten das ganze Jahr über in Zelten. Heute sind die Samen sesshaft. Nur noch im Sommer begleiten die Männer die Herden in die baumlosen Fjellgebiete. Mit dem ersten Schnee wandern sie wieder südwärts in die Waldgebiete Lapplands, wo die Tiere in der Nähe der Sami-Dörfer auch im Winter ausreichend Futter finden. Das Ren wird heute nur noch für die Fleischproduktion gehalten. Motor-Skooter und geländegängige Motorräder haben längst das Ren als Zug- und Reittier verdrängt.

	Gesamtbevölkerung	davon Sami
Norwegen:	4,5 Mio.	31 000
Schweden:	8,8 Mio.	15 000
Finnland:	5,2 Mio.	4 000

M6 *Bevölkerungsanteil der Samen (2003)*

www.trolljenta.net/samen.htm

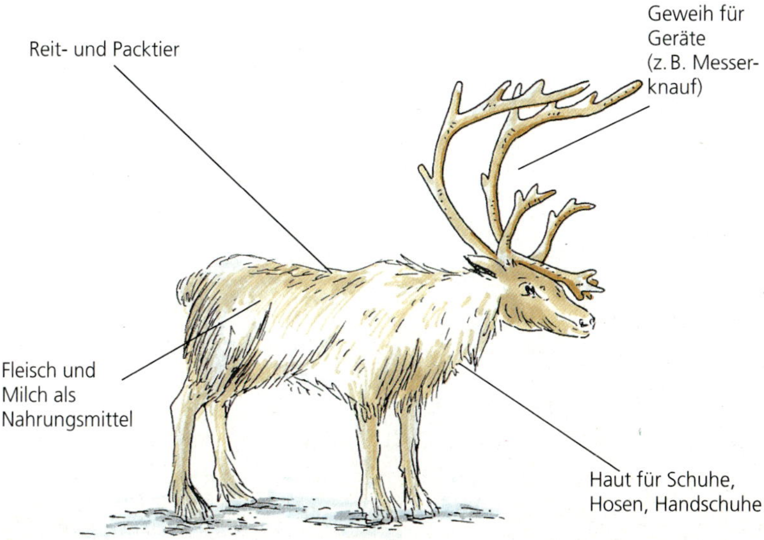

M4 *Verwendung des Rens früher*

Aufgaben

1 In welchen Ländern Nordeuropas lebt das Volk der Samen (M5)?

2 Schreibe auf, welchen Nutzen das Ren für die Samen früher hatte (M4).

3 Schlage im Lexikon unter dem Stichwort ‚Samen' oder ‚Lappen' nach und notiere weitere Informationen.
Schreibe einen Bericht:
Die Samen – früher und heute.

Polartag und Polarnacht

M1 *Nordkap*

Aufgaben

1 Erkläre die Erscheinung des Polartages.

2 Bestimme den Ort, der die meisten Polartage hat: Narvik, Kiruna, Kirkenes? Benutze dafür eine Karte von Skandinavien.

3 Beschreibe anhand von M2, wie die Sonneneinstrahlung im nördlichen Polargebiet am 21.6. und am 21.12. ist. Erkläre nun auch die Polarnacht.

4 In welcher Jahreszeit ist auf der Nordhalbkugel Polartag und wann Polarnacht?

Heller Himmel in der Nacht – die Mitternachtssonne

Monika erzählt ihrer Freundin Katja von ihrer letzten Ferienreise. „Stell dir vor, ich konnte sogar noch um Mitternacht bei Sonnenlicht die Ansichtskarte für dich schreiben." Katja schüttelt den Kopf: „Du übertreibst mal wieder reichlich." „Nein, es ist wahr", erwidert Monika und erklärt: „Du weißt doch, wir haben im Juli eine Reise durch Norwegen und Schweden unternommen. Dabei sind wir bis zum Nordkap gefahren, dem nördlichsten Punkt Europas, den man überhaupt mit dem Auto erreichen kann.

Wir erleben die Mitternachtssonne

Auch um Mitternacht bleibt es im Sommer hell. Ohne Schwierigkeiten konnte ich im Freien meine Karten schreiben. Die Norweger passen ihre Lebensweise den Lichtverhältnissen an. Bis spät in die Nacht wird im Garten gearbeitet, eine Reparatur am Haus durchgeführt oder am Auto gebastelt. Es ist eben gleichgültig, zu welcher Tageszeit man schläft, denn eine Nacht wie bei uns gibt es zu dieser Jahreszeit nicht. Mein Vater erklärte mir die Erscheinung der Mitternachtssonne: Wenn die Sonne nicht unter den Horizont sinkt, haben wir die Zeit der Mitternachtssonne. Zur Mittagszeit steht die Sonne am höchsten. Um Mitternacht hat sie ihren tiefsten Stand, der aber immer noch über dem Horizont liegt. Es ist weiterhin Tag, **Polartag**, 24 Stunden lang hell. Solche Tage mit Mitternachtssonne gibt es vom Polarkreis bis zum Pol in zunehmender Zahl. Während des Polartages steigt die Temperatur auf über 15 °C und alles beginnt zu blühen.

Im Winter herrscht nördlich des Polarkreises die **Polarnacht**. Viele Wochen lang geht die Sonne nicht auf, es ist dunkel und kalt. Verursacht durch die veränderte Stellung der Erde zur Sonne wird in dieser Zeit das Südpolargebiet ganztägig bestrahlt (M2). Nun ist dort Polartag.

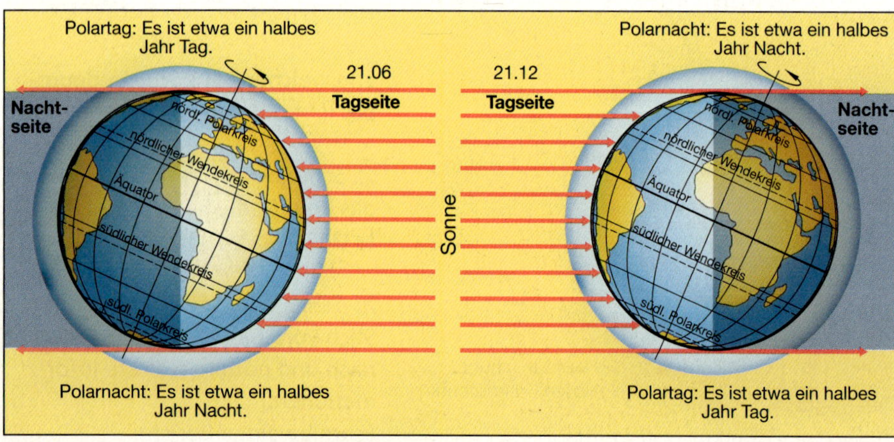

Dauer von Polartag und Polarnacht an verschiedenen Orten

Ort	Dauer des Polartages	Dauer der Polarnacht
Nordpol	186 Tage	179 Tage
Kap Barrow	76 Tage	69 Tage
Inuvik	54 Tage	48 Tage
Polarkreis	1 Tag	1 Tag

27758

M2 *Polartag – Polarnacht am Nordpol*

Arbeit mit Texten

Methode

Grundregeln:
Gehe schrittweise und gründlich vor. Stelle richtige Fragen, dann bekommst du auch richtige Antworten.

Schritte:
1. Aufgabenstellung klar machen
2. Text ein- bis zweimal „überfliegen“
3. Fragen stellen, Mind Map anfertigen, Zwischenüberschriften für die einzelnen Abschnitte finden, im Lexikon die Worte nachschlagen, die nicht bekannt sind
4. Text nochmals gründlich unter den entsprechenden Fragestellungen lesen, Schlüsselwörter ermitteln und Stichworte notieren
5. Wichtiges Abschnitt für Abschnitt zusammenfassen, mit Vorkenntnissen verknüpfen und Antworten ausformulieren

Beachte: Schlüsselwörter öffnen dir die Tür zum Verstehen des Textes. Sie sollten die Kernaussagen des Textes verdeutlichen.

Aufgabe

5 Bearbeite den Text „Heller Himmel in der Nacht – die Mitternachtssonne“ auf S. 140. Orientiere dich dabei an der Schrittfolge für die Textarbeit.

M3 *Im Norden Finnlands – Mitternachtssonne*

Merke
In den Polargebieten nördlich des Polarkreises herrschen Polartag und Polarnacht. Im Sommer geht die Sonne auch in der Nacht nicht unter, es ist die Zeit der Mitternachtssonne. Im Winter bleibt es wochenlang dunkel.
Die Ursache hierfür liegt darin, dass sich die Erde einmal im Jahr um die Sonne dreht. Durch die Neigung der Erdachse werden beide Halbkugeln im Laufe eines Jahres unterschiedlich stark beschienen.

Grundbegriffe
- Polartag
- Polarnacht

Island

M1 *Island*

www.reisefuehrer-island.de
www.vulkane.net

Insel aus Feuer und Eis

Island ist das am dünnsten besiedelte Land Europas. Auf rund 104 000 km², dies entspricht etwa der Fläche der fünf neuen Bundesländer, leben nur 250 000 Menschen. Nur ein Prozent der Fläche kann genutzt werden. Warum?

Seit dem 8. Jahrhundert hat es auf Island mehr als 150 Vulkanausbrüche gegeben. Die Insel zählt zu den aktivsten Vulkangebieten der Erde, weil sie sich auf der Nahtstelle zweier Erdkrustenplatten befindet. Diese bewegen sich im Jahr etwa zwei Millimeter in jede Richtung auseinander.

An vielen Stellen Islands zischt und pfeift es. Heißer Dampf kommt aus der Erde heraus und in zahlreichen Löchern blubbert der Schlamm. Unter den über 700 heißen Quellen Islands gibt es auch ca. 30 **Geysire.** Das sind heiße Springquellen, aus denen in regelmäßigen Zeitabständen eine Wasserfontäne emporschießt.

So wie Skandinavien war Island während der Eiszeit von einem Eispanzer bedeckt. Noch heute ist ein Zehntel der Landesfläche vergletschert. Dazu gehört Europas größter Gletscher, der Vatnajökull. Von seinen drei Gletscherzungen brechen Eisberge ab, die in Seen langsam abschmelzen.

Den Gletschern entspringen auch zahlreiche wasserreiche Flüsse. Die Wassermassen eines solchen Gletscherflusses stürzen am Dettifoss, dem gewaltigsten Wasserfall Europas, in die Tiefe. Darüber liegt ständig ein dichter Wasserschleier.

M2 *Vulkaninsel Surtsey. Sie entstand 1963. Vulkanologen aus aller Welt strömten damals an die Südküste Islands um die Geburt einer neuen Insel live mitzuerleben.*

M3 *Vatnajökull mit Gletschersee*

M4 *Gewächshäuser*

M5 *Kinder in Reykjavik*

Leben auf Island

Island ist arm an Bodenschätzen, hat aber viele Möglichkeiten der Energiegewinnung. Neben den wasserreichen Flüssen wird vor allem die Erdwärme genutzt. Damit bringt der Vulkanismus nicht nur Gefahren für das Leben der Menschen, sondern auch große Vorteile.

Heute gibt es auf Island kaum eine Siedlung, die nicht umweltfreundliche Energie aus heißen Quellen und Erdwärme erhält. Auf diese Weise werden Wohnhäuser, Schwimmbäder und Gewächshäuser beheizt. Die Luft in der Hauptstadt Reykjavik (übersetzt „rauchende Bucht“) ist deshalb nur gering verschmutzt. Dennoch liegen über der Stadt ständig Dampfwolken, sie stammen aus heißen Quellen. In der „blauen Lagune“ zum Beispiel kann man das ganze Jahr über bei 30 °C Wassertemperatur schwimmen.

Die Isländer haben ihr Leben an die Naturbedingungen angepasst. Noch heute erzählen sie sich vielfach in den langen, dunklen Winterabenden Sagen von Elfen und Trollen. Die Kinder führen isländische Lieder und Tänze in der Öffentlichkeit auf.

Gewächshäuser - die „kleinen Gärten“ Islands

Kurz und kühl sind die Sommer auf Island. Sie dauern nur von Juni bis Anfang September. In dieser kurzen Zeit können Obst und Gemüse nicht im Freien gedeihen. Deshalb werden Tomaten, Gurken und auch Blumen in Treibhausanlagen gezogen. Unweit der Hauptstadt Reykjavik befindet sich das größte Gartenbauzentrum der Insel, das insbesondere die Bewohner Reykjaviks versorgt. Immerhin leben in der Stadt (112 300 Einwohner) zwei Drittel der Bevölkerung des Landes.

Aufgaben

1 Weshalb trägt Island den Beinamen „Insel aus Feuer und Eis?“

2 Islands Fläche wird immer größer. Erkläre.

3 Eine Reise nach Island wird meist in den Monaten Juni/Juli angetreten, warum? Denke dabei an die Lage der Insel.

4 Blumen und Gemüse wachsen auch knapp unter dem nördlichen Polarkreis. Baden im Freien kann man zu jeder Jahreszeit. – Wodurch wird das möglich?

Grübeln und Tüfteln

Aufgabe

1 Ordne die vier Fotos folgenden Bildunterschriften zu:
a) Geysir auf Island
b) Am nördlichen Polarkreis
c) Schärenküste
d) In der Nadelwaldzone Finnlands

Aufgabe

2 Übertrage den Rätselkasten in dein Heft und löse das Rätsel.
1 Stadt in Südnorwegen
2 durch Gletscher geschaffene Talform
3 Naturreichtum „Grünes Gold“
4 durch Gletscher geschaffene Hochfläche
5 Hauptstadt Finnlands
6 Zeit, in der die Sonne nicht untergeht
7 nördlichster Punkt auf dem Globus
8 Hauptstadt Schwedens
9 Volk in Nordskandinavien
Lösung: warme Meeresströmung

In den Straßen von Paris

Überblick und Bevölkerung

Land	Einw. in Mio.	Fläche in 1000 km²
Belgien	10,3	31
Frankreich	59,2	544
Großbritannien	58,8	242
Irland	3,9	70
Luxemburg	0,4	3
Niederlande	16,0	42

M1 *Westeuropa (2002)*

Vielfalt in Westeuropa

Zu Westeuropa gehören Irland, Großbritannien, Frankreich und die Beneluxstaaten: Belgien, Niederlande, Luxemburg. Die Nordsee und der Kanal trennen die beiden Inselstaaten Irland und Großbritannien von den übrigen Staaten Westeuropas.

Neben den natürlichen Grenzen, den Gebirgen und Meeren, dient auch das Klima zur Abgrenzung Westeuropas von den anderen Teilen Europas. Das Klima Westeuropas wird vor allem durch die Nähe zum Meer bestimmt. Westeuropa kann auch nach Sprachen gegliedert werden, wobei die wichtigsten Englisch und Französisch sind.

Das Relief ist überwiegend durch Hügelland geprägt. An der Ostküste Großbritanniens und an der Küste Frankreichs sind größere Tieflandgebiete zu finden. Die Niederlande liegen zu großen Teilen unter dem Meeresspiegel. Hier haben die Menschen dem Meer Land abgerungen. Im Süden und Südosten begrenzen Hochgebirge, die Pyrenäen und Alpen, Westeuropa.

Das Seeklima weist milde Winter und kühle Sommer auf (vgl. auch S. 132/133). Das Meerwasser speichert die Wärme des Sommers. Deshalb kühlt es im Winter langsamer ab als das Festland.

Aufgaben

1 Beschreibe Lage, Klima und Oberflächengestalt Westeuropas.

2 Benenne die Länder und Hauptstädte Westeuropas im Arbeitsheft, S. 26.

M2 *Tiefland Niederlande*

M3 *Auvergne*

M4 *Landschaften und Abgrenzung Westeuropas*

Westeuropa – dicht und dünn besiedelte Gebiete

Die Bevölkerung ist in Westeuropa nicht gleichmäßig verteilt. Es gibt sehr dicht und sehr dünn besiedelte Gebiete (M6). Wie du schon weißt, leben in industriellen Verdichtungsräumen und in den Städten besonders viele Menschen. Dünn besiedelt sind vor allem ländliche Gebiete und Gebirge. Die Bevölkerungsdichte gibt an, wie viele Menschen in einem Gebiet auf einem Quadratkilometer (Ew./km²) leben.

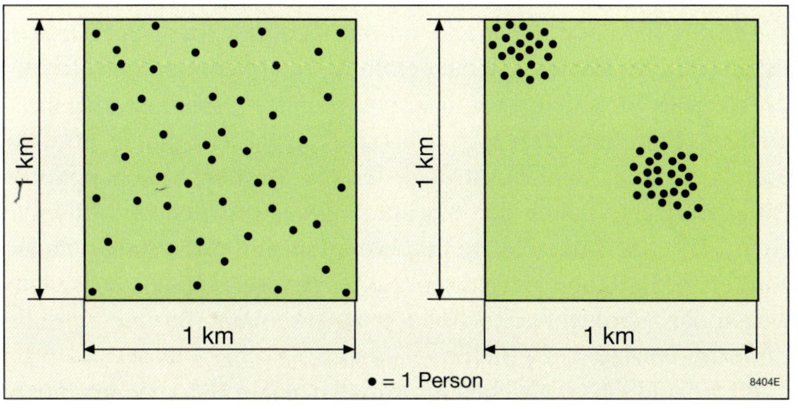

M5 *Ungleiche Verteilung der Bevölkerung, aber dieselbe Dichte*

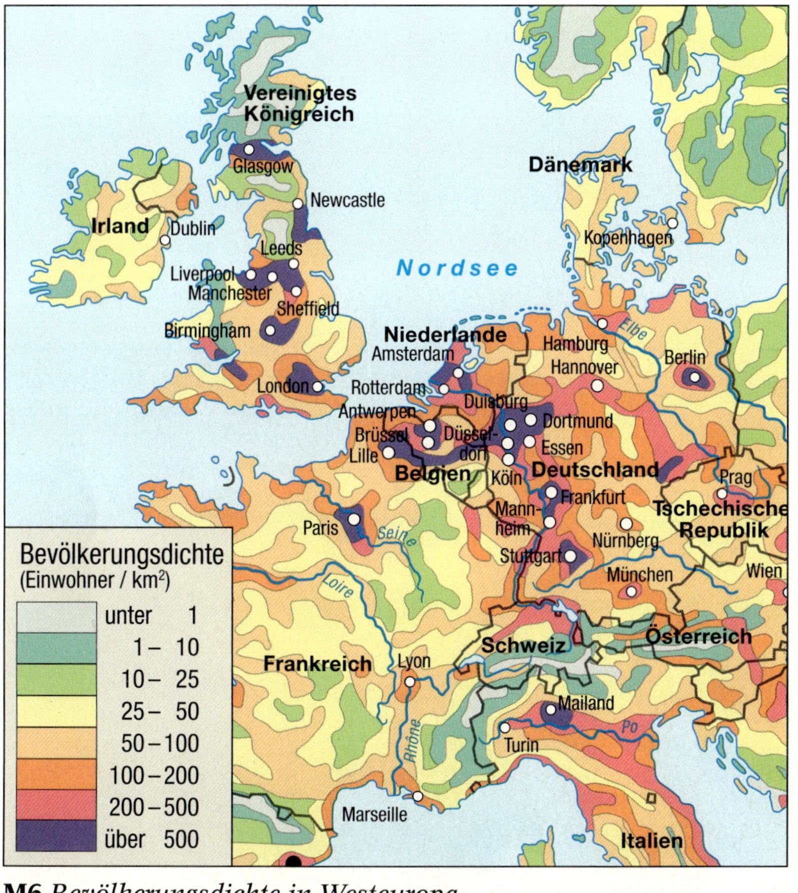

M6 *Bevölkerungsdichte in Westeuropa*

Aufgaben

3 Die Bevölkerungsdichte sagt nichts über die Verteilung der Menschen in einem Raum aus (M5). Erläutere.

4 Werte die Karte zur Bevölkerungsverteilung Westeuropas aus. Orientiere dich an der Schrittfolge.

Methode

Auswerten der thematischen Karte zur Bevölkerungsverteilung

Schrittfolge:

1. Welches Thema und welcher Raum ist dargestellt?
2. Welche Signaturen und Farben werden wofür verwendet?
3. Beschreibe die Verteilung der Bevölkerung.
4. Erkläre Zusammenhänge zwischen natürlichen Gegebenheiten und Bevölkerungsverteilung.

Leben in der Stadt

Millionenstädte
(über 1 Mio. Einwohner)

Berlin	3,4 Mio. EW

Großstädte
(100 000 bis 999 999 Einwohner)

Potsdam	129 300 Ew.
Cottbus	108 500 Ew.

Mittelstädte
(20 000 bis 99 999 Einwohner)

Brandenburg	77 500 Ew.
Frankfurt/Oder	72 100 Ew.
Schwedt	40 600 Ew.
Guben	25 200 Ew.
Lauchhammer	20 800 Ew.

Kleinstädte
(bis 19 999 Einwohner)

Lübbenau	16 200 Ew.
Beelitz	12 200 Ew.
Rheinsberg	5 200 Ew.
Jänschwalde	2 100 Ew.

M1 *Städte in Berlin-Brandenburg (Auswahl; Einwohnerzahlen 2003)*

Aufgabe

1 Erarbeite aus dem Text sowie den Materialien die Merkmale einer Stadt. Schreibe auf, welche Unterschiede zu deinem Schulort bestehen.

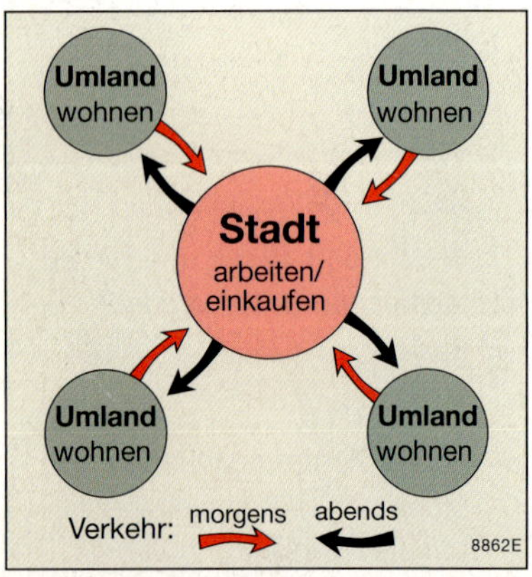

M2 *Bedeutung der Stadt für ihr Umland*

Merkmale einer Stadt

Wenn Bewohner eines Dorfes in die Stadt kommen, so fallen ihnen in der Regel zunächst die vielen Menschen auf. In Millionenstädten wie Berlin leben mehrere Millionen Menschen. Sie wohnen und arbeiten dort, sie nehmen am Verkehr teil, sie kaufen ein oder gehen zur Schule.

Städte kann man nach der Zahl ihrer Einwohner in Größenklassen einteilen (M1).

Die geschlossene Bebauung, oft mit mehrgeschossigen Häusern, ist ein weiteres Kennzeichen einer Stadt. Überall finden sich Gebäude, seien es Wohnhäuser und Einkaufszentren, seien es Industrieanlagen, Bahnhöfe oder Bürogebäude. Dazwischen gibt es Straßen und Wege oder Schienenstränge für die Straßenbahnen und die Eisenbahn. Sie dienen der Bewältigung des privaten und öffentlichen Verkehrs. In den letzten Jahrzehnten sind viele Städte immer stärker in die Höhe gewachsen. So ist Brüssel schon von weitem wegen der zahlreichen Hochhäuser zu erkennen, die eine typische Linie am Horizont, die Skyline, bilden.

Bäche und Flüsse gleichen oft Kanälen, die in Betonrinnen durch die Städte fließen. Zwar gibt es vor allem in den Vorstädten und am Stadtrand Kleingartenanlagen, die die dichte Bebauung auflockern. Für die ursprüngliche, unveränderte Natur bleibt jedoch nur wenig Raum.

M3 *Die City von London*

Städte als Lebensraum

Das Leben in der Stadt unterscheidet sich tief greifend vom Leben auf dem Dorf. Städte bieten den Menschen eine Vielzahl von Arbeitsplätzen, sei es in Industrie und Handwerk, sei es in der Verwaltung und im Handel. Die weiterführenden Bildungseinrichtungen wie Gymnasien, Fachoberschulen und Universitäten vermitteln den Schülern und Studierenden eine gute Ausbildung und die Möglichkeit, sich auf das Berufsleben vorzubereiten.

Fachgeschäfte und Kaufhäuser, Einkaufszentren und Supermärkte stellen die Versorgung der Menschen mit Waren aller Art sicher. Allgemein- und Fachärzte sowie Krankenhäuser kümmern sich um die Gesundheit der Bürger. Banken und Sparkassen, städtische Ämter und Behörden sorgen für einen reibungslosen Ablauf des Geldverkehrs und der Verwaltung.

Städte verfügen häufig über eigene Kraft- und Wasserwerke. Die Entsorgung von Müll und Abwasser übernehmen die städtische Müllabfuhr und die Kanalisation, an die große Kläranlagen angeschlossen sind.

Grünanlagen und Parks, Sportzentren und Bäder, Theater, Kinos, Ausstellungen und Museen werden von den Menschen zur Erholung und zur Freizeitgestaltung genutzt.

Andererseits ist das Leben in der Stadt für manche Bewohner anstrengend. Lärm, Abgase und Hektik belasten viele Menschen.

Aufgaben

2 Beschreibe die Beziehungen zwischen einer Stadt und ihrem Umland (M2, Text).

3 Beschreibe Funktionen einer Stadt (Text).

4 Nenne die Einrichtungen, die vor allem in der City zu finden sind.

5 Beschreibe die unterschiedliche Lage von alten und neuen Gewerbegebieten in einer Großstadt.

www.meinestadt.de

M4 *Die Millionenstadt Brüssel – Stadtansicht mit Europaparlament*

Metropole Paris

Info

Frankreich

Fläche: 547 000 km²
(ohne Übersee-Departements)
Einwohner: 61,1 Mio. (2001)
Hauptstadt: Paris (2,1 Mio. Einwohner)
Großraum Paris: 10,8 Mio. Einwohner

Flagge

www.paris-france.de

Aufgaben

1 Beschreibe die Lage von Frankreich und Paris.

2 Weshalb ist Frankreich ein beliebtes Reiseland?

M1 *Hochgeschwindigkeitszüge*

Wissenswertes über Frankreich

Wusstest du, dass

- Frankreich das flächenmäßig drittgrößte Land der Erde und das größte der Europäischen Union ist?
- Frankreich seit 1875 eine Republik ist und am 14. Juli der Nationalfeiertag begangen wird (Sturm auf die Bastille 1789)?
- Frankreich in 22 Planungsregionen und 86 Departements gegliedert ist?
- in den französischen Alpen der höchste Berg Europas liegt?
- bei St. Malo an der Atlantikküste das einzige Gezeitenkraftwerk Europas liegt?
- Frankreich der wichtigste Außenhandelspartner Deutschlands ist?
- in kein anderes Land der Erde so viele Touristen reisen wie nach Frankreich?
- Frankreich mit führend ist im Kraftfahrzeug- und Eisenbahnbau sowie in der Luft- und Raumfahrttechnik?
- mehr als die Hälfte der Fläche Frankreichs landwirtschaftlich genutzt wird?
- Frankreich nach Italien das zweitgrößte Weinerzeugerland der Erde ist?
- Worte aus der französischen Küche von unserem Speiseplan nicht mehr wegzudenken sind: Baguette, Camembert, Bordeaux, Croissant?

M2 *Die Industrie Frankreichs*

M3 *Place Charles de Gaulle*

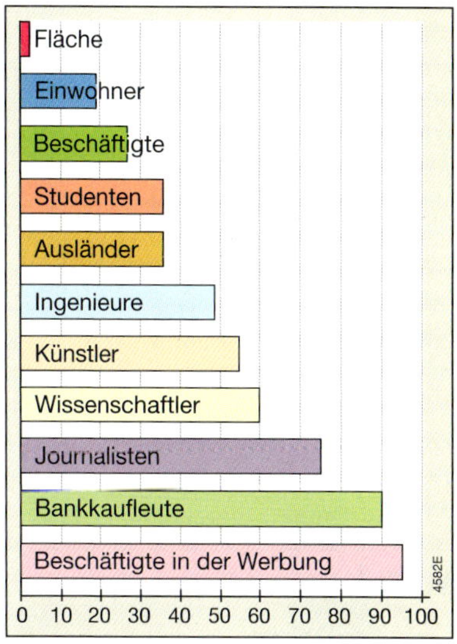

M4 *Bedeutung von Paris (Lesehinweis: von jeweils 100 Personen einer Gruppe stammen … aus Paris.)*

Das Herz von Frankreich schlägt in Paris

Ein Fahrstuhl bringt eine Reisegruppe aus Schwedt innerhalb weniger Minuten bis zur dritten Plattform des Eiffelturms. Von dort oben, in 276 m Höhe, genießt man eine herrliche Aussicht auf die **Metropole**.

„Paris", so erklärt die Fremdenführerin Madeleine Granon, „ist das Herz Frankreichs. Wer Paris nicht gesehen hat, der kennt im Grunde genommen auch Frankreich nicht, denn hier laufen alle Fäden der Wirtschaft und Politik zusammen. Schauen Sie, bei Ihnen in Deutschland gibt es Bundesländer, und jedes Bundesland hat eine eigene Landeshauptstadt. Außerdem haben Sie noch die Bundeshauptstadt Berlin. Aber bei uns in Frankreich ist das ganz anders. Das gesamte Land wird von Paris aus zentral regiert. Hier in Paris wird darüber entschieden, wo neue, große Industriezentren, Autobahnen, Forschungseinrichtungen, Schulen oder Straßen gebaut werden. Hier werden die Aufträge vergeben und die Gelder bewilligt. Und weil das so ist, haben alle größeren in- und ausländischen Firmen wie Michelin, Peugeot, Siemens oder Esso ihre Firmensitze in Paris. Selbst kleinere Betriebe aus der Provence oder der Bretagne haben in Paris ein Büro."

Aber Paris ist nicht nur das politische und wirtschaftliche, sondern auch das kulturelle Zentrum Frankreichs. Hier gibt es zum Beispiel rund 100 Museen, 60 Theater, zahlreiche Bibliotheken, viele Zeitungs- und Buchverlage. Zu den kulturellen Einrichtungen zählen auch die 13 Universitäten und die „Grandes Écoles" (Eliteschulen), die einen sehr guten Ruf haben und Führungskräfte für die Wirtschaft und Verwaltung ausbilden.

Info

Metropole
Unter einer Metropole versteht man eine Großstadt, die für ein ganzes Land und auch international sehr weitreichende politische, wirtschaftliche und kulturelle Bedeutung hat.

Aufgaben

3 Berichte am Beispiel der Innenstadt von Paris über die politische, wirtschaftliche und kulturelle Bedeutung der Hauptstadt (M4, Atlas).

4 Zeichne eine Karte von den wichtigsten Verkehrswegen (Autobahnen, Fernstraßen, Eisenbahnverbindungen). Begründe, warum Paris das Verkehrszentrum Frankreichs ist.

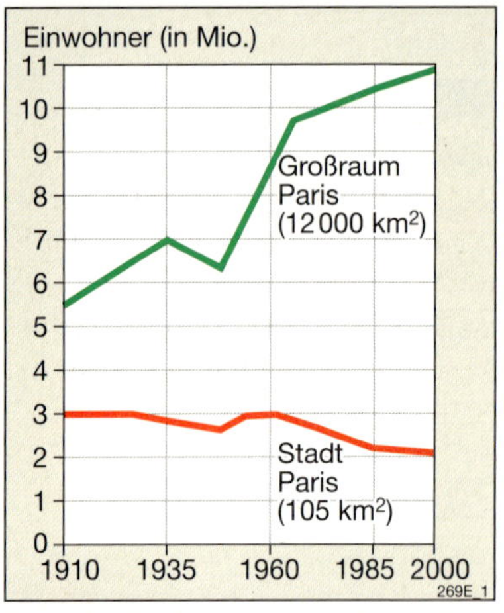

M1 *Bevölkerungsentwicklung*

Paris

Seit 1945 sind viele Menschen nach Paris gezogen. Hier gab es Arbeitsplätze und die höchsten Löhne wurden gezahlt. Neue Fabriken entstanden. Wohnhochhäuser und Bürogebäude wurden gebaut. Im Umland der Stadt bildete sich ein Durcheinander von Wohngebieten, Fabriken und Lagerhallen.

In den Wohngebieten fehlten oft Geschäfte, Supermärkte, Schulen und Krankenhäuser. Sie waren nicht eingeplant. Viele Neubaugebiete waren schlecht mit Bussen und Bahnen zu erreichen. Weite Entfernungen zur Innenstadt führten zu Verkehrsproblemen und Zeitverlusten der Arbeitnehmer. So haben sich Stadtplaner bereits 1960 entschlossen im Umland von Paris fünf so genannte „Neue Städte" zu bauen.

„Neue Städte" im Umland

Diese Städte sollten nicht nur Schlafstädte sein, das heißt Orte, die die Menschen morgens verlassen um in Paris zu arbeiten und in die sie abends erst zurückkehren. Deshalb wurden Arbeitsplätze, Supermärkte, Schulen und Universitäten in den „Neuen Städten" eingerichtet. Auch sollten die starken Pendlerströme in die Innenstadt von Paris verringert werden.

Die Wohngebiete in den „Neuen Städten" liegen weit auseinander. Sie sind eingebettet in große Grünanlagen. Schnellstraßen stellen die Verbindung zum Stadtzentrum und den Arbeitsstätten her.

Aufgaben

1 Nenne Ursachen für die Zuwanderung in die Städte (M3).

2 Welche Folgen hat die Abwanderung aus dem ländlichen Raum?

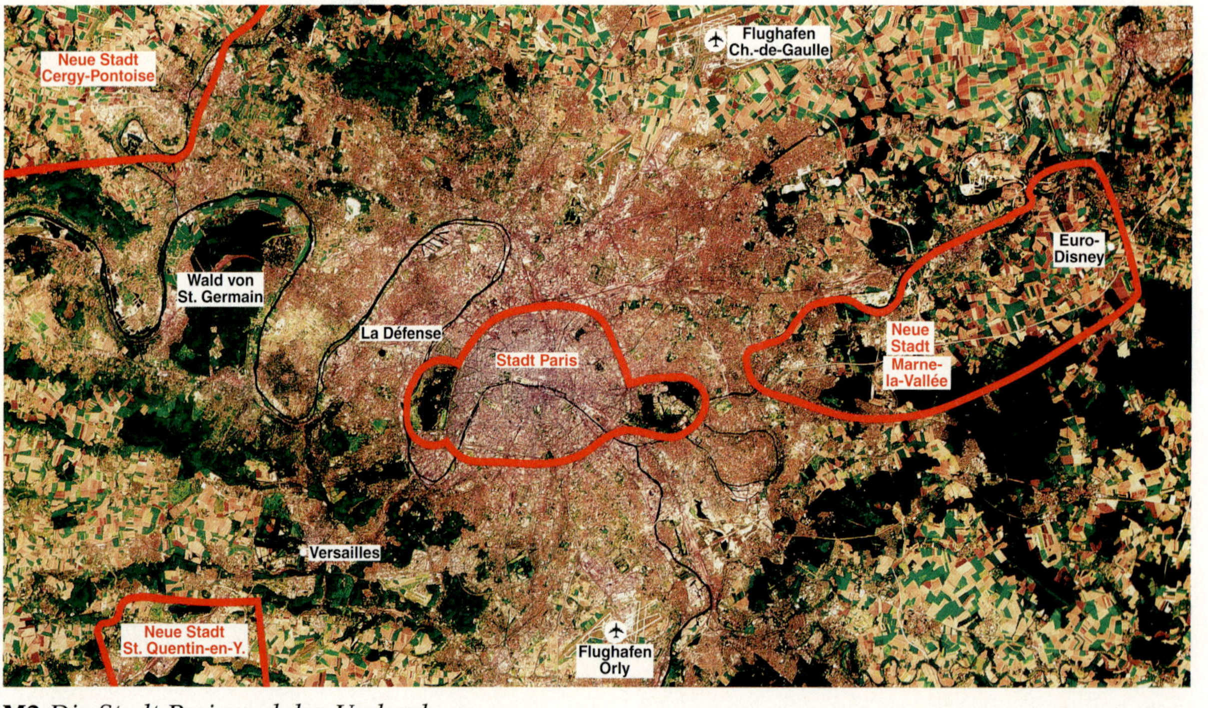

M2 *Die Stadt Paris und das Umland*

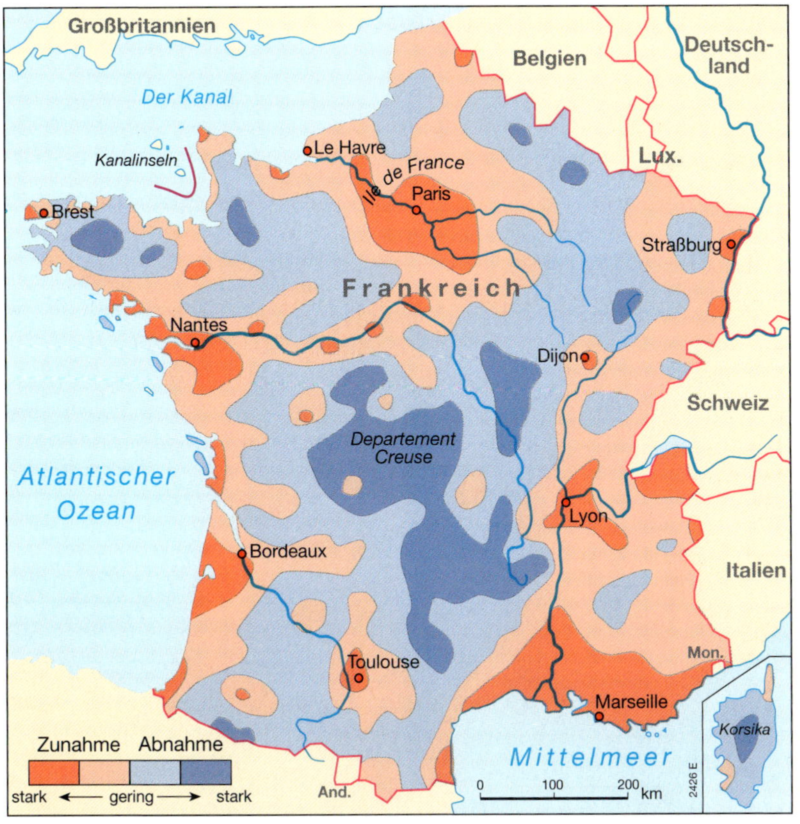

M3 *Bevölkerungsentwicklung in Frankreich*

Aufgabe

3 Betrachte die Industriekarte auf S. 150.
a) Welche Industrien sind in den Gebieten mit Bevölkerungszunahme vorhanden?
b) Sind in den Abnahmegebieten Industrien vorhanden und wenn ja, welche?

Merke
Die Bevölkerung ist in Westeuropa ungleich verteilt. Sie konzentriert sich besonders in den großen Städten.
Paris wird als Metropole bezeichnet. Eine Metropole ist das politische und wirtschaftliche Zentrum eines Landes.

Ländlicher Raum
kleine Höfe
geringes Einkommen
wenig Schulen
kaum Kinos, Diskos
wenig Arbeitsplätze

Junge Menschen wandern ab, alte bleiben zurück.

↓

Bevölkerung nimmt ab.

Zuwanderung aus dem ländlichen Raum in den städtischen Raum

Städtischer Raum
hohe Löhne
Arbeitsplätze
Kontakte
Kinos, Diskos
Theater

Junge Menschen wandern zu. Babys werden geboren.

↓

Bevölkerung nimmt zu.

M4 *Gründe für das Wachsen von Städten*

Metropole London

Info

Großbritannien

Fläche:	242 910 km² (ohne Übersee-Besitzungen)
Einwohner:	59,7 Mio. (2001)
Bevölkerungsdichte:	246 Ew./km²
Hauptstadt:	London (2,9 Mio. Einw.)
Währung:	Pfund Sterling

Flagge

www.visitbritain.de
www.londontown.com

Wissenswertes über London

Wusstest du schon, dass

- London die bei weitem größte Stadt Großbritanniens ist? Fast sieben Millionen Menschen leben dort (13 Millionen im Großraum).
- London Hauptstadt des Vereinigten Königreichs ist? Die Regierung mit ihren Ministerien und das Parlament haben hier ihren Sitz. Buckingham Palace ist einer der Paläste der Königin – des britischen Staatsoberhaupts.
- London einer der wichtigsten Finanzplätze der Welt, Sitz der 100 größten Banken der Welt und ein bedeutendes Wirtschaftszentrum ist? Von 100 Beschäftigten arbeiten 82 in Dienstleistungsberufen.
- In London Menschen aus vielen Ländern leben? Inder, Pakistani, Chinesen aus Hongkong oder Menschen aus anderen Ländern, die einst von London aus regiert wurden.

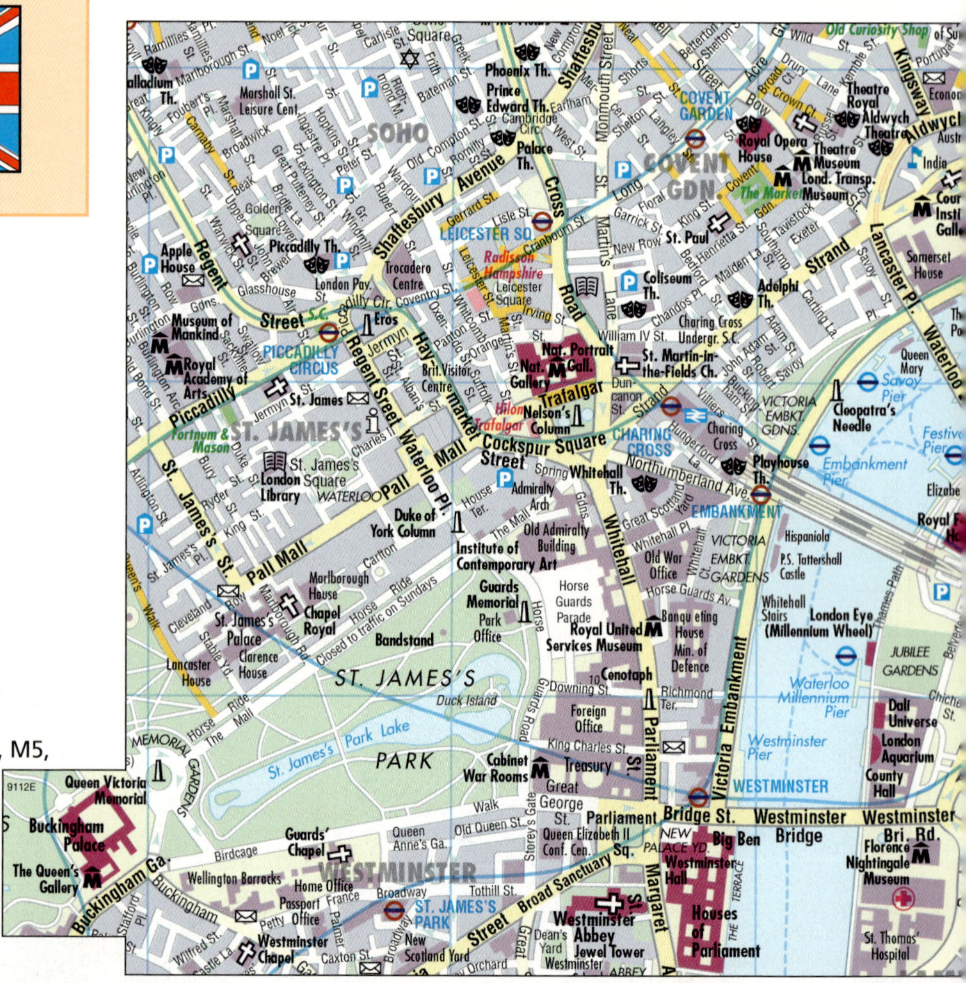

Jahr	Greater London	City of London
1801	1,0 Mio.	128 000
1901	6,8 Mio.	27 000
1951	8,2 Mio.	5 300
1994	6,8 Mio.	4 200
2001	7,2 Mio.	7 200

M1 *Bevölkerungsentwicklung Londons*

Von 100 Einwohnern Londons sind 28 keine Europäer.
Von diesen kommen:
6 aus Indien, 5 aus Afrika,
5 aus der Karibik, 2 aus Pakistan
2 aus Bangladesh, 1 aus China.

M2 *Ausländische Mitbürger in London (2002)*

Aufgaben

1 Erläutere die Bedeutung Londons.
a) Suche die Gebäude (M3, M5, M6) im Stadtplan.
b) Finde Gründe dafür, warum Ausländer in London gerade aus den in M2 genannten Ländern/ Regionen kommen.

2 a) Besorgt euch Material über London (Karten, Prospekte) und schreibt kurze Informationen über Sehenswürdigkeiten.
b) Gestaltet eine Wandzeitung „London." Mögliche Themen: Sehenswürdigkeiten, Einkaufsmöglichkeiten, Geschichte.

M3 *Die City of London mit St. Paul's Cathedral*

Stadtrundfahrt

Die beste Stadtrundfahrt bietet der Culture Bus. Er fährt 20 Museen, Parks, Pubs usw. an; man kann ein- und aussteigen, wo man will, z.B. an der National Gallery am Trafalgar Square. Eine Karte für den ganzen Tag kostet etwa 12,00 Euro.

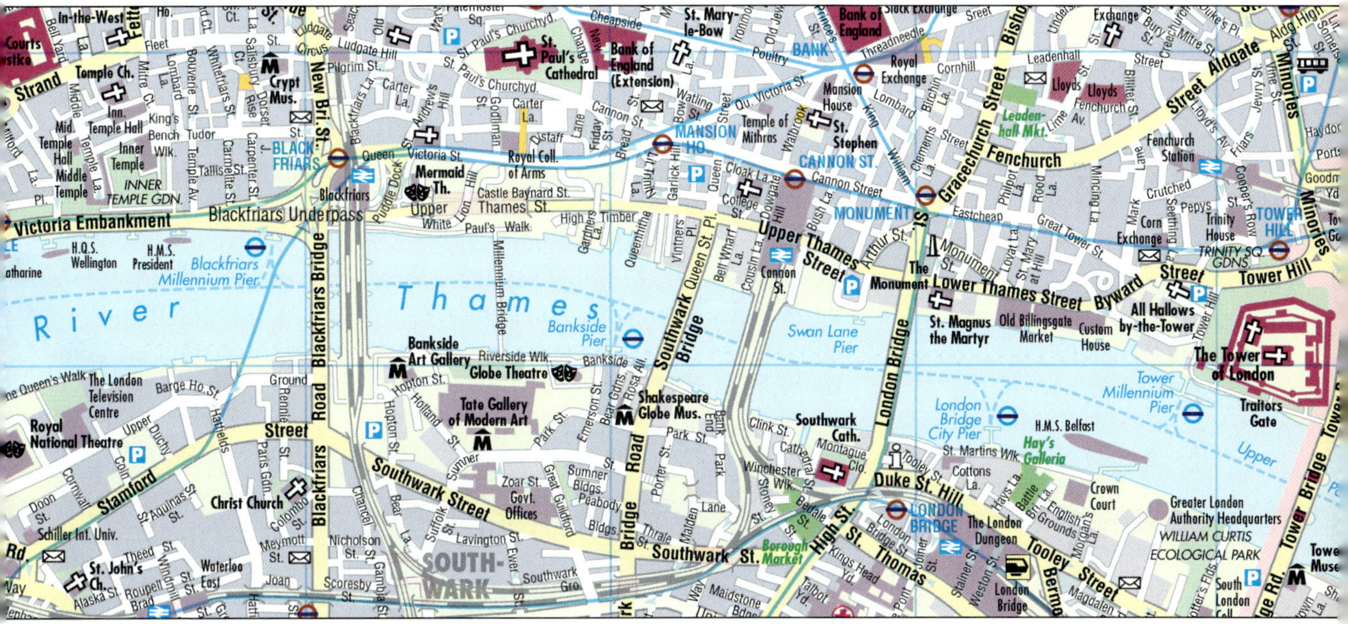

M4 *Aus einem Stadtplan von London*

M5 *Houses of Parliament mit Big Ben*

M6 *Der Tower of London ist eines der ältesten Gebäude Londons. In seiner Geschichte war er Festung, Königspalast, Gefängnis und Schatzkammer, in der noch heute die Kronjuwelen aufbewahrt werden.*

Hafenstadt Rotterdam

M1 *Lage des Hafens Rotterdam-Europoort*

Zentrum des Welthandels

Rotterdam-Europoort ist der größte Hafen Europas (M6). Mehr als 400 internationale Schifffahrtslinien laufen ihn regelmäßig an. 26 Radarstationen lotsen die Schiffe von der Mündung der Maas in die Nordsee bis zum Liegeplatz in den Hafenanlagen. Mit an Bord ist immer einer der 340 Rotterdamer Lotsen. Die Frachtschiffe sind mit Massengütern (Rohöl, Erze, Getreide, Düngemittel, Kohle) oder mit Stückgütern, die meist in Containern transportiert werden, beladen. Die Fracht wird entladen und zur weiteren Verarbeitung oder zum Verkauf in die Industriebetriebe Westeuropas gebracht. Schiffe aller Nationalitäten werden rund um die Uhr be- und entladen.

In den letzten Jahren entstanden neue Hafenanlagen und Industriebetriebe zur Verarbeitung der angelieferten Rohstoffe. Insbesondere haben sich Raffinerien angesiedelt, in denen aus Erdöl zum Beispiel Benzin oder Heizöl hergestellt wird.

Mit dem Ausbau des Hafens wurden gleichzeitig Autobahnen und Schienenwege gebaut und an das europäische Verkehrsnetz angeschlossen. Im Hinterland des Hafens liegen in einer Entfernung von weniger als 500 Kilometern die bedeutenden Industriegebiete Europas. Güter, die billiger auf dem Wasserweg transportiert werden können, werden daher von den Ozeanriesen auf Flussschiffe umgeladen. Über den Rhein gelangen sie dann zu den Binnenhäfen, zum Beispiel nach Duisburg, dem größten Binnenhafen Deutschlands.

Aufgaben

1 Vergleiche die Lage der Stadt Rotterdam mit der des Europoorts Rotterdam.

2 Beurteile die Lage des Hafens Rotterdam-Europoort hinsichtlich der Verkehrsgunst (M1 und Atlas, Karte: Benelux-Staaten).

Info

Steckbrief Europoort

- 36000 Hochseeschiffe werden im Jahresdurchschnitt im Europoort be- und entladen (Güterumschlag).
- 120000 Binnenschiffe laufen pro Jahr den Rotterdamer Hafen an.
- Bis zu 300 Frachter, Schlepper, Feuerlöschboote, Baggerschiffe und Hochseejachten halten sich täglich im Hafen auf.

M2 *Europoort Rotterdam*

M3 *Rotterdam – Stadtansicht*

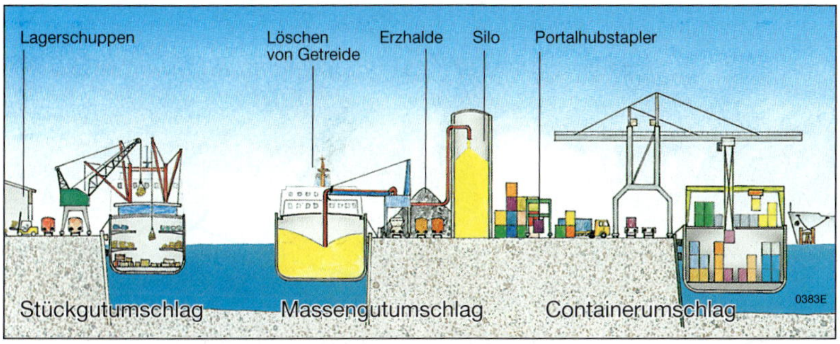

M4 *Verladen von Massen- und Stückgut*

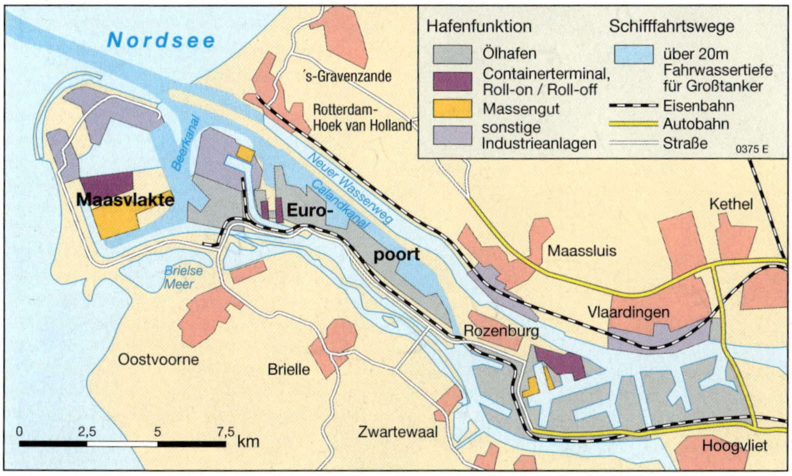

M5 *Rotterdam-Europoort: Flächennutzung*

Güterumschlag (in Mio. t)	
1. Singapur	326
2. Rotterdam (NL)	320
3. South Louisiana (USA)	223
4. Shanghai (China)	186
5. Hongkong (China)	175
6. Chiba (Japan)	169
7. Houston (USA)	159
8. Nagoya (Japan)	153
9. Ulsan (Süd-Korea)	151
10. Kwangyang (Südkorea)	139

M6 *Die zehn größten Seehäfen der Erde (2000)*

Aufgaben

3 Ein Schiff mit Waren aus China ist in den Europoort eingelaufen. Die Waren sollen bis nach Berlin transportiert werden.
a) Beschreibe den Weg über das Weltmeer von China nach Rotterdam.
b) Auf welchen Wegen gelangt die Ware von Rotterdam nach Berlin (Wasserwege und Straßen)?

4 Auf welchen Kontinenten liegen die größten Häfen der Erde (M6)?

Merke
Der Europoort Rotterdam ist Europas größter Hafen. Über den Rhein sind die Häfen des Ruhrgebietes, z.B. der Duisburger Hafen (Deutschlands größter Binnenhafen), direkt mit dem Europoort Rotterdam verbunden.

Grübeln und Tüfteln

Aufgabe

1 Hier sind deine Fremdsprachenkenntnisse gefragt: Wähle ein Rätsel aus und trage die Lösungen in dein Heft ein.

a) Ungeheuer-Rätsel

1 island
2 sight in London
3 part of Great Britain
4 river in England
5 home of the Queen

Lösung: Ungeheuer im Loch Ness

b) Trauben-Rätsel

1 Schloss in Paris, bis 1789 Gefängnis
2 berühmtes Radrennen
3 dreifarbige französische Flagge
4 französische Automarke
5 Stadt an der französischen Westküste

Lösung: Fluss in Frankreich

Talbrücke für den Straßenverkehr in den Alpen

Verkehrsmittel und -wege

Verkehr früher und heute

Vor 150 Jahren hätte eine Reise von London nach München noch Tage gedauert. Nicht nur die Verkehrsmittel sind seitdem schneller, auch die Verkehrswege sind besser geworden. Der gesamte Kontinent ist inzwischen von einem engen Straßen-, Schienen- und Datennetz durchzogen. Die großen Wasserstraßen, auf denen seit Jahrhunderten Güter aller Art transportiert werden, sind durch Kanäle verbunden. Eines der ehrgeizigsten Verkehrsprojekte war der 1992 fertiggestellte 171 km lange Main-Donau-Kanal. Durch ihn ist eine 3500 km lange Wasserstraße von der Nordsee bis zum Schwarzen Meer entstanden. Auch im Luftraum über Europa herrscht reger Verkehr. Die meisten europäischen Großstädte sind **Verkehrsknoten** und verfügen mittlerweile über einen eigenen Flughafen.

Verkehrsträger und das europäische Verkehrsnetz

Christian benutzt auf seiner Reise nach London und zurück ganz unterschiedliche **Verkehrsträger**. Darunter versteht man die Art der Strecke, auf der Verkehrsmittel wie Schienen-, Luft-, Wasser- und Straßenfahrzeuge Menschen und Güter transportieren.

Wie ein Spinnengewebe überzieht heute ein Netz aus Straßen, Eisenbahngleisen, Wasserstraßen und Flugkorridoren Europa. Man spricht vom europäischen Verkehrsnetz.

Hier bekommst du Reise- und Verkehrsinformationen

Internet: Das Internet bietet eine Fülle von Reise- und Verkehrsinformationen, zum Beispiel über die Homepages der Reisebüros, der Deutschen Bahn, der Verkehrsclubs und der Flughäfen.
Reisebüro: Hier kannst du Bahn- und Flugtickets sowie komplette Urlaubsreisen buchen.
Fahr-/Flugpläne: Diese erhältst du an Bahnhöfen, bei städtischen Verkehrsbetrieben und an den Flughäfen kostenlos.

Merkmal / Verkehrsmittel	Eisenbahn	(Straße) LKW	Binnenschiff	Seeschiff	Flugzeug
Mengenleistung	2	4	3	1	5
Geschwindigkeit	3	2	5	4	1
Pünktlichkeit	1	3	4	5	2
Frachtpreis	4	3	2	1	5

1 sehr günstig **2** günstig **3** durchschnittlich **4** weniger günstig **5** ungünstig

5385E

M1 *Bewertung von Verkehrsmitteln für den Güterverkehr*

Aufgaben

1 Erläutere die Begriffe Verkehrsknoten und Verkehrsträger.

2 Stelle mithilfe von M1 und M2 Vor- und Nachteile der aufgeführten Verkehrsmittel zusammen.

3 Bestimme die Lage deines Wohnortes im Autobahn-, Eisenbahn- und Flugnetz (Atlas, Karte: Deutschland – Verkehr).

4 Plane die Hin- und Rückfahrt zwischen deinem Wohnort und dem letzten Ferienziel. Benutze unterschiedliche Verkehrsträger. Trage die Teilstrecken mit der jeweiligen Reisedauer in eine Kartenskizze ein.

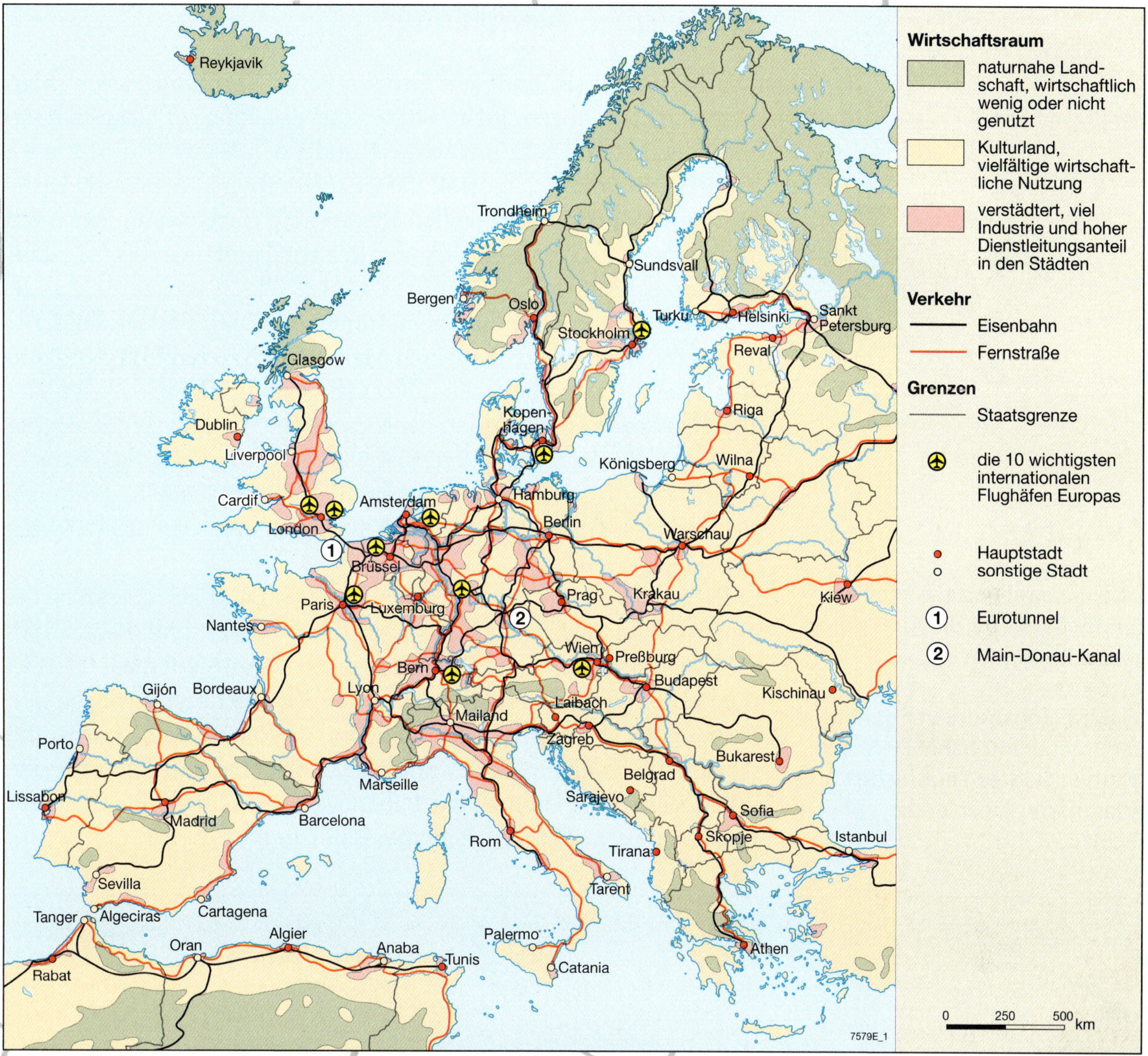

M2 *Wichtige Verkehrswege und -projekte in Europa*

M3 *Main-Donau-Kanal im Altmühltal*

Merke
Mitteleuropa besitzt ein gut ausgebautes Verkehrsnetz: Über Verkehrswege wie Schiene, Straße, Wasser und Luft können Personen und Güter schnell in unterschiedliche Regionen Europas transportiert werden.

Grundbegriffe
- Verkehrsknoten
- Verkehrsträger

Transitverkehr

Fallbeispiel: Alpenländer

Die Bernhardinerhunde am Großen-Sankt-Bernhard-Pass werden heute nicht mehr gebraucht. Früher kam es häufig vor, dass sich Reisende verirrten. Dann halfen die Hunde, den Weg in die Herberge am **Pass** zu finden. Jetzt sind die Zeiten vorbei, in denen die Überwindung der Alpen auf steilen Pfaden und **Serpentinen** noch ein Abenteuer war. Heute erreicht der Reisende mühelos selbst die entferntesten Täler.

Viele Berge können in einem Tunnel durchfahren werden. Über enge Täler ziehen sich Brücken. Man baute Straßen und Autobahnen. Damit Bahnstrecken und Straßen nicht durch Steinschlag oder Lawinen beschädigt werden, wurden kilometerlange Schutzdächer errichtet. Auch für den Winter ist man gerüstet: Wuchtige Schneepflüge und -fräsen stehen bereit um die Straßen schnell zu räumen. Dadurch sind die Hauptverbindungen von Norden nach Süden ganzjährig befahrbar.

Zu Staus auf den Straßen kommt es, wenn nördlich der Alpen die Ferien beginnen. Stündlich passieren dann tausende von Fahrzeugen die Grenzstationen, zum Beispiel diejenige am Brennerpass. Dort ist die **Maut** zu entrichten. Fahrzeugkolonnen aus Lastkraftwagen und Personenwagen stauen sich manchmal kilometerweit. Lärm und Abgase sind dann für die Bewohner der Alpentäler und die Natur eine große Belastung. Deshalb wird überlegt, die Eisenbahnlinien auszubauen um mehr Fahrzeuge mit der Bahn zu transportieren.

Aufgaben

1 Nenne zwei Vorteile, die eine Tunnelstrecke für die Autofahrer, aber auch für den Naturraum hat.

2 Die Europabrücke ist ein Teil der Brennerautobahn. Zwischen welchen Städten liegt sie (M1 und Atlas, Karte: Alpenländer – physisch)?

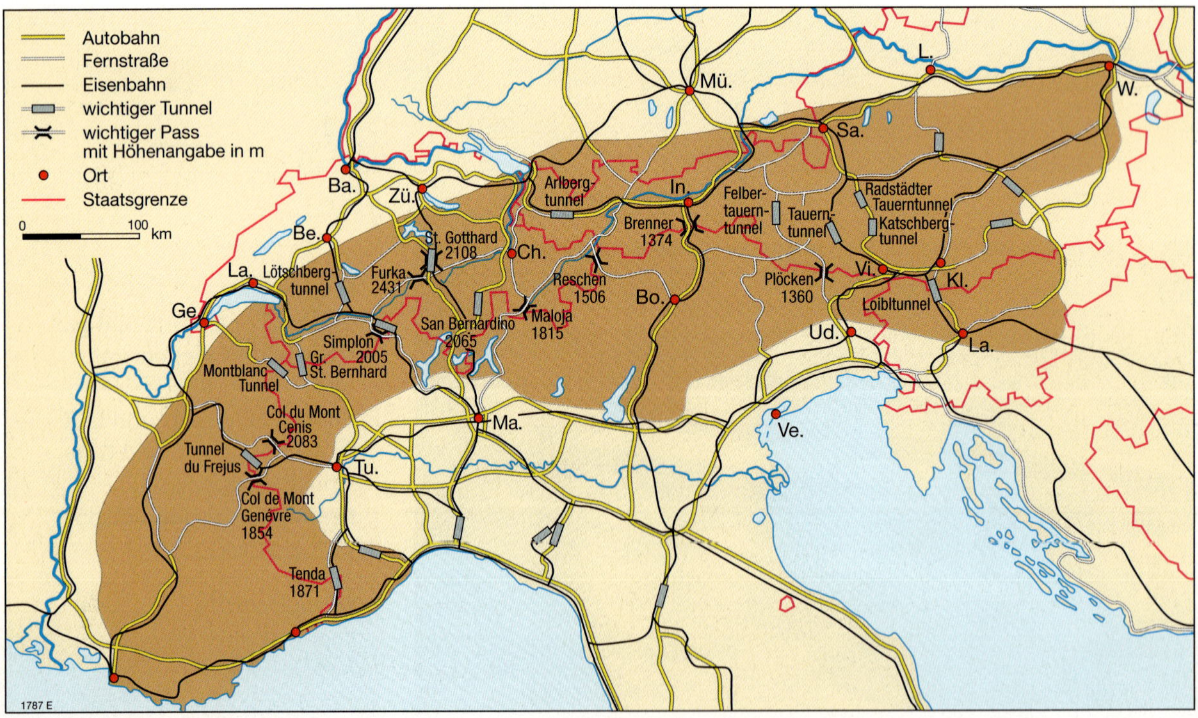

M1 *Wichtige Verkehrsverbindungen über die Alpen*

Huckepackverkehr – eine Lösungsmöglichkeit

Seit 1970 hat sich der Gütertransport durch die Alpen fast vervierfacht. Dabei verlief die Entwicklung zwischen Straßen- und Schienenverkehr sehr unterschiedlich.

In Zukunft sollen mehr Warentransporte mit der umweltfreundlicheren Eisenbahn stattfinden, und zwar im so genannten Huckepackverkehr. Man hat vor, dass an einigen Verladebahnhöfen die Lastwagen direkt auf die Güterzüge hinauffahren und von ihnen sozusagen „huckepack“ durch die Alpen transportiert werden. Dadurch bekäme man den **Transitverkehr** weg von der Straße und könnte Abgase und Lärm für die Alpenbewohner und die Umwelt vermindern.

Besonders wichtig ist bei diesem Vorhaben, dass alle Alpenländer ein gemeinsames Verkehrskonzept für den gesamten Alpenraum erstellen und nicht im Alleingang nach schnellen Einzellösungen suchen. In jedem Fall muss die Forderung einer zukünftigen umweltschonenden Verkehrsentwicklung lauten: „Von der Straße auf die Schiene.“ Entscheidend wird die Transportkostenfrage für die Straße bzw. für die Schiene sein. Die Transportkosten für den Bahntransport müssen einen Anreiz auf die Unternehmer ausüben, sich dem Prinzip des „Huckepackverkehrs“ anzuschließen. Die notwendige Verlagerung der Warentransporte auf die Schiene betonen auch die Verkehrsminister Frankreichs und Italiens. Der neue Eisenbahntunnel Lyon-Turin soll 2012 in Betrieb gehen.

Aufgaben

3 Beschreibe die Entwicklung des Gütertransports über die Alpen (M3).

4 M2 zeigt eine Möglichkeit, den Verkehr umweltfreundlicher abzuwickeln.
a) Erläutere weshalb.
b) Überlege, welche anderen Möglichkeiten es noch geben kann.

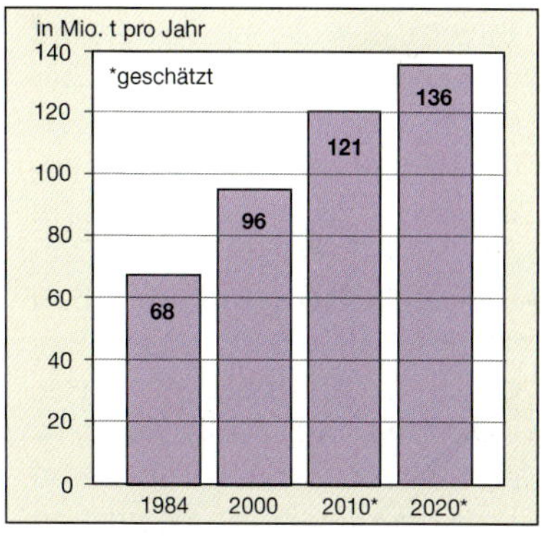

M3 *Entwicklung des Gütertransports über die Alpen*

M2 *Huckepackverkehr*

Fallbeispiel

Polen und Tschechien – Autobahnbau für den Aufschwung

Seit 2004 sind unsere beiden östlichen Nachbarn Tschechien und Polen Mitglieder der EU. Ein großes Hindernis stellt noch das schlecht ausgebaute Verkehrsnetz dar. Sollen zum Beispiel Waren aus Wien nach Prag transportiert werden, so wählen LKWs den Weg über Bayern, obwohl die Strecke auf dem direkten Weg durch Tschechien viel kürzer wäre. Nur durch den Anschluss an das europäische Fernwegenetz kann der Aufschwung gelingen.
Die Planungen und der Bau von Schnellstraßen von Prag nach Dresden und Nürnberg, von Prag über Olomouc zur polnischen Grenze und von Prag über Ceske Budejovice in Richtung Österreich laufen gegenwärtig auf Hochtouren. Gleichzeitig könnten wirtschaftlich schwach entwickelte Gebiete, die an den Verkehrswegen liegen, eine Belebung erfahren.

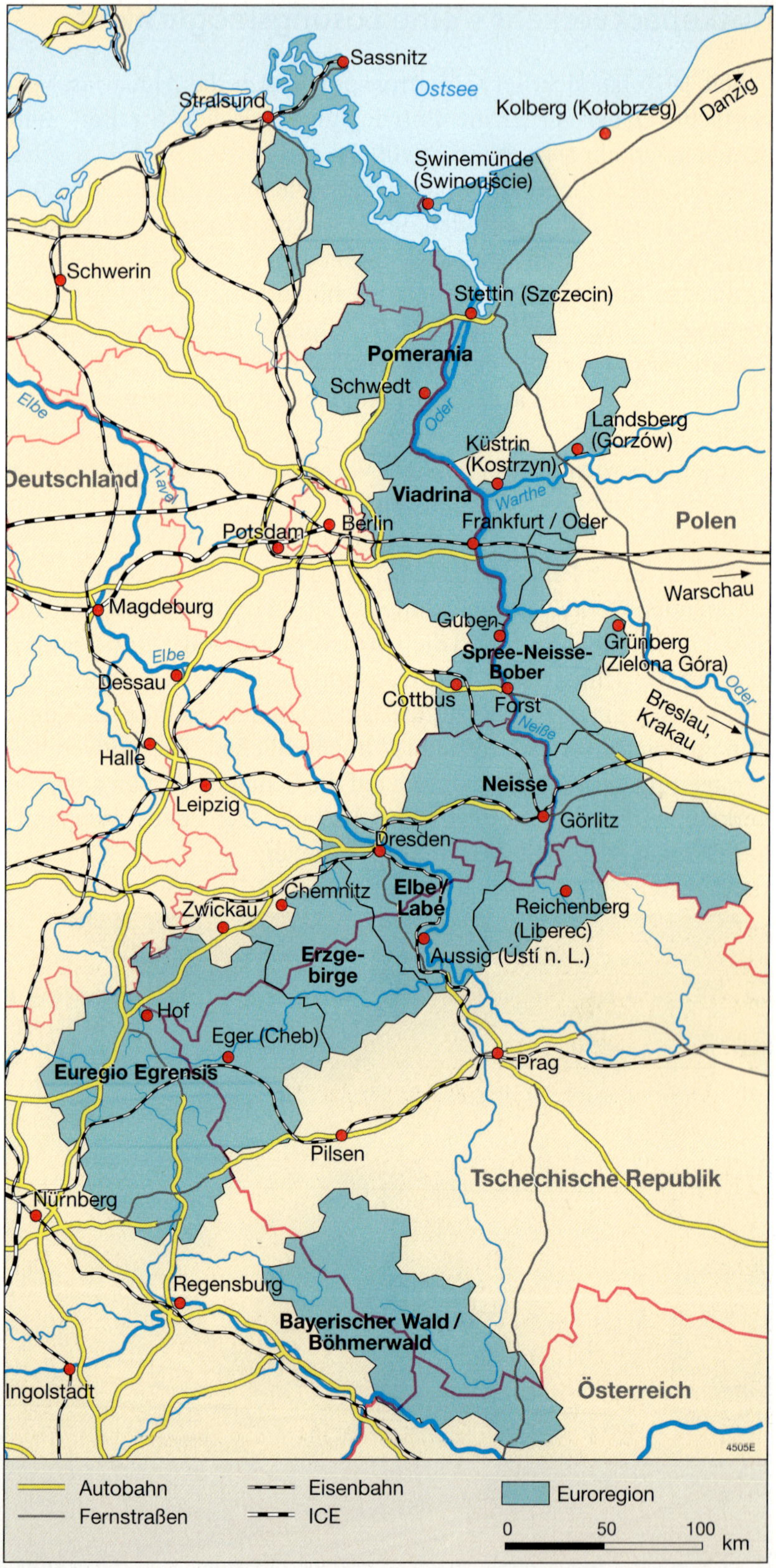

M1 *Euroregionen an der deutsch-polnischen und an der deutsch-tschechischen Grenze*

Aufgaben

1 Beschreibe die Lage von Tschechien und Polen (z.B. angrenzende Länder, Flüsse, Gebirge).

2 Erkläre den Begriff Euroregion. Nutze dazu das Minilexikon.

3 Begründe, warum das Verkehrsnetz stark ausgebaut werden muss.

Arbeit mit Statistiken

Info

Tabellen
Tabellen enthalten häufig viele Zahlen und sind auf den ersten Blick schwer zu durchschauen. Zahlen kannst du aber in Diagramme (Zahlenbilder) umsetzen.

Diagramme
Diagramme stellen Zahlenwerte grafisch dar und helfen uns so, diese in ihrer Höhe, ihren Anteilen oder in ihrer zeitlichen Entwicklung besser und schneller abzulesen und zu verstehen.

Säulen- oder Streifendiagramme
Sie zeigen unterschiedliche Werte in absoluten Zahlen oder als Anteile einer Gesamtmenge.

Methode

Lesen von Statistiken
Schrittfolge

Ermitteln der Grundaussagen:
- Titel/Inhalt der Statistik
- Art der Statistik (z.B. Tabelle, Kreis-, Streifen-, Säulen-, Liniendiagramm)
- Entstehungsjahr, Quelle
- Zeitraum der Darstellung oder zu vergleichende Werte
- Zahlenarten (absolute, relative Prozentzahlen), Maßeinheit

Ablesen der Einzelwerte:
- Einzelwerte
- Aufzeigen von Entwicklungen/ Veränderungen oder Vergleichen von Werten

Im Jahr 2000 benutzten in Deutschland 99 Mio. Passagiere ein Flugzeug für Auslandsreisen. Hauptziel der Auslands-Flugreisenden war Spanien mit 9 Mio. Passagieren. Es folgten Großbritannien (4 Mio.), die USA (4 Mio.), die Türkei (4 Mio.), Italien (3 Mio.) sowie Frankreich und Griechenland (je 2 Mio.).

Jahr	Passagiere	Starts und Landungen	Luftfracht in t
1960	2000000	90000	56000
1970	9000000	200000	330000
1980	18000000	220000	640000
1990	30000000	320000	1180000
2000	49000000	460000	1590000

M2 *Daten zum Flughafen Frankfurt am Main*

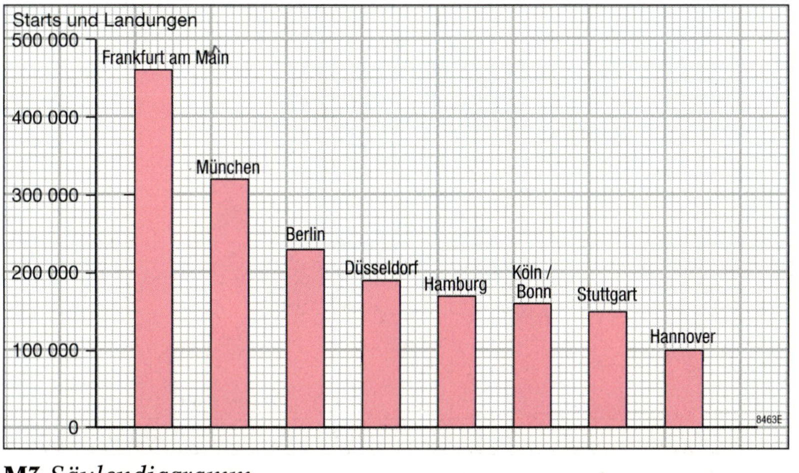

M3 *Säulendiagramm*

Merke
Aufgrund der Lage ist Mitteleuropa ein wichtiges Transitgebiet. Die Alpen stellen seit alters her ein Verkehrshindernis dar. Durch den Bau von Passstraßen und Tunneln wurden diese Hindernisse überwunden. Durch den Ausbau des Verkehrsnetzes könnte die wirtschaftliche Entwicklung der östlichen Nachbarn Deutschlands beschleunigt werden.

Grundbegriffe
- Pass
- Serpentinen
- Transitverkehr
- Maut

Zukunftsprojekte

Info

ICE 3

Der ICE der neuen Generation verkürzt seit 2002 die Fahrverbindung zwischen Frankfurt/M. und Köln auf unter 60 Minuten – die Hälfte der bisherigen Fahrtdauer. Es gibt bei diesem modernen Zug keine Lokomotive mehr – die Antriebstechnik ist unter die Fahrgasträume verlegt. Damit sind Spitzengeschwindigkeiten von über 300 km/h möglich. Selbst Kurven kann der ICE 3 – mit einer maximalen Neigung von 8 Grad – immerhin noch mit 230 km/h durchfahren. Bei diesen hohen Geschwindigkeiten entwickelt sich allerdings erheblicher Lärm – für viele ein Grund zur Kritik am Ausbau des Hochgeschwindigkeitsnetzes.

Hochgeschwindigkeitstrassen: Vorteile und Probleme

Das ganz Europa umspannende Hochgeschwindigkeitsnetz soll bis 2010 etwa 35 000 Kilometer umfassen. Dazu müssen aber 20 000 Kilometer neue Strecken gebaut und die restlichen erweitert werden. Die Kosten für dieses ehrgeizige Vorhaben werden auf 250 Milliarden Euro geschätzt. Bei vielen Streckenabschnitten ergeben sich zudem umweltpolitische Bedenken. Beim Bau neuer Verkehrswege sind Eingriffe in die Natur unausweichlich. Pro Kilometer Schnellgeschwindigkeitstrasse werden etwa drei Hektar Fläche verbraucht – das sind etwas mehr als drei Fußballfelder! Ein Autobahnkilometer „kostet“ im Vergleich aber ca. zehn Fußballfelder.

Von der Schiene in die Luft

Im Zusammenhang mit dem Ausbau der Trassen soll auch eine sinnvolle Verknüpfung mit anderen Verkehrsmitteln geschaffen werden. Besonders wichtig ist hier der Ausbau der Fernverkehrsbahnhöfe an großen Flughäfen Europas (Frankfurt/M., Paris, Amsterdam, London). Innerhalb Europas sorgen die Schnellzüge für günstige Verbindungen, außereuropäische Ziele werden per Flugzeug erreicht. An den Knotenpunkten – den Flughafenbahnhöfen – können die Reisenden zukünftig bequem von einem Verkehrsmittel in das andere umsteigen.

M1 *Europäisches Hochgeschwindigkeitsnetz*

Aufgabe

1 Suche auf der Karte des Hochgeschwindigkeitsnetzes (M1) die für Deutschland wichtigen Verbindungen heraus.

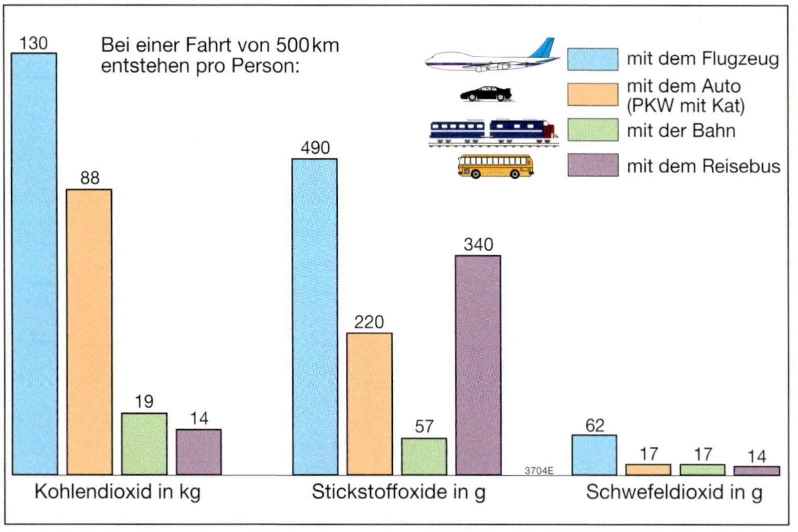

M2 *Emissionen durch Verkehrsmittel*

Autoverkehr: Vermeiden – Verlagern – Verbessern

Wie können wir dazu beitragen, die negativen Auswirkungen des Autoverkehrs zu verringern? Eine Möglichkeit ist Verkehr zu vermeiden. Viele Fahrten kann man sparen, wenn man statt dessen moderne Kommunikationsmittel, zum Beispiel das Internet, nutzt. Wenn Arbeits- und Ausbildungsplätze, Einkaufs- und Erholungsmöglichkeiten in der Nähe des Wohnortes entstehen würden, wären weniger Wege nötig.

Die Verlagerung des Autoverkehrs auf andere, umweltschonendere Verkehrsmittel ist eine weitere Alternative. Weil wir aber nicht ganz auf den Autoverkehr verzichten können, ist es wichtig, ihn zu verbessern. Dies kann zum Beispiel durch Geschwindigkeitsbeschränkungen, Verkehrsleitsysteme, Verringerung des Kraftstoffverbrauchs und neue Kraftstoffe wie Wasserstoff und Sonnenenergie geschehen.

M3 *Flächenbedarf von Pkw*

M4 *Flächenbedarf eines Busses*

Info

Beispiele für große Verkehrsprojekte
- Tunnelbauten durch Gebirge (z.B. Brenner-Basis-Tunnel) und unter Meeresarmen (z.B. Eurotunnel)
- Errichtung von Großbrücken über Meeresteilen (z.B. über den Großen Belt)
- Modernisierung von Häfen (z.B. Europoort Rotterdam)
- Kanalbauten (z.B. Main-Donau-Kanal)
- Ausbau des Straßennetzes und der Eisenbahnlinien (z.B. Hochgeschwindigkeitsstrecken für den ICE)
- Ausbau von Flughäfen (z.B. Flughafen Leipzig-Halle)

Aufgaben

2 Vergleiche M3 und M4.

3 Bildet drei Gruppen zu den Themen „Autoverkehr vermeiden", „Autoverkehr verlagern" und „Autoverkehr verbessern." Überlegt euch hierzu jeweils Maßnahmen. Stellt eure Ergebnisse im Klassenverband vor – z.B. als Wandzeitung.

Merke
Der Autoverkehr schafft Probleme für Mensch und Natur. Mit dem Ausbau des europäischen Hochgeschwindigkeitsnetzes sollen auch andere Verkehrsmittel sinnvoll miteinander verknüpft werden.

Grübeln und Tüfteln

Unternehmen Eurobahn

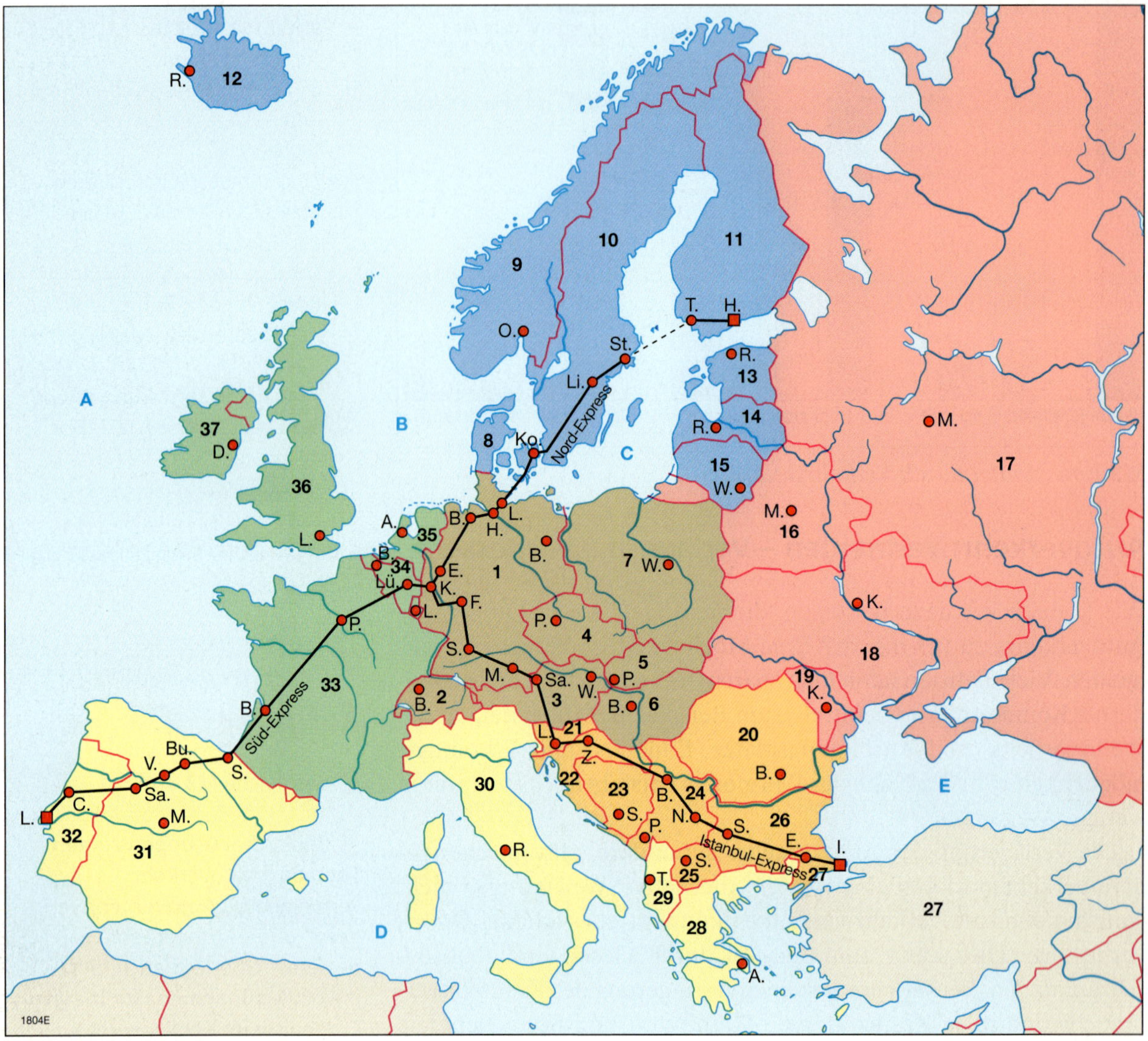

Gruppe A: Süd-Express

Gestartet wird in Köln.
Bearbeite folgende Aufgaben:
1. Fahre die eingezeichnete Eisenbahnstrecke nach Lissabon im Atlas nach und schreibe die Namen der gekennzeichneten Zwischenstationen auf.
2. Bestimme die Reiseländer, durch die die Strecke führt, und deren Hauptstädte.
3. Welche Flüsse, welche Gebirge werden überquert?
4. An welchem Meer liegt Portugal?

Gruppe B: Nord-Express

Gestartet wird in Köln.
Bearbeite folgende Aufgaben:
1. Bestimme die Zwischenstationen, die Länder, durch die der Zug fährt, und deren Hauptstädte.
2. Zwischen welchen Ländern „fährt die Eisenbahn mit dem Schiff?"
3. Von welchen Meeren ist Nordeuropa umgeben?

Gruppe C: Istanbul-Express

Gestartet wird in Köln.
Bearbeite folgende Aufgaben:
1. Bestimme die Länder, durch die der Zug fährt, und deren Hauptstädte.
2. Der Istanbul-Express überquert viele Flüsse und durchquert Gebirge. Bestimme fünf dieser Flüsse und Gebirge.
3. a) Zwischen welchen Meeren liegt die Stadt Istanbul?
b) Auf welchen beiden Erdteilen liegt die Millionenstadt?

Moskau-Marathon an der Basiliuskathedrale (Kreml, Moskau, Hauptstadt Russlands)

Osteuropa im Überblick

Land	Einwohner (Mio.)	Fläche (1000 km²)
Russland [1]	145,5	17 075
Ukraine	49,6	604
Weißrussland	10,0	208

[1] einschließlich asiatischer Teil

M1 *Osteuropa (2000)*

Info

Gehört das Baltikum zu Osteuropa?
Diese Frage ist nicht einfach mit ja oder nein zu beantworten. Einerseits gehört das Gebiet, das die Länder Litauen, Estland und Lettland einnimmt, zu der großen, bis an den Ural reichenden osteuropäischen Landmasse und damit zu Osteuropa. Andererseits zählen sich die Völker des Baltikums selbst zu den Nordeuropäern.

Fast die Hälfte Europas

Der Teil Europas, der als Osteuropa bezeichnet wird und mit dem Europa an Asien grenzt, nimmt fast die Hälfte des Kontinents ein. Der Ural ist die markanteste Grenze zwischen Europa und Asien. Dieses Gebirge ist aber auch von großer wirtschaftlicher Bedeutung. Hier lagern wichtige Erzvorkommen.

Osteuropa liegt größtenteils im Tiefland. Die höchsten Erhebungen erreichen knapp 400 m. Im Ural haben die Landschaften Mittelgebirgscharakter.

In Osteuropa gibt es große Flüsse. Zu ihnen gehören die Wolga, der längste und wasserreichste Fluss in Europa, der Don und der Dnjepr (ukr. Dnipro).

Obwohl die Bevölkerungsdichte in Osteuropa insgesamt weit hinter der des übrigen Kontinents zurück bleibt, gibt es zahlreiche bedeutende Großstädte. Einige von ihnen sind Millionenstädte, zum Beispiel Moskau und Kiew.

Osteuropas Staaten blicken auf eine lange und sehr wechselhafte Geschichte zurück. Seit Mitte der 1980er Jahre steht die östliche Hälfte Europas einmal mehr im Mittelpunkt des Weltgeschehens. 1991 zerfiel der Vielvölkerstaat Sowjetunion, zu dem auch die heutigen Länder Osteuropas gehörten, in selbstständige Einzelstaaten.

M2 *Übungskarte Osteuropa*

M3 *Moskau - der Kreml am Ufer der Moskwa*

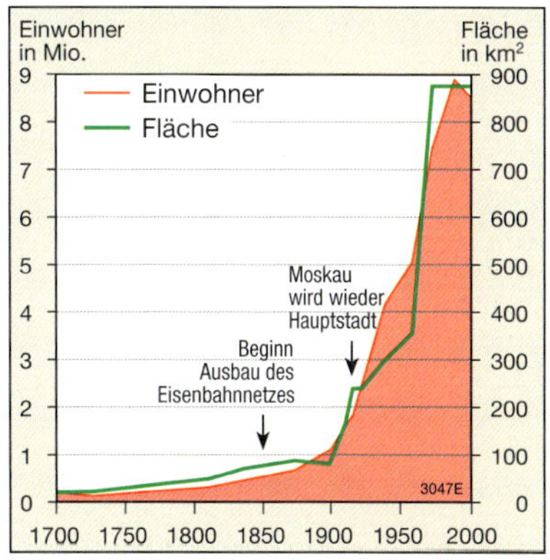

M4 *Stadtentwicklung Moskaus*

M5 *Abgrenzung des Industriellen Zentrums*

MOCKBA – Hauptstadt Russlands

Mit rund neun Millionen Einwohnern gehört Moskau zu den größten Städten Europas. Obwohl die Stadt ihre Funktion als Hauptstadt Russlands zwischen 1712 und 1918 an Sankt Petersburg abtreten musste, ist sie immer ein Zentrum des Landes geblieben. Heute ist die Stadt Sitz der Regierung und der Duma, des russischen Parlaments. Die Stadt ist reich an kulturellen und wissenschaftlichen Einrichtungen.

In Moskau treten viele Probleme auf, die für große Städte typisch sind: Das Verkehrsnetz ist überlastet, die Nachfrage nach bezahlbarem Wohnraum ist groß und die Umweltbelastung hat enorme Ausmaße angenommen.

Stadt im Industriellen Zentrum

Dank der vielen Verkehrswege, die Moskau mit dem übrigen Russland verbinden, konnte sich die Industrie gut entwickeln. Von Vorteil war auch die große Zahl an Arbeitskräften. Schon früh wurde Moskau zu einem wirtschaftlichen Mittelpunkt des gesamten Landes. Die Industrie breitete sich über Moskau hinaus auf einem Gebiet von der Fläche Deutschlands aus. Man bezeichnete es als „Industrielles Zentrum." Schon im 19. Jahrhundert wurde Twer „Stadt der Samoware und Kanonen" genannt und Iwanowo „russisches Manchester."

Auch wenn die Industrieproduktion Russlands insgesamt rückläufig ist, spielen der Maschinenbau und die Metallurgie in und um Moskau noch immer eine wichtige Rolle.

Aufgaben

1 Beschreibe die geografische Lage Moskaus.

2 Berichte über Sehenswürdigkeiten von Moskau. Nutze dazu Nachschlagewerke, Reiseprospekte und das Internet.

Aufgaben

1 Beschreibe die Ausstattung Osteuropas mit Bodenschätzen.

2 Berichte über Probleme im Steinkohlenbergbau.

3 Fertige eine kartografische Skizze zur Eisen- und Stahlindustrie im Donez-Dnepr-Gebiet an.

4 „Tschernobyl ist Mahnung für die Menschheit." Begründe.

Osteuropas Reichtum an Bodenschätzen

Osteuropa ist reich an Energierohstoffen (z.B. Kohle, Erdöl und -gas, Uranerz), Buntmetallen (z.B. Blei, Quecksilber) und Edelmetallen (z.B. Gold, Silber) und anderen Bodenschätzen.

Im Moskauer Becken zum Beispiel befinden sich ausgedehnte Braunkohlenlagerstätten. Besonders reich an Erzen ist das Uralgebirge. Entstanden sind sie während seiner Heraushebung im Tertiär. Kriwoi Rog in der Ukraine ist eines der größten Eisenerzabbaugebiete der Erde. Hier kann das Erz sogar im Tagebau gewonnen werden. Alle diese **Ressourcen** stellen einen unschätzbaren Wert für die Wirtschaft dar.

Ein Becken aus Steinkohle

Das Donezkbecken ist die größte Steinkohlenlagerstätte Europas. Sie erstreckt sich über ein Gebiet von rund 60 000 km^2 (doppelte Fläche von Brandenburg). In den vergangenen 200 Jahren wurden im Tiefbau ca. 8 Mrd. Tonnen hochwertige Kohle gefördert. Fast eine halbe Million Menschen arbeitet in 209 Zechen, von denen 50 bereits über 100 Jahre alt sind.

Info

Arbeitsbedingungen in ukrainischen Bergwerken

Im ukrainischen Steinkohlenbergbau wird eine besonders makabre Statistik geführt. Sie hat nichts mit Förderzahlen zu tun, sondern mit dem „Material Mensch": 1999 kostete die Förderung von 1 Million Tonnen Kohle durchschnittlich 3,62 Bergleuten das Leben.
75 % aller Gruben werden in die höchste Gefahrenstufe eingeordnet. Die Ukraine steht nach China auf Platz 2 der Länderliste mit der höchsten Todesrate bei Bergleuten.
Untertage brechen Stollen ein, fallen Ventilatoren aus, liegen Stromkabel offen, rosten Schienenfahrzeuge durch und bleiben Gaseintritte unbemerkt, weil Sensoren fehlen.
Immer öfter streiken die Bergleute für bessere Arbeitsbedingungen und die Zahlung ihrer Monatsgehälter.

M1 *Donezkbecken*

M2 *Kriwoi Rog*

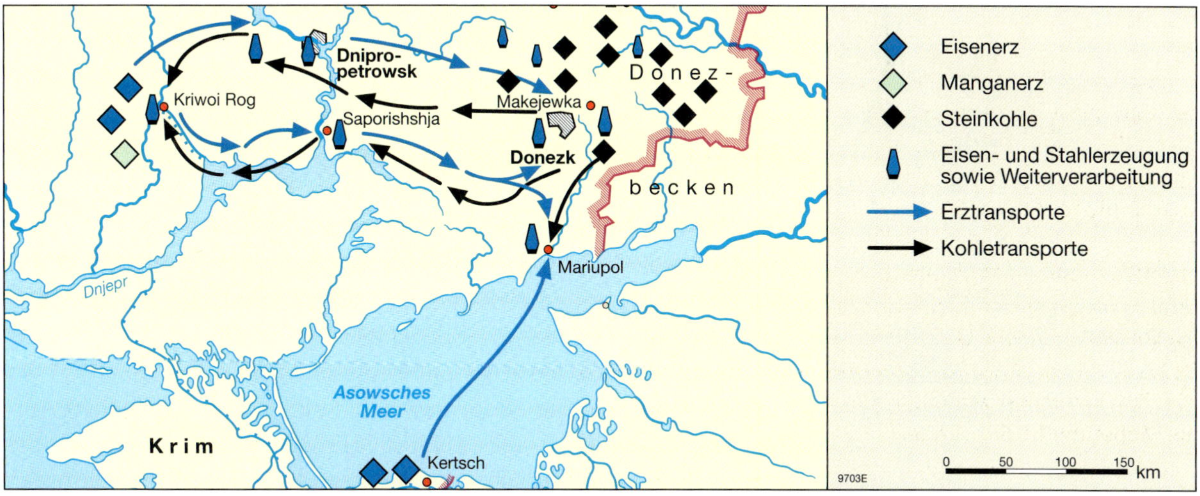

M3 *Schwerindustrie im Donezkbecken*

Das Donez-Dnepr-Gebiet – ein alter Industrieraum

Die reichen Bodenschätze stellten einen wichtigen Standortfaktor für die industrielle Entwicklung der südlichen Region der Ukraine dar. Im Gebiet zwischen Donezk und Kriwoi Rog entstand ein bedeutendes Zentrum der Hüttenindustrie, des Schwermaschinenbaus und der chemischen Industrie. In der Sowjetzeit (1917-1991) erzeugte allein die Ukraine ein Drittel an Eisen, Stahl und Chemieprodukten der gesamten Sowjetunion. Auch heute sind die Ressourcen eine bedeutende Voraussetzung für das Wachstum der Wirtschaft. In allen Bereichen vollziehen sich marktwirtschaftliche Veränderungen: Betriebe werden neu gegründet, veraltete Ausrüstungen modernisiert.

Tschernobyl – eine atomare Katastrophe

Am 26. April 1986 zerriss um 1:24 Uhr eine mächtige Explosion einen Atomreaktor des Kraftwerkes Tschernobyl nördlich von Kiew. Die freigesetzte Strahlung lag 400-mal über der der Atombombe, die 1945 auf Hiroshima in Japan abgeworfen wurde.

In den Monaten nach der Katastrophe kamen zwischen 600 000 und 1,2 Millionen Soldaten, Studenten und „Freiwillige“ nach Tschernobyl, um im Kraftwerk Aufräumungs- und Sicherungsarbeiten zu leisten und schließlich den Sarkophag zu bauen, der heute den explodierten 4. Block umschließt. Viele von ihnen sind heute nicht mehr am Leben oder schwer gesundheitlich geschädigt.

Die meisten Todesfälle sind auf die Spätfolgen der Verstrahlung zurückzuführen, zum Beispiel auf Krebserkrankungen. Eine genaue Zahl über alle Tschernobyl-Opfer wird man nie herausfinden (die Zahlen schwanken zwischen 10 000 und über 250 000). In ganz Europa, vor allem in den am meisten betroffenen Gebieten in Weißrussland und der Ukraine, sterben noch heute „Unbeteiligte“ an den Folgeschäden von Tschernobyl und es kommen Kinder krank zur Welt.

Info

Standortfaktoren im Donez-Dnepr-Gebiet
- 50 Arten an Bodenschätzen (davon 30 erschlossen)
- Steinkohlevorräte: 9,9 Mrd. t
- Kohle-, Wasser- und Kernkraftwerke
- hohe Bevölkerungsdichte
- Forschungseinrichtungen
- Außenwirtschaftsbeziehungen zu über 80 Ländern (z.B. Russland, China, Deutschland)
- dichtes Verkehrsnetz
- internationaler Flughafen und Seehafen
- fruchtbare Schwarzerde

Merke
Osteuropa ist reich an Ressourcen. In der südlichen Ukraine entstand auf der Grundlage großer Steinkohlen- und Eisenerzvorkommen eine Schwerindustrie, die gegenwärtig einen Wandel erfährt.

Grundbegriff
- Ressource

M1 *Verlauf der Wolga*

Fluss	Land	Delta-größe (km^2)
Ganges-Brahmaputra	Indien/ Bangladesh	80 000
Mekong	Vietnam	70 000
Mississippi	USA	36 000
Wolga	Russland	19 300
Donau	Rumänien	5 600
Weichsel	Polen	1 500

M2 *Große Deltamündungen der Erde*

Die Wolga – Nr. 1 in Europa

Es gibt wohl keinen Fluss in Russland, zu dem die Menschen eine so enge Beziehung haben wie zur Wolga. In Gedichten und Liedern wird sie als „Mütterchen Wolga" bezeichnet. Ihre Quelle befindet sich im Waldai-Gebiet, in einem wald- und seenreichen Hügelland.

Als größter und wasserreichster europäischer Fluss ist die Wolga ein wichtiger Transportweg. Sie liefert aber auch Brauchwasser für Industrie und Landwirtschaft. In verschiedenen Städten an der Wolga entstanden bedeutende Betriebe. Sie nutzen den Strom großer Wasserkraftwerke, die seit 1930 errichtet wurden.

Die Eingriffe in die Natur bewirkten einen wirtschaftlichen Aufschwung. Sie führten aber auch zu Umweltproblemen. Durch die Industriebetriebe wird das Wasser des Flusses stark verschmutzt. Wegen der Staudämme ist es für verschiedene Fischarten nicht mehr möglich, zum Laichen flussaufwärts zu wandern. Im Sommer verdunstet aus den zahlreichen Stauseen entlang des Stroms viel Wasser. Damit haben sich vor allem im Mündungsbereich der Wolga die Bedingungen für den Fischfang verschlechtert.

Nach 3535 Kilometern hat die Wolga südlich der Stadt Astrachan ihren Endpunkt erreicht. Sie mündet in einem 200 Kilometer breiten **Delta** in das Kaspische Meer. Als Deltamündung wird eine Flussmündung bezeichnet, die in viele Arme verzweigt in einen See oder ein Meer hineinwächst. Ihr Name leitet sich von dem gleichnamigen griechischen Buchstaben „Delta" *(Δ)* ab, weil die Mündungsform der Form des Buchstabens ähnlich sieht.

M3 *Fischfang an der Wolgamündung*

Aufgaben

1 Verfolge den Verlauf der Wolga vom Quellgebiet bis zur Mündung. Notiere bedeutende Städte und überprüfe mithilfe einer Wirtschaftskarte, welche wirtschaftliche Bedeutung diese Städte haben.

2 Stelle in einer Tabelle zusammen, welche Vor- und Nachteile die Eingriffe des Menschen in den Lauf der Wolga haben.

3 a) Nenne Merkmale einer Deltamündung.
b) Vergleiche große Deltamündungen.

Das Kaspische Meer – größter See der Erde

Mit rund 271 000 km² ist das Kaspische Meer der größte Binnensee der Erde. Der Bodensee würde zum Beispiel 650-mal darin Platz finden. Neben der Wolga, die fast 80 Prozent des Wasserzuflusses bringt, versorgen weit mehr als 100 Flüsse das Meer mit Süßwasser. Einen natürlichen Abfluss oder eine direkte Verbindung zu einem Ozean gibt es jedoch nicht. Da das Kaspische Meer in einer trockenen Klimazone liegt, verdunstet sehr viel Wasser.

Schwimmende Delikatesse und Ölboom

Im Kaspisee kommt eine Fischart vor, die zu den größten Süßwasserfischen der Erde gehört, der Stör (M5). Er liefert den berühmten Kaviar. Der Störbestand geht jedoch wegen der Verschmutzung des Wassers und des intensiven Fischfangs drastisch zurück. Gewaltige Ausmaße hat auch die Wilderei angenommen. Eine Kaviar-Mafia schmuggelt den Kaviar außer Landes und verkauft ihn dort sehr teuer.

Rund um das Kaspische Meer lagern große Vorräte an Erdöl und Erdgas. Schon seit langer Zeit wird hier im Uferbereich, insbesondere in der Umgebung von Baku, Erdöl gefördert. Vor kurzem sind neue, große Vorkommen entdeckt worden. Ausländische Öl- und Erdgaskonzerne beteiligen sich am Wettlauf um die ergiebigsten Rohstoffquellen. Das Kaspische Meer hat mit großen Umweltproblemen zu kämpfen. Neben Verunreinigungen, die die Flüsse mitbringen, gelangen giftige Abwässer der Erdölraffinerien sowie Ölrückstände, die bei der Förderung oder durch Ölkatastrophen entstehen, ins Meer.

M4 *Bohrinseln im Kaspischen Meer bei Baku*

M5 *Gefangene Störe*

Aufgaben

4 Suche im Atlas Verbindungen des Kaspischen Meeres zum offenen Meer (Flüsse und Kanäle) und beschreibe sie.

5 Nenne Ursachen für den Rückgang des Störbestandes.

6 Wie und auf welchen Wegen gelangt Erdöl aus dem Erdölgebiet um Baku nach Europa (Atlas)?

Merke

Die Wolga ist ein bedeutender Schifffahrtsweg. Zahlreiche Stauseen wurden entlang des Stromes angelegt. In einem breiten Delta mündet die Wolga in das Kaspische Meer, das einen reichen Fischbestand hat. Die Förderung von Erdöl bringt große Umweltgefährdungen mit sich.

Grundbegriff
- Delta

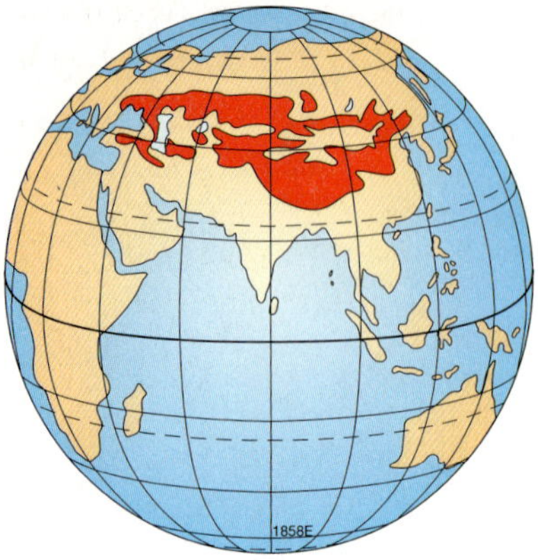

M1 *Lage der eurasischen Steppen*

M3 *Die Schwarzerdeböden Osteuropas sind die fruchtbarsten Landwirtschaftsgebiete des gesamten Kontinents.*

Aufgaben

1 Stelle Zusammenhänge zwischen Klima, Vegetation und Boden dar.

2 Erkläre die Entstehung von Schwarzerde (vgl. Seite 58).

3 Nenne Gründe a) für den Beinamen Kornkammer, b) für Missernten in der Ukraine.

4 Werte das Bodenprofil der Schwarzerde aus. (M5 und S. 58/59).

In den Steppengebieten der Ukraine

Im Süden Osteuropas dehnen sich weite Grasländer, die **Steppen**, aus. Hier herrscht Landklima (M2) vor. Im Frühjahr wachsen Gräser und Kräuter, die in den kurzen, trockenen Sommern verdorren. Unter diesen Bedingungen verwandelt sich der Löss beständig in fruchtbare Schwarzerde (russ.: Tschernosem, tscherny = schwarz). Um die Ernährung der Bevölkerung zu sichern, wurde die natürliche Vegetation untergepflügt, es entstanden riesige Ackerflächen.

„Kornkammer" mit Problemen

Die Schwarzerdeböden haben der Ukraine den Beinamen „Kornkammer" verschafft. Sie würden ausreichen um den Bedarf an Weizen und anderem Brotgetreide für ganz Europa zu decken. Doch im Land herrscht oft ein Mangel an Nahrungsmitteln. Ein unzureichender Bodenschutz führt zu Ernteausfällen. Das hängt damit zusammen, dass die großen, ausschließlich mit Getreide bestellten Ackerflächen nach der Ernte über mehrere Monate hinweg brach liegen. In dieser Zeit ist der Oberboden ungeschützt der Abtragung ausgesetzt. Unter diesen Bedingungen haben Winde bereits ein Drittel des nährstoffreichen Bodens abgetragen. Über den Winter schützen zwar eine Schneedecke und der Bodenfrost vor der Auswehung, doch wenn im Frühjahr die Schneedecke taut, kann das Schmelzwasser den Oberboden wegspülen. Schutz vor der Bodenerosion bieten zum Beispiel Baumreihen, so genannte Windschutzstreifen.

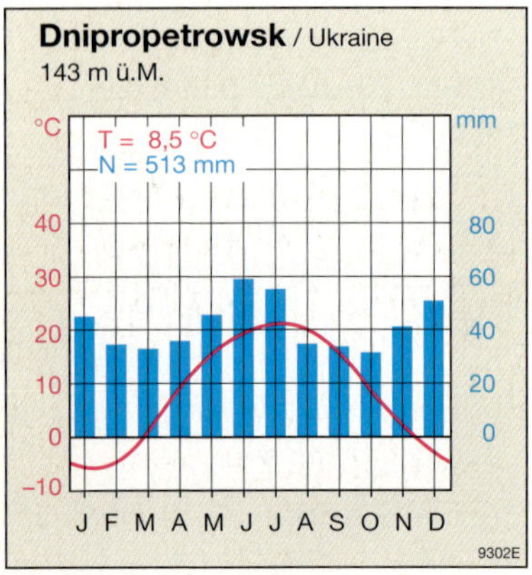

M2 *Klimadiagramm*

Auswerten eines Bodenprofils

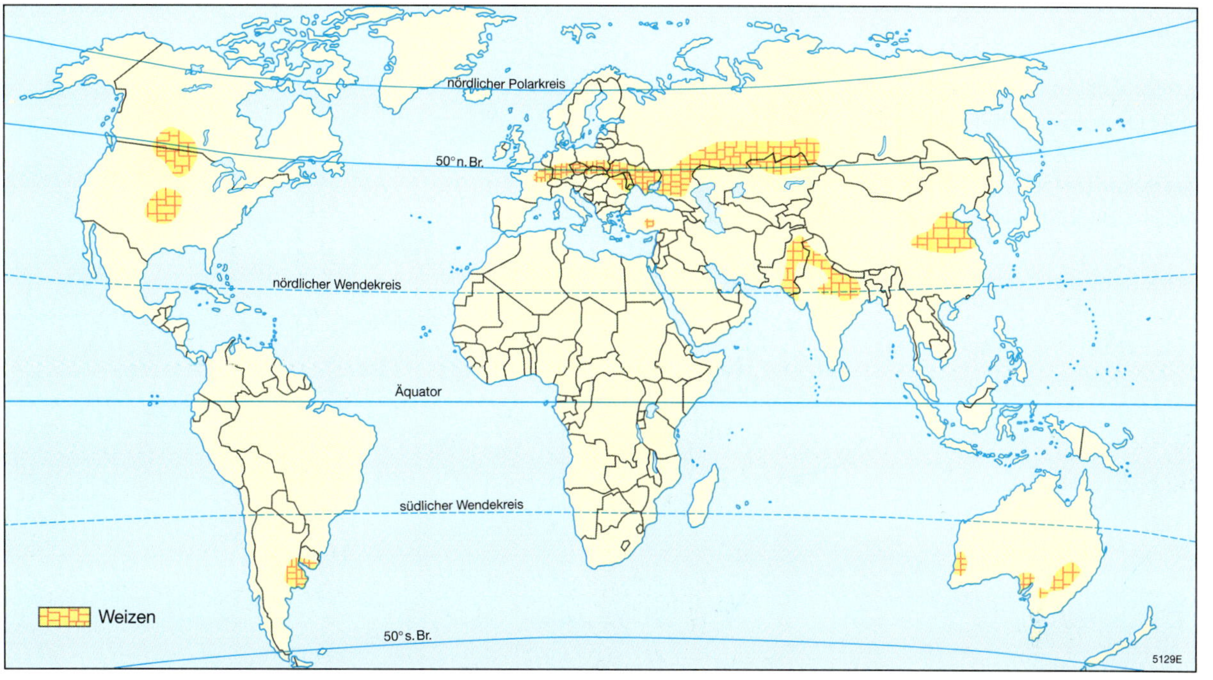

M4 *Wichtige Weizenanbaugebiete der Erde (Auswahl)*

Weizenanbau auf fruchtbarsten Böden

Der Anbau von landwirtschaftlichen Nutzpflanzen wird von den klimatischen Bedingungen und dem Boden beeinflusst. Nicht überall können deshalb die gleichen Kulturen angebaut werden.

Weizen ist im Vergleich zu Gerste und Roggen eine sehr anspruchsvolle Getreideart. Er bringt nur auf fruchtbarsten Böden gute Erträge. Weltweit befinden sich die bedeutendsten Weizenanbauregionen in den Schwarzerdegebieten.

M5 *Schwarzerdeboden*

Merke
Boden ist eine wichtige Ressource. Er bildet die Grundlage unserer Ernährung. Die fruchtbaren Schwarzerdeböden entstehen auf Löss durch abgestorbene Pflanzen. Sie bieten beste Bedingungen für den Anbau von Weizen.

Grundbegriff
- Steppe

Methode

Arbeit mit dem Bodenprofil

Mithilfe eines Bodenprofils kannst du in den Boden hineinschauen.
- Ermittle die Anzahl der Schichten (Horizonte) und ihre Mächtigkeit.
- Beschreibe die Schichten (beachte dabei insbesondere die Merkmale Farbe, Wurzeln, Kleintiere).
- Skizziere selbst ein Bodenprofil der Schwarzerde.

Alles klar?

Grübeln und Tüfteln

Aufgabe

1 Pilot Willi hat einen Überflug über Osteuropa unternommen und uns Fotos geschickt. Ordne sie Landschaften zu.
Welche Bildunterschrift gehört zu welchem Foto?
- Uralgebirge
- Wolgadelta
- St. Petersburg-Katharinenpalast
- Im Donezkbecken

1: ?

3: ?

2: ?

4: ?

Taomina, Sizilien – Blick auf den Ätna

Aufgaben

1 Benenne zu Südeuropa gehörende Länder, Flüsse und Halbinseln/Inseln. Nutze dazu das Arbeitsheft, S. 28.

2 Stelle fest, zu welchen Ländern die folgenden Inseln und Inselgruppen gehören: Balearen, Sardinien, Korsika, Ionische Inseln, Kreta, Sizilien (Atlas; Karte: Europa – Staaten).

Land	Einwohner in Mio.	Fläche in 1000 km²
Albanien	3,1	29,0
Griechenland	11,0	132,0
Italien	56,3	301,0
Malta	0,4	0,3
Portugal	10,0	92,0
Spanien	40,0	505,0

M1 *Südeuropa (2003)*

Ein Meer – drei Kontinente

Denken wir an das Mittelmeer, so stellen wir uns meistens Sonne, felsige Küsten und weite Sandstrände vor. Viele Menschen fahren in den Ferien in die Länder am Mittelmeer um sich zu erholen. Sie lernen eine andere Lebensweise, andere Gerichte und die Gastfreundschaft der Einwohner dort kennen. Aber der Mittelmeerraum ist für uns auch wichtig, weil zahlreiche ausländische Arbeitnehmer, die in Deutschland arbeiten, in Ländern am Mittelmeer ihre Heimat haben.

Drei Kontinente grenzen an das Mittelmeer: Europa, Asien und Afrika. Die Meerenge des Bosporus und die Dardanellen trennen Europa von Asien, der Suezkanal und das Rote Meer bilden die Grenze zwischen Asien und Afrika und die Straße von Gibraltar trennt Europa von Afrika.

M2 *Marktplatz in einer marokkanischen Stadt*

M3 *Vulkan auf Sizilien*

Aufgaben

3 Finde mithilfe von M5 heraus, welche beiden Städte und welchen Vulkanberg M2 bis M4 zeigen. (Du brauchst dazu die Atlaskarten Nordafrika – physisch und Europa – physische Übersicht.)

4 Portugal ist kein Mittelmeerland. Erkläre.

5 Welche Stadt liegt zum Teil in Asien und zum Teil in Europa?

6 Drei Kontinente grenzen an das Mittelmeer. Lege eine Liste an und ordne zu:

Kontinent	Land am Mittelmeer
Europa	Spanien, ...
Asien	Türkei, ...
Afrika	Marokko, ...

M5 *Übungskarte Mittelmeerraum*

M4 *An der Küste des Mittelmeeres*

Wiege unserer Kultur

Auftrag 1:
In der griechisch-römischen Zeit (Antike) wurden große Leistungen im Bauwesen vollbracht. Nennt berühmte Bauwerke und zeigt an Beispielen auf, dass der Baustil später Vorbild für ganz Europa war.

Auftrag 2:
In Olympia liegt die Wiege der Olympischen Spiele. Informiert euch über diese sportlichen Wettkämpfe und stellt Vergleiche zu heute an. Denkt dabei an: olympische Idee, Sportarten, Sportstätten, Sportler, Zuschauer, Ehrung der Sieger.

Auftrag 3:
Kunst und Kultur erlebten in der Antike eine Blütezeit. Informiert euch über das griechische Theater. Sucht Begriffe (Lehnwörter), die aus diesem Raum in unsere Sprache übergegangen sind.

Auftrag 4:
Die römische Stadt Pompeji wurde im Jahr 79 durch den Ausbruch des Vesuv unter einer meterdicken, glühenden Ascheschicht begraben. Informiert euch über das Leben der Menschen damals und die Folgen des Vulkanausbruchs.

Unruhiger Mittelmeerraum

Name	Lage	Höhe
Vesuv	Neapel	1277 m
Ätna	Sizilien	3350 m
Stromboli	Liparische Inseln	926 m
Hekla	Island	1491 m
Surtsey	vor Island	173 m
Kilimandscharo	Ostafrika	5895 m
Fujisan	Japan	3776 m
Saint Helens	USA	2549 m
Mauna Loa	Hawaii	4169 m

M1 *Bedeutende Vulkane auf der Erde*

Vulkanausbrüche und Erdbeben

In Südeuropa müssen die Menschen von alters her mit besonderen Naturbedingungen leben: Hier dampfen und rumoren **Vulkane**, sprudelt aus Quellen heißes Wasser, wird mitunter der gesamte Erdboden durchgerüttelt. Warum?

Wie im Gebiet von Island liegen hier zwei große Erdkrustenplatten dicht aneinander. Wenn sie sich ruckartig bewegen, entstehen **Erdbeben**. Wenn aus Rissen und Spalten in der Erdkruste glutflüssiges Gestein aus dem Inneren der Erde hervordringt, bilden sich Vulkane. In unregelmäßigen Zeitabständen werden aus ihrem Schlot Gesteinsbrocken und Asche herausgeschleudert.

Derartige Naturkatastrophen suchen Südeuropa häufig heim, bringen Zerstörung und Tod.

„Samstag, 23.11.1980, zwischen 19.37 und 0.40 Uhr: Mehr als 200 Erdstöße; die schwersten davon in den ersten eineinhalb Minuten. 90 Sekunden, die für viele die Ewigkeit bedeuten. 3300 Tote, mehr als 8000 Verletzte, rund 300 000 Menschen obdachlos. Verheerende Verwüstungen. Vier Provinzen um Neapel werden zum Katastrophengebiet erklärt.

Meldung einer Nachrichtenagentur

Aufgaben

1 Wo auf der Erde liegen Gebiete mit Vulkanismus und Erdbeben?

2 Vergleiche Erdbeben mit Vulkanausbrüchen (Dauer, Vorgang, Folgen).

3 Skizziere einen Schichtvulkan im Arbeitsheft, S. 28.

M2 *Nach einem Erdbeben*

M3 *Plattengrenzen im Mittelmeerraum*

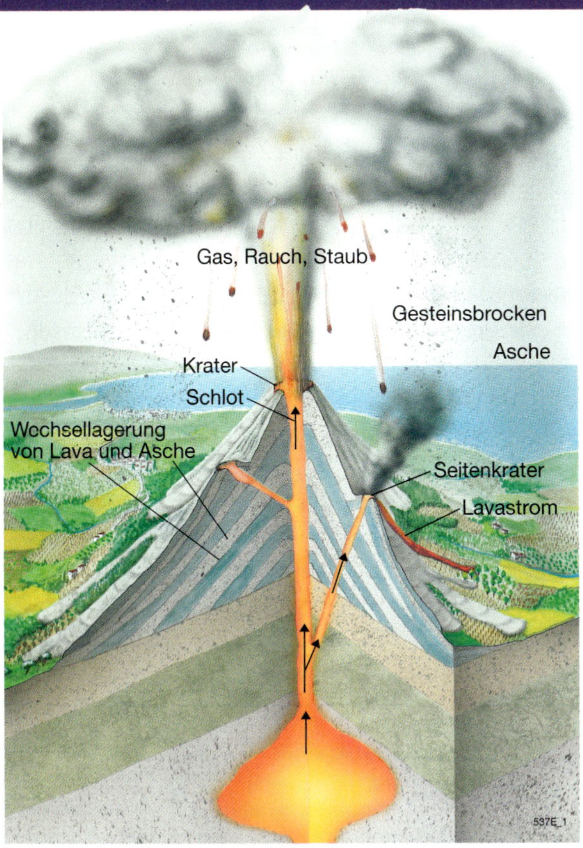

M4 *Aufbau eines Schichtvulkans*

M5 *Ausbruch des Ätna*

Menschen am Vulkan

„An der Flanke des Ätna hatte sich in 2600 Metern Höhe eine breite Spalte geöffnet, aus der kochende Lava hervorquoll und wie ein zäher Brei den Berg hinabfloss. Der Vulkan grollte und bebte. Dampf und Aschewolken zischten aus dem Krater am Gipfel wie aus einem Überdruckventil. Die Bauern liefen von ihren Feldern um sich und ihr Hab und Gut im Dorf zu retten. Manche beteten. Vielleicht haben das unsere Schutzpatrone gehört, denn diesmal blieb der Lavastrom vor den ersten Häusern stehen."

Bericht des Pfarrers von Fornazzo, 1979

Bauern haben an Vulkanhängen Felder und Dörfer angelegt, direkt am Fuße des Vesuv liegt sogar die Stadt Neapel. Warum leben Menschen so nahe am Vulkan? Ein Grund dafür liegt im Lavagestein. Wenn es verwittert, entstehen fruchtbare Böden. Auf ihnen können Wein, Oliven, Apfelsinen und Gemüse angebaut werden. Die Erträge sind so gut, dass die Bauern das Leben in ständiger Gefahr in Kauf nehmen. Auch wird die Erdwärme vielfältig genutzt. Viele Touristen zieht es in die malerischen Vulkanlandschaften. Dabei vertrauen die Menschen auf die moderne Technik, die immer besser frühzeitig Ausbrüche voraussagen kann.

Merke
An das Mittelmeer grenzen die Kontinente Europa, Asien und Afrika. Der Mittelmeerraum wird auch als Wiege der europäischen Kultur bezeichnet. Da in Südeuropa zwei große Erdkrustenplatten aneinander stoßen, wird das Leben der Menschen häufig durch Vulkanausbrüche und Erdbeben bedroht.

Grundbegriffe
- Vulkan
- Erdbeben

Aufgabe

4 Vulkane bringen den Menschen viel Leid, aber auch großen Nutzen. Begründe.

Nutzung digitaler Medien

M1 *Verloren im Datendschungel*

Per Mausklick in die Welt der Informationen

„Information at your fingertips!“ Mit diesem Zauberspruch lockt das Internet in die Welt der Informationen. Ohne aus dem Haus zu gehen oder auf Öffnungszeiten zu achten, lassen sich zu jedem Thema per Mausklick aktuelle Daten, Texte, Bilder, Videos, Karten und Diagramme abrufen. Wer möchte, kann zum Beispiel vulkanische Erscheinungen digital erfassen und dabei vieles über Vulkanismus lernen.

Ein Streifzug zur Plattentektonik lohnt sich auch. Und das Netz der Netze wird immer größer. Täglich gehen neue Internetseiten online und bieten eine schier unbegrenzte Fülle an Informationen. Da wird es immer schwieriger, sich in diesem „Dschungel“ zurecht zufinden. So manches Mal verliert man sich auf der Suche nach einer Information – bei der Recherche.

Aufgabe

1 Suche Informationen im Internet zu vulkanischen Erscheinungen.

Info

Von der Postkutsche zum World Wide Web
Im Laufe der Jahrhunderte haben sich die technischen Möglichkeiten des Informationsaustausches enorm entwickelt. Brauchte ein Brief von London nach Wien vor 200 Jahren mit der Postkutsche noch mehrere Wochen, vor 100 Jahren mit der Technik des Telegraphen einen Tag, erreicht eine E-Mail heute in Bruchteilen von Sekunden ihren Adressaten – unabhängig davon, ob der in der Nachbarschaft, in Nordamerika oder in Neuseeland wohnt. Und nicht nur Texte, auch Bilder, Filme und Töne können über das Internet in die ganze Welt verschickt werden. In kürzester Zeit erreichen auch sie über die Datennetze ihr Ziel.

Info

Suchhilfen
Bei der Suche nach Informationen kann man folgende Hilfen nutzen:
Suchmaschinen: Die bekanntesten sind www.altavista.com, www.metager.de und www.google.de. Eine spezielle Suchmaschine für Kinder ist www.blinde-Kuh.de. Nach Eingabe eines oder mehrerer Suchbegriffe durchforsten sie das gesamte Netz nach Seiten, in denen das entsprechende Schlagwort vorkommt. Eine andere Möglichkeit sind Archive z.B. bekannter Zeitschriften oder Lexika.

M2 *Was suche ich?*

Info

Informationsbeschaffung mithilfe des Internets

1. Schritt
Bevor die Suche losgeht: Überlege dir ganz genau, was du überhaupt finden möchtest. Benenne das Ziel deiner Recherche und notiere es.

2. Schritt
Das Internet bietet viele Suchhilfen, über die du Informationen leichter finden kannst. So genannte „Suchmaschinen" durchforsten das Netz nach Stichworten. Denke dir also zu deinem Thema möglichst eindeutige Schlagworte aus und gib sie in die Suchmaschine.

3. Schritt
Meistens findet die „Maschine" trotz deiner Vorüberlegungen viele Seiten, die dein Thema beinhalten. Wenn es zu viele sind, überlege dir, wie du die Suche weiter einschränken kannst. Meist geht dies durch eine Kombination oder den Ausschluss von Suchbegriffen.

4. Schritt
Wenn du eine überschaubare Menge an Suchresultaten erzielt hast, kommt es nur noch auf die richtige Auswahl an. Du solltest dir die gefundenen Seiten kurz anschauen und unbrauchbare Adressen ausschließen.

5. Schritt
Lege dir eine Liste mit den ausgewählten Links und einer kurzen Beschreibung ihrer Inhalte an, damit du sie in Zukunft immer wieder leicht verwenden kannst. So „baust" du dir mit der Zeit eine eigene Link-Bibliothek auf.

www.google.de
www.uni-muenster.de/MineralogieMuseum/vulkane/uebersicht.htm
www.geoscience-online.de

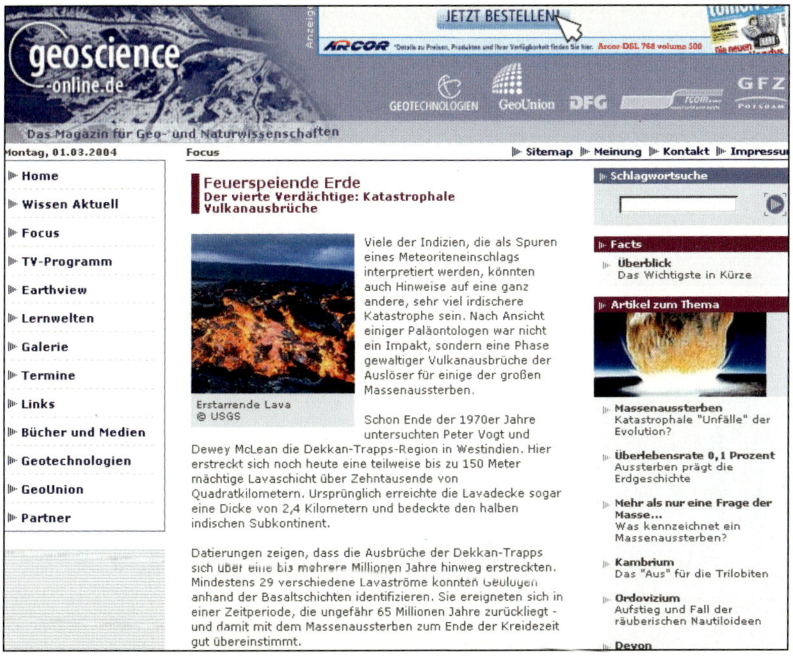
geoscience-online.de
Das Magazin für Geo- und Naturwissenschaften

JETZT BESTELLEN!

GEOTECHNOLOGIEN GeoUnion DFG GFZ POTSDAM

Montag, 01.03.2004 | Focus | Sitemap | Meinung | Kontakt | Impressum

- Home
- Wissen Aktuell
- Focus
- TV-Programm
- Earthview
- Lernwelten
- Galerie
- Termine
- Links
- Bücher und Medien
- Geotechnologien
- GeoUnion
- Partner

Feuerspeiende Erde
Der vierte Verdächtige: Katastrophale Vulkanausbrüche

Erstarrende Lava
© USGS

Viele der Indizien, die als Spuren eines Meteoriteneinschlags interpretiert werden, könnten auch Hinweise auf eine ganz andere, sehr viel irdischere Katastrophe sein. Nach Ansicht einiger Paläontologen war nicht ein Impakt, sondern eine Phase gewaltiger Vulkanausbrüche der Auslöser für einige der großen Massenaussterben.

Schon Ende der 1970er Jahre untersuchten Peter Vogt und Dewey McLean die Dekkan-Trapps-Region in Westindien. Hier erstreckt sich noch heute eine teilweise bis zu 150 Meter mächtige Lavaschicht über Zehntausende von Quadratkilometern. Ursprünglich erreichte die Lavadecke sogar eine Dicke von 2,4 Kilometern und bedeckte den halben indischen Subkontinent.

Datierungen zeigen, dass die Ausbrüche der Dekkan-Trapps sich über eine bis mehrere Millionen Jahre hinweg erstreckten. Mindestens 29 verschiedene Lavaströme konnten Geologen anhand der Basaltschichten identifizieren. Sie ereigneten sich in einer Zeitperiode, die ungefähr 65 Millionen Jahre zurückliegt - und damit mit dem Massenaussterben zum Ende der Kreidezeit gut übereinstimmt.

Schlagwortsuche

Facts
- **Überblick** Das Wichtigste in Kürze

Artikel zum Thema
- **Massenaussterben** Katastrophale "Unfälle" der Evolution?
- **Überlebensrate 0,1 Prozent** Aussterben prägt die Erdgeschichte
- **Mehr als nur eine Frage der Masse...** Was kennzeichnet ein Massenaussterben?
- **Kambrium** Das "Aus" für die Trilobiten
- **Ordovizium** Aufstieg und Fall der räuberischen Nautiloideen
- **Devon**

M3 *www.geoscience-online.de*

→ Bio

Aufgaben

1 a) Beschreibe das Klimadiagramm von Rom (M2).
b) Vergleiche mit dem Klimadiagramm von Potsdam und nenne Unterschiede (M1 und M2).
c) Vergleiche die Klimadiagramme von Rom und Murcia. Nutze dazu M1, M4 und das Arbeitsheft, S. 29.

2 Wie haben sich die Pflanzen an das Mittelmeerklima angepasst?

3 Wo liegen die beiden Huertagebiete in Spanien (M3)?

Hartlaub- und Dornengewächse – Pflanzen des Mittelmeerraumes

Wenn bei uns kühles Aprilwetter herrscht, ist es in den Mittelmeerländern schon warm. Die Sommer sind trocken und heiß. Fast ständig wehen Nordostwinde. Im Herbst und Winter bringen Westwinde Niederschläge. Die Temperaturen sind mild.

Im subtropischen Klima wachsen zahlreiche Pflanzen, die sich der Hitze und Trockenheit angepasst haben, z. B. Zypresse, Pinie, Agave und Lorbeer. Viele dieser Pflanzen haben kleine immergrüne Blätter mit harter, lederiger Oberfläche oder Dornen. Dadurch schützen sie sich vor zu starker Verdunstung. Man nennt sie Hartlaubgewächse. Verbreitet ist auch die Macchie, ein Dorngestrüpp aus verschiedenen Pflanzenarten.

Pflanzen, die die Menschen zur Ernährung anbauen, nennt man Nutzpflanzen oder Kulturpflanzen. Der Olivenbaum ist die wichtigste Kulturpflanze des Mittelmeerraumes. Auch Wein, Orangen, Zitronen und Pfirsiche reifen im heißen und regenarmen Sommer besonders gut.

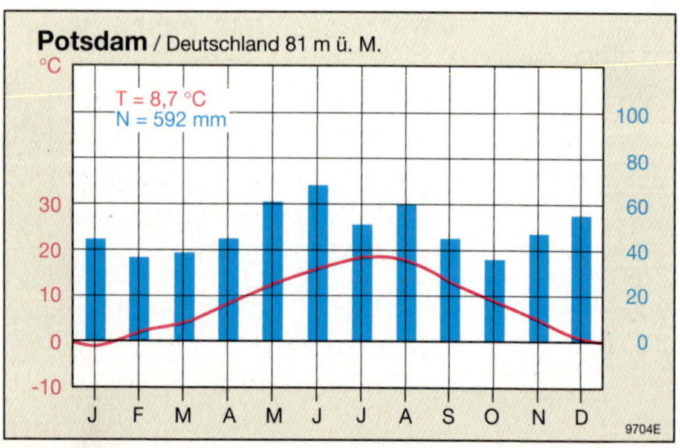

M1 *Klimadiagramm Potsdam*

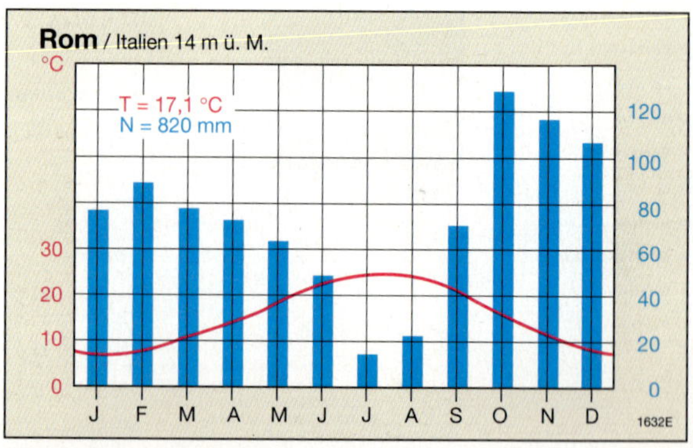

M2 *Klimadiagramm Rom*

Wasser ist kostbar

Carmen verbringt ihre Ferien bei Verwandten in der Huerta von Murcia. Überall gibt es bewässerte Felder, auf denen Obst und Gemüse angebaut werden. Kleine Gehöfte liegen in den Feldern. Ihr Onkel erklärt: „Huerta heißt Garten. Die meisten Huertanos (Bauern) besitzen nur ein bis zwei Hektar Land. Sie können aber das ganze Jahr hindurch anbauen und ernten, weil sie **Bewässerungsfeldbau** betreiben."

„Woher kommt das Wasser?", will Carmen wissen. „Wir nutzen das Grundwasser und das Flusswasser des Segura. Zusätzlich bekommen wir Wasser aus dem Fluss Tajo. Es wird 400 Kilometer weit durch Röhren hierher geleitet.

Alte und neue Bewässerungsmethoden

Früher ließ man das Wasser in Furchen auf die Felder fließen. Dabei verdunstete jedoch ein großer Teil. Deshalb wird diese Bewässerung nur noch selten angewendet.

Oft verwenden die Huertanos die Schlauchbewässerung. Dazu wurden auf den Feldern Schläuche verlegt, die das Wasser zu den Pflanzen bringen. So kann es nicht ungenutzt versickern oder verdunsten.

In neuen Gewächshäusern wird die Tropfbewässerung betrieben. Dabei läuft das Wasser durch Kunststoffleitungen zu jeder einzelnen Pflanze. Sie erhält die Wassermenge, die sie benötigt. In der ‚neuen' Huerta sind auch die Grundstücke größer. Deswegen ist die landwirtschaftliche Nutzung hier besonders lohnend.

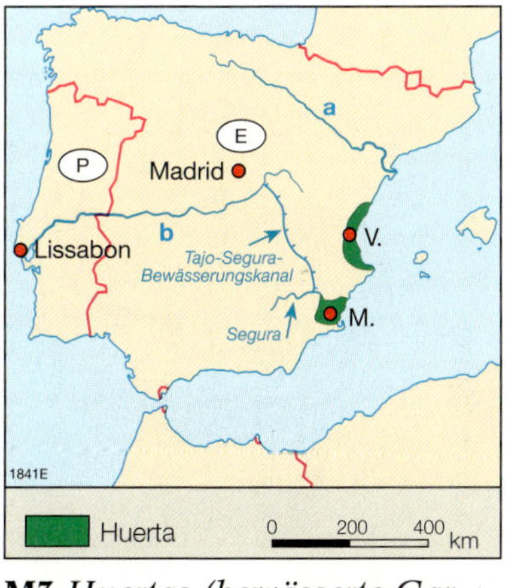

M3 *Huertas (bewässerte Gartenlandschaft in Spanien)*

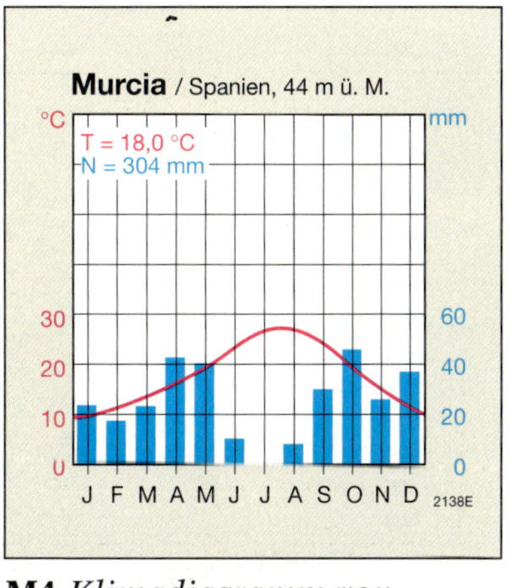

M4 *Klimadiagramm von Murcia*

Merke
Die Pflanzen im Mittelmeerraum sind an die trockenen Sommer angepasst (Hartlaubgewächse). Auf bewässerten Feldern werden insbesondere Obst (Zitrusfrüchte) und Gemüse angebaut.

Grundbegriff
- Bewässerungsfeldbau

Links und rechts der Donau

Land	Einwohner in Mio.	Fläche in 1000 km²
Bosnien-Herzegowina	4,0	51
Bulgarien	8,0	111
Jugoslawien	10,5	102
Kroatien	4,4	57
Mazedonien	2,0	26
Rumänien	22,4	238
Serbien und Montenegro	10,7	102
Slowenien	2,0	20

M1 *Südosteuropa (2001)*

Die Donau – eine Lebensader

„Donau, so blau ...“ – so heißt es in einem bekannten Walzer von Johann Strauß. Quelle und Mündung des zweitlängsten Flusses Europas sind jedoch mit der Farbe schwarz verbunden: Schwarzwald und Schwarzes Meer. Auf ihrem Lauf durchquert sie reizvolle Landschaften wie die Ungarische Tiefebene, das Engtal am Eisernen Tor und das von ihr geschaffene Delta.

Als blaue Lebensader verbindet die Donau viele Staaten Mittel- und Südosteuropas miteinander. Sie bietet Millionen von Menschen Erholung und Entspannung, ist Lebensgrundlage für viele Fisch- und Vogelarten, dient der Bewässerung von Feldern und der Erzeugung von Elektroenergie. Seit Jahrtausenden besitzt die Donau aber auch eine große Bedeutung als europäische Wasserstraße.

M2 *Staudamm am Eisernen Tor*

Kulturelle Vielfalt

Auf ihrem langen Weg durch Mittel- und Südosteuropa wird die Donau unter anderem auch Dunaj, Dona, Dunav, Dunava, Dunareã genannt. Die Donauregion gilt als der Teil Europas, in dem es die größte Vielfalt an Nationalitäten gibt. Diese Vielfalt entstand durch Bevölkerungswanderungen oder durch Fremdherrschaft über große Teilgebiete. Häufig wurden um den Besitz der fruchtbaren Tiefebenen links und rechts der Donau harte Kämpfe ausgetragen. Zeitweise gab es hier riesige Vielvölkerstaaten, die jedoch später wieder zerfielen. Heute liegen am Mittel- und Unterlauf der Donau sieben Länder: Österreich, Slowakei, Ungarn, Kroatien, Serbien, Bulgarien, Rumänien.

M3 *Entlang der Donau – Übungskarte*

www.danube-river.org

Aufgaben

1 Verfolge den Verlauf der Donau von der Quelle bis zur Mündung. Welche Staaten werden durch sie verbunden (M3, Atlas)?

2 Vergleiche die Delta- mit der Trichtermündung. Nutze dazu das Arbeitsheft, S. 30.

M4 *Pelikane im Donaudelta*

M5 *Schilfernte per Hand*

Die Donau schüttet ein Delta auf

„Die Donau baut Europa ab und schüttet es ins Schwarze Meer", so hört man die Bewohner des Deltas oft sagen. Durchschnittlich eine Milliarde Tonnen Material werden so im Laufe eines Jahres durch den Fluss umgelagert. Etwa 75 Kilometer von der Küste entfernt verzweigt sich der Strom in drei große Flussarme und tausende kleinere, sehr langsam fließende Wasseradern. Durch die Ablagerung von feinem Sand und Schlamm wird der Verlauf der Küstenlinie fortwährend verändert. 40 bis 50 Meter wächst die Deltamündung der Donau jährlich in das Meer hinein.

Donaudelta – Nutzung ohne Zerstörung?

Das Donaudelta steht unter Naturschutz und ist ein wahres Paradies für Tiere. Besonders artenreich ist die Vogelwelt. Pelikane, Flamingos, Reiher, Kormorane, Seeadler und die Donaufalken sind hier heimisch. Das Gewirr aus kleinen und größeren Flussläufen sowie die eingelagerten Seen sind die Heimat zahlreicher Fischarten. Das Delta ist zudem die größte Schilflandschaft der Erde.

Die Schilfpflanzen bilden ein fast undurchdringliches Dickicht und erreichen eine Höhe von bis zu sechs Metern.

Schilf wurde früher zum Fertigen kunstvoller Möbel, zum Decken von Dächern und zum Flechten von Matten genutzt. Heute dienen die riesigen Schilfbestände vor allem zur Herstellung von Papier, Pappe und Zellwolle. Da diese Produkte ansonsten aus Holz hergestellt würden, kann man so viele Hektar Wald erhalten. Schilf wächst nach dem Schneiden in nur einem Jahr in voller Höhe wieder nach. Bäume dagegen benötigen dazu etwa 60 bis 70 Jahre.

M6 *Fischer mit Welsen*

Merke
Die Donau ist eine bedeutende europäische Wasserstraße. In der Donauregion leben viele unterschiedliche Völker. Das Donaudelta ist eine geschützte Landschaft.

Verkarstung

M1 *Die Lage des Karstgebirges*

M2 *Im Karstgebirge*

Nackte Berge, Einsenkungen und Höhlen

Wir befinden uns im **Karst**gebirge. Es ist eine Landschaft, die sich durch viele Besonderheiten auszeichnet: Aus einer dünnen Boden- und Pflanzendecke schaut oftmals das nackte Felsgestein hervor. Es besteht aus grauweißen Kalken, die stark in Rinnen und Spalten zerklüftet sind. Obwohl reichlich Niederschläge fallen, schlängeln sich nur wenige Flüsse durch das Gebirge.

Nutzung mit Folgen

So waldarm und stellenweise sogar ohne Pflanzenwuchs wie heute war das Karstgebirge in früheren Zeiten nicht. Dichte Laubwälder bedeckten das Gebirge. Da die Bewohner Acker- und Weideflächen sowie Platz zum Siedlungsbau benötigten, wurden Wälder gerodet. Auch zu Heizzwecken benutzte man Holz.

Als man im 15. und 16. Jahrhundert zum Bau Venedigs („Stadt auf Pfählen") und auch für den Schiffbau unzählige Baumstämme benötigte, wurde das Gebirge vollends kahl geschlagen.

Hinzu kam, dass übermäßig viele Ziegen, Schafe und Rinder auf den Bergwiesen weideten. Sie fraßen die Grasdecke ab. Im Laufe der Zeit wurde die nunmehr ungeschützte dünne Bodenschicht weitgehend abgespült. Das Wasser konnte nun noch leichter im Gestein versickern und die verschiedenen Karstformen ausbilden, dazu zählen Felstrichter (Dolinen), Felswannen und Becken (Poljen) sowie Tropfsteinhöhlen. Abgeleitet wurde der Name „Karst" von einem gleichnamigen Gebirge in Slowenien und Kroatien. Hier wurden die Karstformen erstmals genauer untersucht. Karst bezeichnet allgemein ein Gebiet mit Hohl- und Auswaschungsformen, die an löslichen Gesteinen (Kalk, Salz) entstanden sind.

Aufgaben

1 Belege die Aussage: Der Mensch hat durch Eingriffe in die Natur den Vorgang der Verkarstung beschleunigt.

2 Erkläre die Entstehung und Nutzung einer Karstlandschaft (M2 bis 5).

3 Karsterscheinungen findet man z.B. auch in den Randgebieten des Harzes:
a) Welche natürlichen Voraussetzungen müssen gegeben sein?
b) Informiere dich über die Tropfsteinhöhlen in Rübeland im Harz.

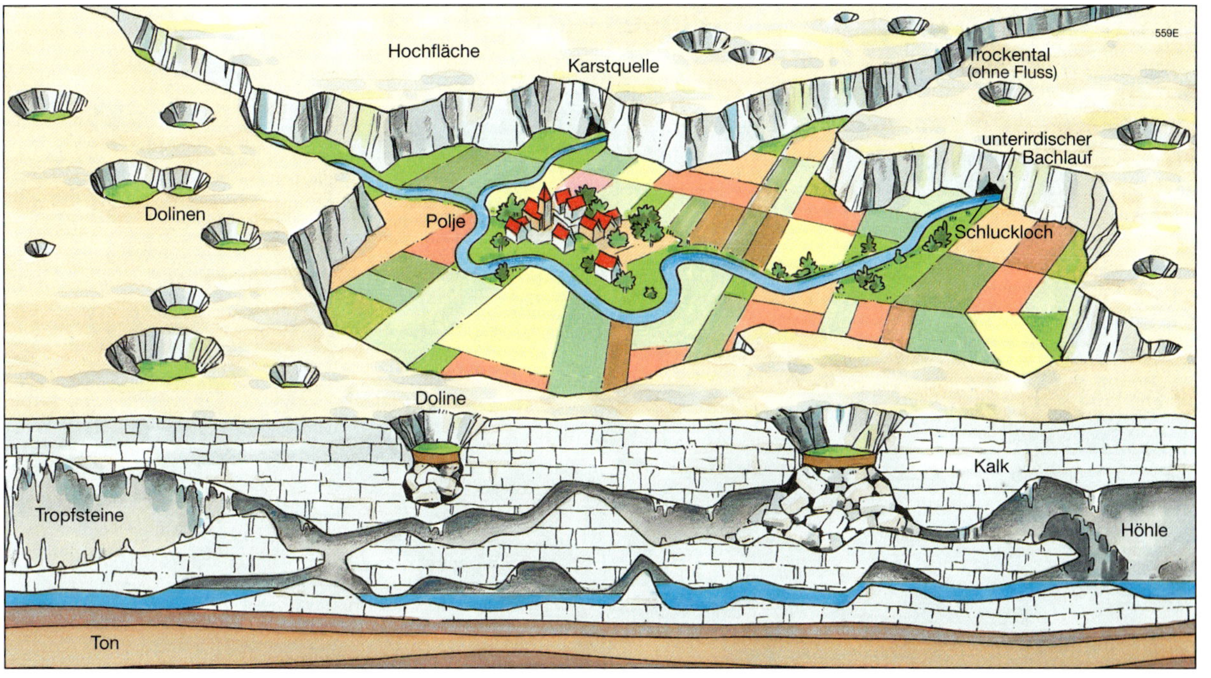

M3 *Karstformen*

Info

Wie Karstformen entstehen

Kalkgestein und die im Gebirge reichlich fallenden Niederschläge sind Voraussetzungen für die Entstehung von Karstformen. Wegen seiner Risse und Spalten ist Kalkstein sehr wasserdurchlässig. Deshalb sammelt sich hier das Regenwasser nicht in Flüssen und Seen an der Oberfläche, sondern versickert schnell in die Tiefe. Im Untergrund löst das Wasser den Kalkstein langsam auf. Es bilden sich große Höhlen. Brechen ihre Felsdecken ein, werden die Einbruchstellen an der Oberfläche als Dolinen (Einsturztrichter) sichtbar. Die lang gestreckten, wannenartigen Vertiefungen, die Poljen, sind durch Bodensenkungen entstanden.

Merke

Karsterscheinungen gibt es in allen Gebirgen mit Kalkstein. Karstformen (z.B. Dolinen und Poljen) können sich entwickeln, weil Kalkstein wasserlöslich ist.

Grundbegriff

- Karst

M4 *In einer Tropfsteinhöhle*

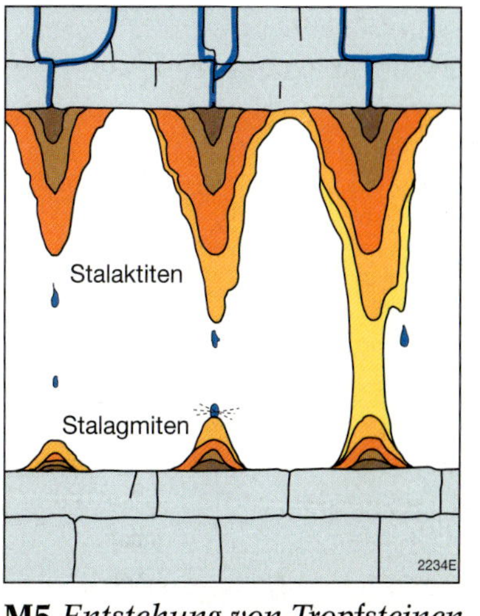

M5 *Entstehung von Tropfsteinen*

Grübeln und Tüfteln

Eine Kreuzfahrt durch das Mittelmeer – ein Quiz

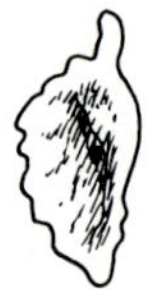

1. Tag: Unsere Reise beginnt in Genua. Am ersten Tag fahren wir an einer Insel (?) vorbei, die zu Frankreich gehört.

2. Tag: Wir sind in der Hauptstadt von Italien (?). Dort machen wir einen Landausflug. Wir besichtigen das Kolosseum aus der Römerzeit.

3. Tag: Weiter geht es nach Neapel. Von hier aus machen wir wieder einen Landausflug. Wir steigen auf einen 1277 m hohen Vulkan (?).

4. Tag: Es geht weiter. Wir fahren an einer Insel (?) vorbei, auf der ein viel höherer Vulkan (?) tätig ist.

5. und 6. Tag: Bis wir unser nächstes Reiseziel, eine Insel (?), erreichen, sind wir viele Stunden auf See. Endlich kommen wir in Iraklion an. Auch hier besichtigen wir Ruinen aus einer längst vergangenen Zeit: den Knossos-Palast.

7. und 8. Tag: Wir fahren durch eine Inselgruppe (?) mit vielen kleinen Inseln. Schließlich erreichen wir den Hafen Piräus. Wir freuen uns schon auf den Landausflug zur Akropolis, die hoch über einer Hauptstadt (?) liegt.

9. und 10. Tag: Bevor wir das Ziel unserer Reise erreichen, müssen wir noch durch eine Meerenge (?) fahren. Östlich liegt Asien, westlich Europa. Von weitem sehen wir schon die Moscheen und Türme der Weltstadt (?).

Eine Bohrinsel in der Nordsee

Meere	Fläche (in Mio km²)	mittlere Tiefe (in m)	größte Tiefe (in m)	Salzgehalt (in g/l)
Atlantik	106	3 293	9 219	36
Nordsee	0,6	93	725	32
Ostsee	0,4	55	459	8
Mittelmeer	3	1 450	5 092	38
Schwarzes Meer	0,5	1 191	2 245	18
Meere gesamt	362	3 840	11 022	34

M1 *Steckbrief: Meere Europas*

Europas Meere

Meere bedecken fast drei Viertel der Erde. Der Atlantik im Westen Europas ist neben dem Pazifik und dem Indik einer der drei großen Ozeane. Die Nordsee wird als **Randmeer** oder Schelfmeer bezeichnet, da sie einerseits durch die Britischen Inseln vom Atlantik abgetrennt wird, andererseits den Schelf des europäischen Kontinents bedeckt (M3).

Die Ostsee, das Mittelmeer sowie das Schwarze Meer sind **Binnenmeere,** da sie weitgehend von Festlandsgebieten umschlossen und nur durch Meerengen zu erreichen sind.

Den Boden der Ozeane bilden riesige Tiefseebecken und -gräben sowie mittelozeanische Gebirge.

Meerwasser ist Salzwasser

Meerwasser enthält durchschnittlich 35 Gramm Salze pro Liter. Diese werden zumeist in gelöster Form durch Flüsse eingeleitet. Die gesamte Salzmenge der Meere würde ausreichen um alle Landmassen der Erde mit einer 45 Meter dicken Salzschicht zu bedecken.

Zwei Meere weisen einen besonders hohen Salzgehalt auf: das warme Mittelmeer und der sehr kalte Nordatlantik, da sich sowohl bei hoher Verdunstung als auch bei starker Abkühlung Salze im Wasser anreichern. Die Ostsee hingegen ist salzarm. Ursache dafür sind der große Süßwasserzufluss aus einmündenden Flüssen und durch Niederschläge. Da nur ein wenig Salzwasser aus der Nordsee durch die Meeresengen von Skagerrak und Kattegat in die Ostsee einströmt, vereisen im Winter große Meeresflächen.

M2 *Montagearbeiten auf einem der zwei 254 m hohen Pfeiler der Hängebrücke über den Großen Belt in Dänemark*

Aufgaben

1 Gib Meerengen Europas an und nenne die Meere, welche sie verbinden.

2 Erkläre den geringen Salzgehalt der Ostsee sowie den hohen Salzgehalt des Mittelmeeres.

3 Beschreibe das Relief des Meeresbodens und ermittle im Atlas die Lage der Tiefseegräben.

Mit dem Unterseeboot in die Tiefen des Atlantiks

Im Schelfbereich bis 200 m Tiefe: Im schummrigen Licht ziehen riesige Schwärme von Heringen und Schellfischen an uns vorbei. Auf dem schlammigen und sandigen Schelfboden wogen auf weiten Flächen Seegraswiesen. Hier gibt es noch genügend Licht und Nährstoffe für Pflanzen und Meerestiere.

Den Kontinentalabhang hinab bis 1000 m Tiefe: Wir tauchen nun in die Tiefsee ab. Bald beginnt die ewige Dunkelheit. Der Druck auf unser Boot nimmt immer mehr zu. Die Wassertemperatur beträgt + 4°C. Seltsame Unterwasserwesen befinden sich hier im ständigen Kampf um die wenige Nahrung, z.B. Fische mit hoch empfindlichen Teleskopaugen, mit denen sie ihre Beute in der Dunkelheit ausmachen.

Am mittelatlantischen Rücken in 2000 m Tiefe: Schwarz quillt eine 350 °C heiße Wolke aus säulenartigen Röhren – so genannten „schwarzen Rauchern." Hier erhitzt sich das Tiefseewasser in Rissen und Spalten über heißem Magma. Nur hier können wir in der ansonsten lebensfeindlichen Tiefsee noch Leben begegnen: zum Beispiel Röhrenwürmern, Krebsen und Seeanemonen.

Am Meeresboden in 4000 m Tiefe: Die Wassertemperatur liegt bei 0°C. Der Wasserdruck ist 400 fach höher als an der Oberfläche. Unter diesem Druck, ohne Licht und Sauerstoff können nur noch sehr wenige angepasste Kreaturen überleben. In unserem Scheinwerferlicht sehen wir Scharlachgarnelen in grellroter Tarnfarbe, da ohne Licht Rot wie Schwarz aussieht. Wir sind im Reich der Finsternis.

M4 *Tiefseefische*

Merke
Europas Meere sind gegliedert, zum Beispiel in Randmeere und Binnenmeere.

Grundbegriffe
- Randmeer
- Binnenmeer

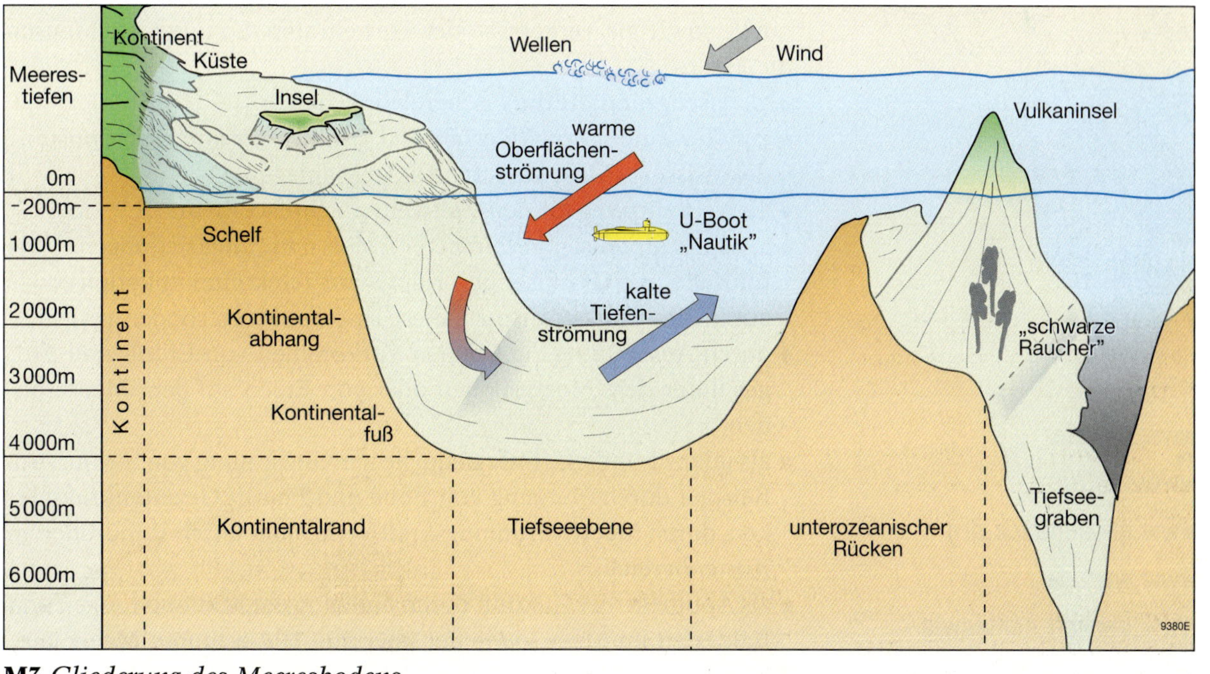

M3 *Gliederung des Meeresbodens*

Wirtschaftsraum Meer

M1 *Das Meer ist bedroht. Weshalb?*

Nutzung des Meeres durch den Menschen

Wasser, Meeresboden sowie Pflanzen und Tiere des Meeres sind eng miteinander verbunden.

Das Meer dient dem Menschen als schier unerschöpfliche Rohstoffquelle sowie als Verkehrs- oder Freizeitraum. So nutzt der Mensch die Meere

- als Fischgrund für die Fischereiwirtschaft,
- zur Gewinnung von Meersalz und Trinkwasser durch Verdunstung des Wassers (Meerwasserentsalzungsanlagen),
- als Verkehrsweg für den weltweiten Schiffsverkehr,
- als Basis für tausende Kilometer Erdöl- und Erdgasleitungen sowie für Kabel aus Glasfaser und Kupfer zur Telekommunikation sowie zum Elektrizitätstransport; diese sind am Meeresboden verlegt,
- durch Ausbeutung der reichen Vorkommen von Erdöl- und Erdgas unter dem Meeresboden oder von Erzen auf dem Meeresboden,
- als unerschöpfliche Energiequelle zur Gewinnung von Strom, zum Beispiel durch Nutzung von Ebbe und Flut in Gezeitenkraftwerken, durch Meeresströmungskraftwerke oder durch Windräder im Küstenbereich,
- als Apotheke der Zukunft durch Nutzung der Millionen Algen und Bakterien im Meer sowie der über 500 000 weiteren Meerestierarten.

www.bsh.de
www.fao.de
www.greenpeace.org
www.wwf.de
www.umwelt.schleswig-holstein.de

Arbeit mit Bildern

Meer und Küste als Freizeitraum

Wie du bereits weißt, kann es zu Konflikten zwischen den Ansprüchen der Urlauber und dem Naturschutz kommen.

Aufgaben

1 Erarbeitet in Gruppen Ansprüche der Urlauber und des Naturschutzes.

2 Stellt eure Ergebnisse vor und diskutiert sie.

3 Sucht nach Kompromissen.

4 Beschreibt die Zeichnung. Was will sie uns sagen? Vergleicht mit eurer Kompromisslösung.

Methode

Arbeit mit Bildern und Zeichnungen

1. Nennen des Titels
2. Beschreiben des Inhalts (Raum, Personen, Natur, Handlungen)
3. Aufspüren von Zusammenhängen zwischen einzelnen Bildelementen
4. Benennen der Hauptaussage des Bildes/der Zeichnung

M1 *Krabben werden gekocht*

Mit dem Krabbenkutter im Wattenmeer

Seit zwei Stunden tuckern wir nun schon mit dem Krabbenkutter durch das Wattenmeer. Kapitän Petersen betreibt Küstenfischerei. Er hat mir erlaubt eine Fahrt mitzumachen. Aber ganz wohl fühle ich mich nicht, denn das kleine Schiff schaukelt sehr stark auf dem Wasser.

Der Kutter zieht rechts und links Schleppnetze neben sich her. Etwa jede Stunde werden sie hochgezogen. Der Matrose schüttet dann den gesamten Fang in die Sortiermaschine. Die kleinen Fische und die zu kleinen Krabben werden dort aussortiert und wieder ins Meer geschüttet. Die großen Krabben werden gleich an Bord in einem Kessel mit Salzwasser gekocht. Kapitän Petersen füllt eine Portion Krabben in eine Schale und zeigt mir, wie man Krabben „pult." Krabben sind eine Delikatesse, aber das Schälen dieser Kleinkrebse will gelernt sein.

„Das Pulen machen wir gleich zu Hause", erzählt mir der Kapitän. „Wer geschickt ist, schafft bis zu 3 kg pro Stunde. Von den etwa 250 kg Krabben, die wir unter Deck haben, kommt der größte Teil jedoch ungepult in die Fischfabrik, wo er zu Konserven verarbeitet wird. Nur ein kleiner Teil wird im Fischladen frisch verkauft. Fisch ist auch für die Ernährung der Menschheit von großer Bedeutung. Denke nur mal an Inselstaaten wie Island oder Japan, bei denen die Nahrung vor der Haustür herumschwimmt. Diese Staaten haben einen sehr hohen Fischverbrauch."

Nach fast zehnstündiger Fahrt, bei der wir immer vor der Küste im Wattenmeer hin und her kreuzten, laufen wir wieder in den Hafen ein. Obwohl wir nie auf das offene Meer hinausgefahren sind, bin ich froh endlich wieder festen Boden unter den Füßen zu haben. Einige Urlauber erwarten uns schon an der Kaimauer um die Krabben so frisch wie möglich zu kaufen.

Aufgaben

1 Nenne wichtige Fischfanggebiete. Erkläre ihre Lage.

2 Vergleiche Küsten- und Hochseefischerei.

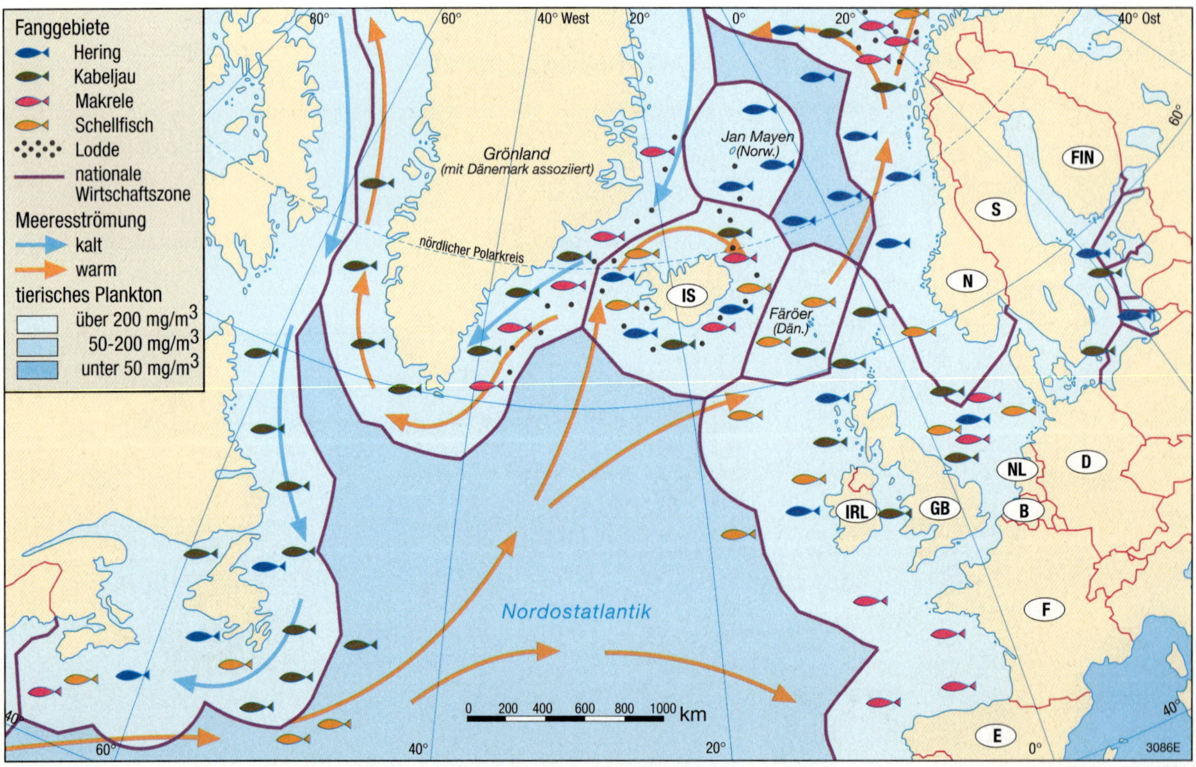

M2 *Fischgründe im Nordatlantik und seinen Nebenmeeren*

Mit moderner Technik auf Fischfang

Weil früher hauptsächlich **Küstenfischerei** betrieben wurde, gingen die Erträge in der Ost- und Nordsee mehr und mehr zurück. Heute gelten diese Meeresteile als überfischt. Auch hier wurden Fangbeschränkungen wirksam, die allmählich zu einer angemessenen Erholung der Bestände führen.

Mit hoch gerüsteten Fang- und Verarbeitungsschiffen wichen die Fischereiflotten auf die Fischgründe der Ozeane aus (**Hochseefischerei**). Diese „schwimmenden Fabriken" haben eine Länge von etwa 90 Metern und eine Besatzung von über 70 Mann. Der Fang wird unmittelbar an Bord verarbeitet und tiefgefroren. Ein Fang- und Verarbeitungsschiff kann mühelos über 17 000 Tonnen auf -40 °C tiefgefrorenen Fisch in seinen Lagerräumen aufnehmen und ihn bis zur Anlandung verkaufsfrisch halten. Rund ein Viertel des auf deutschen Schiffen gefangenen Fischs besteht aus Hering. Neben dem Hering gehören Seelachs und Kabeljau zu den meistgefangenen Fischarten.

Mit stichprobenartigen Kontrollen wird versucht die Einhaltung der Fangbeschränkungen zu gewährleisten. Immer wieder wird dabei festgestellt, dass die Fischer die Bestimmungen umgehen, zum Beispiel mit zu engmaschigen Netzen, in denen sich auch Jungfische verfangen, die dann nicht mehr für die Regenerierung der Bestände sorgen können. Derartige Verstöße führten Spanien und Kanada 1995 an den Rand eines „Fischereikrieges."

M3 *Das Schleppnetz wird über das Schiffsheck gehievt*

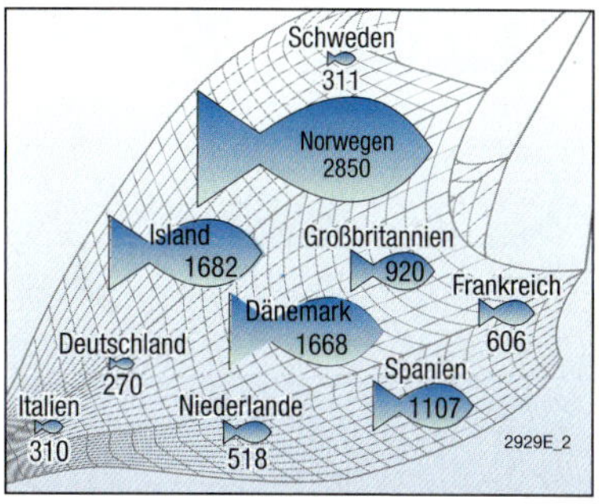

M4 *Fangmengen der europäischen Fischereiwirtschaft 2002 (in 1000 t)*

Info

Überfischung
Von Überfischung spricht man, wenn in einem Fanggebiet so viele Fische gefangen worden sind, dass nicht mehr genügend junge Tiere nachwachsen können. Der Fischfang kommt unter diesen Umständen zum Erliegen.

Merke
Fischfang wird als Küsten- und Hochseefischerei betrieben. Heute gelten Nord- und Ostsee als überfischt, sodass Fangbeschränkungen erlassen werden.

Grundbegriffe
- Küstenfischerei
- Hochseefischerei

Erdöl aus der Nordsee

Tief unter dem Meeresboden der Nordsee lagern große Vorkommen an **Erdöl** und **Erdgas**. Mit großem technischen Aufwand werden diese Rohstoffe gefördert. Eigens dafür wurden gigantische Bohrplattformen entwickelt. Im norwegischen Ekofisk-Gebiet zum Beispiel sind 27 solcher Plattformen im Meeresboden fest verankert.

Die gewonnenen Rohstoffe gelangen über **Pipelines** oder Tanker an die Küsten. Dort werden sie in neu angesiedelten Industriebetrieben verarbeitet. Gegenwärtig erschließt man neue, weiter nördlich gelegene Lagerstätten. Die fest verankerten Bohrplattformen sind inzwischen veraltet, die Zukunft gehört modernen schwimmenden Bohrinseln.

	Jahres-förderung	Reserven
Norwegen:	159	2921
Dänemark:	2	65
Großbritannien:	127	1890

M1 *Nordsee-Erdöl (2000, in Mio. t)*

Aufgabe

1 In der Nordsee werden Erdöl und Erdgas gefördert. Stelle fest, zu welchen Ländern die Pipelines führen (M2 und Atlas, Karte: Nordsee – Belastung der Umwelt). Benenne die Länder und eingetragenen Städte.

www.g-o.de

Info

Vom Leben auf einer Bohrinsel

„Das sind harte Burschen“, sagt Arvid, „sie leisten dreckige Knochenarbeit und gefährliche dazu, besonders im Winter bei Eiseskälte und Sturm. Sie arbeiten in Zwölfstundenschichten und das zwei Wochen lang. Dann haben sie zwei Wochen frei und werden auf das Festland geflogen.
Die meisten sind an Bord mit Wartungsarbeiten beschäftigt. Ständig sind Anstreicher unterwegs, denn die salzhaltige Luft lässt Eisenteile schnell rosten.
Ihre Freizeit können sie im Bordhotel, im Fitnessraum, im Kino oder mit Angeln verbringen. Trotz dieser guten Bedingungen und des hohen Lohnes wechseln aber viele die Arbeit.“

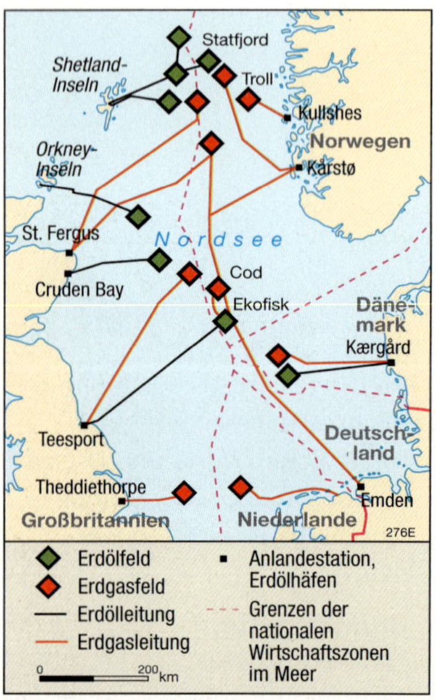

M2 *Erdöl- und Erdgasvorkommen der Nordsee*

M3 *Lagertank und Plattformen im Ekofisk-Gebiet*

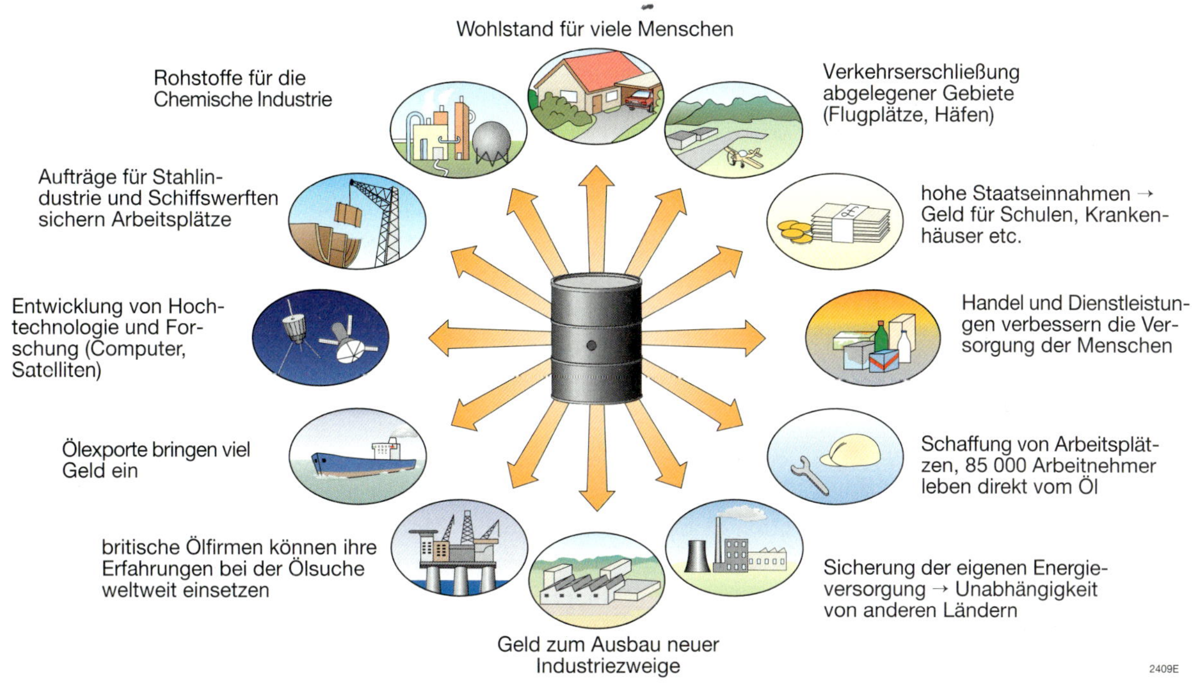

M4 *Positive Auswirkungen der Förderung des Nordsee-Öls*

Ölkatastrophen

Sie können entstehen, wenn das geförderte Öl aus Tankern, Bohrinseln oder Pipelines ausläuft und sich ein großer Ölteppich auf dem Meer bildet. Ganze Meeres- bzw. Küstenabschnitte werden dann verseucht. Passieren kann dies zum Beispiel, wenn auf einer Bohrplattform eine Havarie ausbricht, eine Pipeline undicht ist oder Tanker auf hoher See verunglücken.

Entzündet sich noch dazu ein Feuer, sind Menschen und Umwelt in zusätzlicher Gefahr.

Merke
In der Nordsee werden Erdöl und Erdgas gefördert. Gigantische Bohrplattformen wurden dafür entwickelt.

Grundbegriffe
- Erdöl
- Erdgas
- Pipeline

M5 *Negative Auswirkungen der Förderung des Nordsee-Öls*

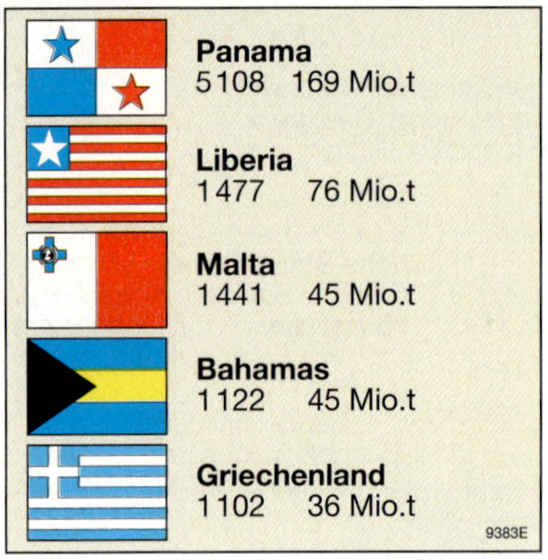

M1 *Die wichtigsten Billigflaggenländer nach Anzahl der Schiffe und Ladung in Mio. t*

Aufgaben

1 Ordne die Häfen in M2 Ländern zu (Atlas).

2 Beschreibe kurz den grundlegenden Wandel im Weltseeverkehr und nenne die Gründe.

3 Errechne die Kosten des Aufenthalts der „DAL Kalahari“ in Hamburg (M4).

Das Weltmeer als Verkehrsraum

Das Ausmaß des Weltseeverkehrs ist das Ergebnis der weltweiten wirtschaftlichen Zusammenarbeit und der Verteilung der Rohstoffvorkommen sowie des Rohstoffbedarfs in den einzelnen Ländern. Die Schifffahrtswege sind deshalb in erster Linie auf Europa, Nordamerika und Japan ausgerichtet, welche die drei großen Wirtschaftszentren der Erde bilden. Weitere wichtige Schifffahrtslinien verbinden die Erdölförderregion am Persischen Golf mit den wichtigsten Ölverarbeitungszentren der Welt. Der Panama- und der Suezkanal sowie die Malaccastraße in Südostasien bündeln den Seeverkehr.

Die Welthandelsflotte transportiert jährlich etwa 800 Millionen Tonnen Handelsgüter. Das ist mehr als die Gütertransportleistung aller Eisenbahnen der Erde. Moderne Funknavigation und immer größer werdende, spezialisierte Hochseeschiffe tragen stark zum Wachstum des Seehandels bei. 400 m lange Riesentanker, auf deren Deck drei Fußballfelder passen, oder Schiffe, die 5000 Container tragen, verringern die Transportkosten erheblich. Containerschiffe lösen immer mehr die Stückgutfrachter ab, da Container durch die weltweit gleichen Maße ein schnelles Umladen auf alle anderen Verkehrsträger erlauben und somit die Liegekosten der Schiffe in den Häfen senken.

Die Zunahme der Schiffsgrößen führt aber auch zur Bevorzugung bestimmter Hafenstandorte. Superschiffe können nur wenige Tiefseehäfen anlaufen, wie zum Beispiel Rotterdam (vgl. S. 156/157).

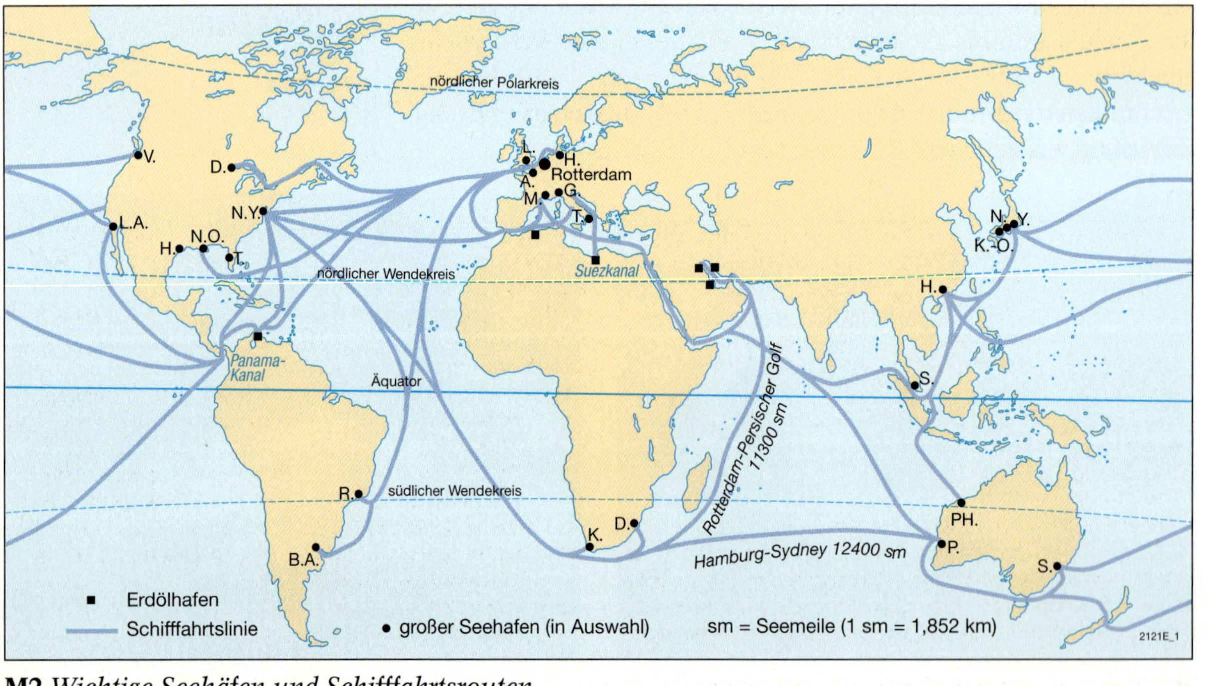

M2 *Wichtige Seehäfen und Schifffahrtsrouten*

M3 *Beladung von Supertankern im Arabischen Golf*

Welthandelsflotte

Derzeit liegt das Durchschnittsalter der Welthandelsflotte bei 15 Jahren. Der Zustand jedes fünften Tankers wird als schrottreif eingestuft. An den Schiffen und ihren Besatzungen wird gespart. Die meisten Schiffe fahren heute unter so genannten Billigflaggen. Um Kosten zu sparen lassen auch europäische Schiffseigner ihre Schiffe in Panama oder Liberia registrieren. Diese Billigflaggenländer halten sich kaum an die internationalen Vorschriften zur Schiffssicherheit oder zum Umweltschutz. Ihre wenig qualifizierten Schiffsbesatzungen sind bunt zusammengewürfelt und schlecht bezahlt. Seeleute bezeichnen die umgeflaggten Schiffe als „Seelenverkäufer", denn der Sicherheitsstandard ist oft sehr gering. Immer wieder lösen solche Schiffe wegen Sprachproblemen, Übermüdung und Überbelastung ihrer zu kleinen Mannschaften, aber auch durch technische Mängel Schiffsunglücke und damit Umweltkatastrophen aus.

Merke
Über das Weltmeer werden viele Güter transportiert. Da Container ein schnelles Umladen auf andere Verkehrsträger erlauben, finden sie zunehmend Verwendung. Um Kosten zu sparen fahren viele Schiffe unter so genannten Billigflaggen.

Das Vollcontainerschiff „DAL Kalahari" gehört der Hamburger Reederei „Deutsche-Afrika-Linie" und ist in Liberia registriert. Die „DAL Kalahari" ist 258 m lang und kann rund 3000 TEU (Twenty Feet Equivalent Unit = 20x8x8 Fuß) laden. Die Unterhaltskosten des Schiffes betragen 14 000 € am Tag.
1:00 Uhr: Das Schiff fährt von England kommend in die Elbmündung ein.
1:30 Uhr: An der Elbmündung geht ein Seelotse an Bord. Wegen des engen Fahrwassers der Elbe besteht Lotsenpflicht *(Lotsenkosten: 6010 €)*.
5:30 Uhr: Mit der Einfahrt der „DAL Kalahari" in den Hafen wird eine Hafengebühr fällig *(Hafengeld: 9459 €)*.
6:15 Uhr: Ein Hafenlotse kommt an Bord. Er ist Spezialist für das Manövrieren und Festmachen des Ozeanriesen im engen Hafenbecken. Zwei Hafenschlepper übernehmen die „DAL Kalahari" und drehen das Schiff, dann schleppen sie es an den Liegeplatz am Kai *(Lotsenkosten: 955 €, Schlepperkosten: 7056 €)*.
6:45 Uhr: Festmachen der Leinen am Terminal Buchardkai *(Festmachkosten: 1345 €)*.
7:00 Uhr: Sofort beginnt das Be- und Entladen der Container. Ein Schiffsmakler sorgt unter anderem für Proviant und die Öl- und Müllentsorgung *(Maklergebühren: 4499 €)*.
7:00 Uhr am nächsten Tag: In den vergangenen 24 Stunden sind über die automatischen Greifer der Containerbrücken 632 Container be- und entladen worden. Die an Deck neu gestauten Container sind mit Spannschrauben und Stahlseilen gesichert *(Kaibenutzungsgebühren: 6222 €, Be- und Entladen der Container: 45 344 €)*.
7:15 Uhr: Die Lotsen sind an Bord. Die Leinen werden losgeworfen, die Schlepper ziehen an, die „DAL Kalahari" verlässt den Hamburger Hafen *(Losmachen: 897 €, Lotsenkosten: 6965 €, Schlepperkosten: 3528 €)*.

M4 *Protokoll einer Abfertigung im Hamburger Hafen*

Aufgaben

1 Nenne drei Verschmutzer des Mittelmeeres (M1).

2 Warum ist das Mittelmeer durch Verschmutzungen besonders gefährdet?

3 Welche Maßnahmen müssen dringend ergriffen werden um das Mittelmeer zu retten?

4 Auch Urlauber tragen zur Verschmutzung des Mittelmeeres bei. Notiere drei Orte mit Fremdenverkehr aus drei verschiedenen Mittelmeerländern (Atlas, Karte: Mittelmeerraum – Wirtschaft).

Bedrohtes Mittelmeer

21 Länder und drei Kontinente grenzen an das Mittelmeer. Es ist umsäumt von etwa 600 Städten mit jeweils über 10 000 Einwohnern. Am Mittelmeer wohnen ungefähr 44 Millionen Menschen. Jedes Jahr kommen 100 Millionen Urlauber hinzu.

Nur über die 15 Kilometer schmale und 324 Meter tiefe Straße von Gibraltar zwischen Spanien und Marokko ist das Mittelmeer mit dem Atlantischen Ozean verbunden. Es dauert 80 bis 100 Jahre, bis sich das Mittelmeerwasser erneuert hat. Die Einleitung von Schadstoffen ins Mittelmeer ist daher besonders belastend. Manche Gebiete werden bereits als Kloake bezeichnet. Die Stellen nehmen zu, an denen Baden gefährlich ist. Einige Fische, Muscheln, Krebse und andere Tiere sind schon geschädigt und oft für den Verzehr durch Menschen nicht mehr geeignet.

Anwohner, Touristen, Landwirte und Fabriken gelten als Verursacher für die Verschmutzung. Über die Flüsse, zum Beispiel Po, Rhône und Nil, gelangt eine riesige Schmutzlast aus Abfällen und Abwässern ins Meer. Die Länderliste der Verschmutzer führt Italien an, gefolgt von Spanien und Griechenland. Eine Besserung ist kaum abzusehen.

Aber noch ist das Mittelmeer zu retten. Dazu müssen in allen großen Orten Kläranlagen gebaut werden. Den zahlreichen im Mittelmeer kreuzenden Tankern muss das Einleiten von Ölrückständen in das Meer verboten werden.

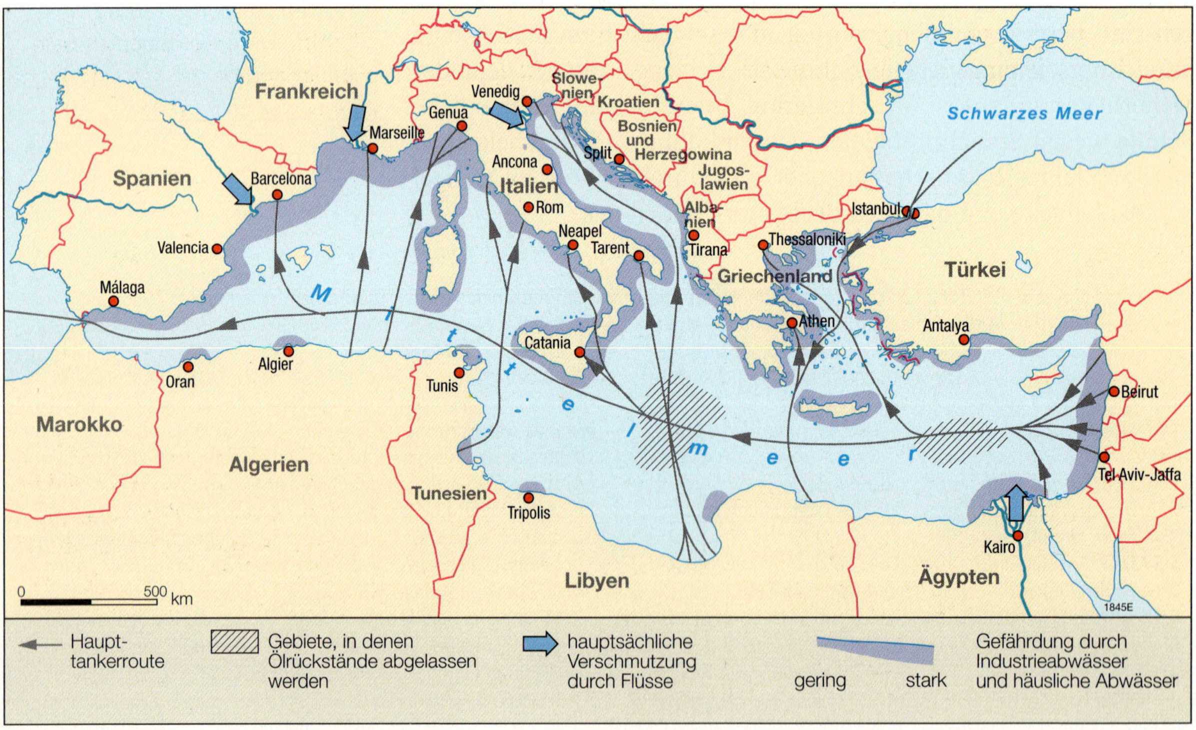

M1 *Verschmutzung der Mittelmeerküste*

Weißes Gold aus dem Meer

Wohl in jeder Küche wird Kochsalz (die richtige Bezeichnung ist Steinsalz) verwendet, denn acht Gramm davon benötigen wir täglich zum Leben.

Relativ große Kochsalzvorkommen lagern auf der Erde im Boden. Unvorstellbar groß jedoch ist die Menge des weißen Goldes, das die Meere enthalten: rund 46 Billiarden Tonnen (als Zahl ausgeschrieben: 46 000 000 000 000 000). Meersalz wird hauptsächlich zum Würzen von Speisen verwendet, denn beim Kochen gehen viele darin enthaltene Mineralien wie das Jod verloren.

Gärten zur Salzgewinnung

Die Meersalzgewinnung war zu allen Zeiten ein wichtiges Verfahren der Salzproduktion. Möglich ist sie dort, wo die Temperaturen so hoch sind, dass Wasser auf natürlichem Wege verdunstet. Dies ist zum Beispiel am Mittelmeer der Fall. Aber auch in der Umgebung des Kaspischen Meeres wird seit Jahrhunderten Salz aus dem Meer gewonnen.

Am Mittelmeer begann die Salzgewinnung damit, dass die Menschen zuerst die Salzkrusten, die sich an den Felsen abgesetzt hatten, einsammelten. Später und auch heute noch, wenn kleine Mengen gewonnen werden, erfolgt die Salzgewinnung in so genannten „Salzgärten“ (M2). Das in diese Becken eingeleitete Meerwasser verdunstet langsam, Salz bleibt zurück. Mithilfe eines Schabers (Brett an einem langen Stiel) schiebt dann ein „Salzgärtner“ das Salz zusammen und schüttet es zum Trocknen neben den Becken auf. Zur Gewinnung großer Mengen verwendet man dafür Bagger und Förderbänder.

M2 *„Salzgärten“ am Mittelmeer*

Info

Bedeutung von Salz

Noch bis zur ersten Hälfte des 19. Jahrhunderts war Salz in zahlreichen Gegenden der Erde knapp und kostbar. Es diente damals zum Beispiel zum Haltbarmachen von Fleisch, Fisch und Milchprodukten. Händler verdienten sehr gut an der Ware Salz. Noch heute heißt es, wenn uns etwas zu teuer erscheint: „Das sind aber gesalzene Preise!“

Aufgaben

5 Warum kann am Mittelmeer Salz gewonnen werden?

6 Informiere dich über weitere Salzarten und ihre Verwendung in Lexika und im Internet.

www.salzindustrie.de

Merke

Das Mittelmeer wird vielfach immer noch als riesige Müllkippe angesehen. Anwohner, Touristen, Landwirte und Betriebe tragen zur Verschmutzung bei. Seit Jahrtausenden wird Meersalz in Salinen am Mittelmeer gewonnen.

Grübeln und Tüfteln

1 Übertrage die Sätze mit der richtigen Antwort in dein Heft.

1. Der größte Hafen der Erde ist
- [ ] Amsterdam
- [ ] Rotterdam
- [ ] London
- [ ] Hamburg

2. Die Form eines Stiefels hat das Land
- [ ] Finnland
- [ ] Griechenland
- [ ] Italien
- [ ] Spanien

3. Der Tower befindet sich in
- [ ] Paris
- [ ] Rom
- [ ] Wien
- [ ] London

4. Der Brenner ist ein(e)
- [ ] See
- [ ] Fluss
- [ ] Passstraße
- [ ] Gebirge

2 Löse das „Vulkanrätsel."

1 Gebirge im Osten Europas

2 Insel im Mittelmeer

3 Vulkan in Italien

4 Mündungsform

Lösung: Fachbegriff für Gesteinsschmelze

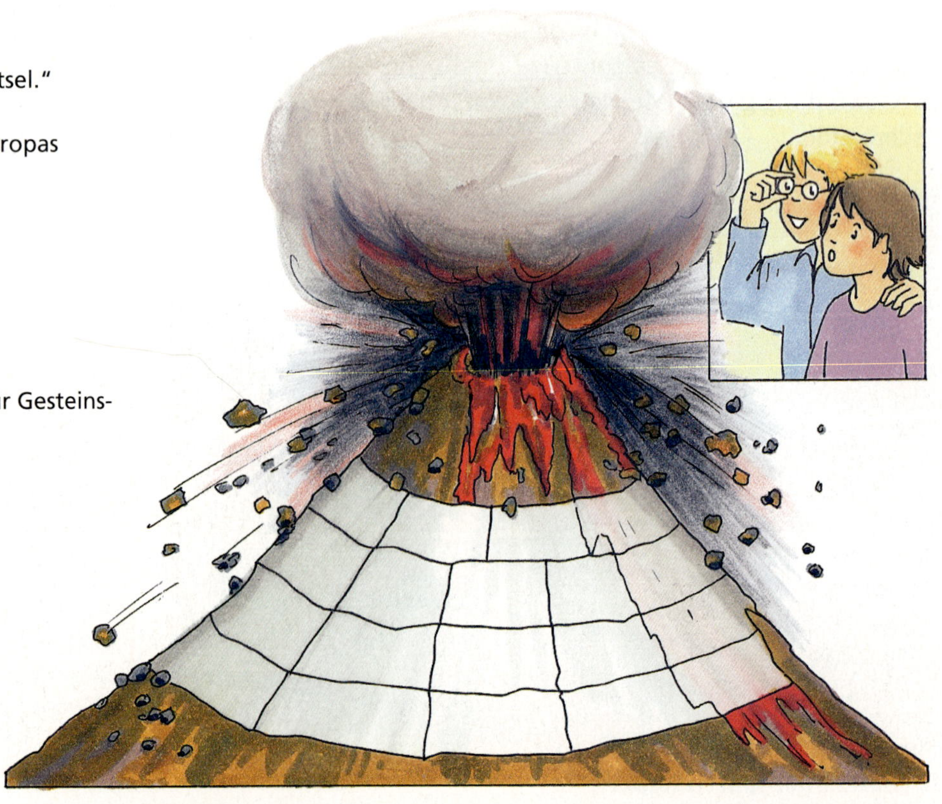

Grundbegriffe

- Bevölkerungsdichte
- Wirtschaftsbereich
- Europäische Union
- Klimazonen
- Vegetationszonen
- Seeklima
- Landklima
- Übergangsklima
- Eiszeitalter
- Abtragungsform
- Ablagerungsform
- Inlandeis
- Schären
- Polartag
- Polarnacht
- Geysir
- Metropole
- Verkehrsknoten
- Verkehrsträger
- Pass
- Serpentinen
- Maut
- Transitverkehr
- Ressource
- Delta
- Steppe
- Vulkan
- Erdbeben
- Bewässerungsfeldbau
- Karst
- Randmeer
- Binnenmeer
- Küstenfischerei
- Hochseefischerei
- Erdöl
- Erdgas
- Pipeline

Europa und Europäische Union

Der Kontinent Europa ist stark gegliedert. Er besteht aus vielen Staaten. Die Bevölkerung ist ungleich verteilt. Die Europäische Union ist ein Zusammenschluss von Staaten, die auf wirtschaftlichem, kulturellem und politischem Gebiet zusammenarbeiten.

Der Norden Europas

Die Oberfläche Nordeuropas wurde in der Eiszeit geformt. Durch Gletscher und Schmelzwasser entstanden Ausräumungs- und Ablagerungsformen. Im Norden treten Polartag und Polarnacht auf. Island ist eine Insel „aus Feuer und Eis."

Im Westen Europas

Westeuropa ist dicht besiedelt. Besonders hohe Bevölkerungszahlen treten in den großen Industrieregionen auf. Die Metropolen Paris und London sind die politischen, kulturellen und wirtschaftlichen Zentren von Frankreich und Großbritannien. Rotterdam ist der größte Hafen Europas.

Die Mitte Europas

Die Länder Mitteleuropas sind wichtige Transitländer. Durch das Zusammenwachsen Europas erhöht sich das Verkehrsaufkommen. Die Verkehrswege werden immer stärker genutzt. Das Verkehrsnetz wird weiter ausgebaut. Zukünftige Verkehrsprojekte sollen ökologische Gesichtspunkte stärker beachten.

Der Osten Europas

Dieser Teil Europas ist reich an Naturressourcen, vor allem an fruchtbaren Schwarzerdeböden, Wasser und Bodenschätzen wie Kohle, Eisenerz und Erdöl/Erdgas. Im Osten Europas vollzieht sich ein politischer und wirtschaftlicher Wandel. Bei der Umgestaltung der Wirtschaft müssen die Naturressourcen umweltbewusster als bisher genutzt werden.

Der Süden Europas

Der Mittelmeerraum gilt als die Wiege unserer Kultur. Es ist ein Gebiet, in dem häufig Vulkanausbrüche und Erdbeben auftreten. In Südeuropa herrscht subtropisches Klima vor, an das sich die Vegetation angepasst hat. Für die Landwirtschaft ist der Bewässerungsfeldbau von besonderer Bedeutung.

Die Meere

Europa grenzt im Westen an den Atlantischen Ozean mit seinen Rand- und Binnenmeeren. Die Meere werden vielfältig für Schifffahrt, Fischfang, Bodenschatzgewinnung und Tourismus genutzt und müssen geschützt werden.

Erleben – Erkunden – Erforschen

M1 *Auf Erkundungstour*

Erkundung: Landwirtschaftlicher

Vorbereiten, durchführen, präsentieren

M1 *Zwei Getreidearten*

Vorbereitung

Ihr möchtet euch einmal einen Bauernhof aus der Nähe ansehen. Vielleicht gibt es Mitschülerinnen oder Mitschüler, deren Eltern oder Verwandte noch selbst einen Hof bewirtschaften. Ansonsten bekommt ihr vom zuständigen Landwirtschaftsamt Adressen von Landwirtschaftsbetrieben. Bevor es losgeht, müsst ihr ermitteln, wie der Bauernhof von der Schule aus zu erreichen ist: zu Fuß, mit dem Fahrrad oder mit dem Bus. Die Erkundung eines landwirtschaftlichen Betriebs kann natürlich auch ein Programmpunkt während eures Aufenthalts im Schullandheim sein.

Überlegt euch schon vorher, welche Fragen ihr stellen wollt.
Ihr könnt bei der Erkundung zum Beispiel Folgendes herausbekommen:
- Wie sieht es mit den natürlichen Voraussetzungen aus?
- Was wird angebaut? Welche Tiere werden gehalten?
- Welcher Fruchtwechsel wird durchgeführt?
- Welche Erträge liefern die Felder?
- Welche Arbeiten fallen im Laufe eines Tages und eines Jahres an?
- Wie viele Arbeitskräfte gibt es im Betrieb?
- Welche Maschinen werden eingesetzt?
- An wen werden die Erzeugnisse des Bauernhofs verkauft?
- Welche Zukunftsplanungen gibt es für den Betrieb?

Ordnet euren Fragebogen nach Themen und lasst dabei genügend Platz für die Antworten. Denkt auch an Stifte und Papier um Skizzen anzufertigen. Ihr könnt euren Besuch auch mit einem Kassettenrecorder, einem Fotoapparat oder einer Videokamera festhalten.

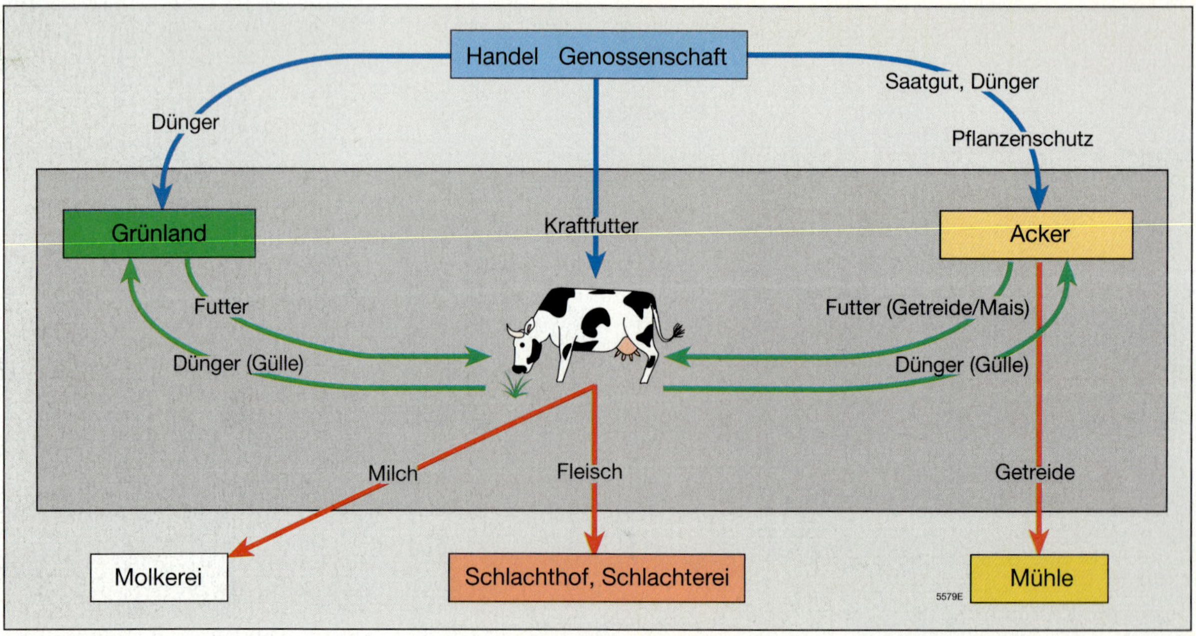

M2 *Betriebsströme eines Bauernhofs*

M3 *Bilder von einer Hoferkundung*

Durchführung

Am Anfang eurer Erkundung wird euch die Bäuerin oder der Bauer erst einmal den gesamten Hof mit allen Gebäuden zeigen. Ihr könnt dabei schon einen Teil der Fragen auf eurer Liste beantworten. Im anschließenden ausführlichen Interview mit dem Betriebsinhaber könnt ihr die noch fehlenden Antworten in eurem Fragebogen notieren. Jetzt kommen auch der Recorder und die Kamera zum Einsatz. Vielleicht werden in dem Gespräch sogar Themen angesprochen, an die ihr bei der Vorbereitung nicht gedacht habt. Notiert auch diese Informationen.

Stellt eure Fragen so, dass ihr später zum Beispiel ein Schaubild vom Tagesablauf der auf dem Hof Beschäftigten oder einen Jahreskalender für den Maschineneinsatz anfertigen könnt. Abschließend könnt ihr den Grundriss des Bauernhofs mit den verschiedenen Gebäuden skizzieren und die passenden Fotos dazu machen.

Präsentation

Im Unterricht vergleicht ihr die Ergebnisse eurer Hoferkundung und arbeitet sie so aus, dass sie zum Beispiel in Form einer Wandzeitung im Klassenzimmer gezeigt werden können. Dazu werden die Antworten der verschiedenen Fragebögen miteinander verglichen um eine Zusammenfassung zu schreiben. Die vor Ort angefertigten Skizzen und Schaubilder müssen in eine saubere Form gebracht werden und aus der Vielzahl der Fotos wählt ihr die aussagekräftigsten aus.

Vielleicht gibt es im Schulhaus auch einen Schaukasten, den ihr gemeinsam gestaltet um den anderen Klassen die Ergebnisse eurer Betriebsbesichtigung zu präsentieren.

Etwas mehr Zeit erfordert das Zusammenstellen eines Videofilms, aber dabei können euch ältere Schüler helfen. Ihr könnt euren fertigen Film am Klassenelternabend oder beim Schulfest zeigen.

M4 *Zwei weitere Getreidearten*

Erkundung: Industriebetrieb

Vorbereiten, durchführen, präsentieren

M1 *Rolf Meinzer hat den Betrieb von seinem Vater übernommen.*

M2 *Der Handwerksbetrieb von außen*

1. Schritt: Vorbereitung
- Erkundet die Adresse eines Industrie- oder Handwerksbetriebes in der Nähe eurer Schule (z. B. im Telefonbuch/Gelbe Seiten oder in der Tageszeitung nachschauen).
- Vereinbart einen Termin (telefonisch oder schriftlich) mit der Leiterin oder dem Leiter des Betriebes.
- Erstellt einen Fragebogen. Überlegt, ob ihr nur die Leiterin oder den Leiter des Betriebes befragen wollt oder auch andere Personen.
- Findet heraus, wie ihr am besten zu dem Betrieb kommt (z.B. zu Fuß, mit dem Bus oder der Straßenbahn).
- Bedenkt, welche Materialien und Hilfsmittel ihr brauchen werdet.

2. Schritt: Durchführung
- Führt ein oder mehrere Interviews durch. (Werden Begriffe genannt, die euch unbekannt sind, fragt nach, was sie bedeuten.)
- Macht Fotos von den Beschäftigten, Maschinen und einzelnen Arbeitsschritten; dreht, wenn möglich, auch einen Film.
- Viele Firmen haben spezielle Broschüren oder einen Internetauftritt. Was könnt ihr daraus erfahren?

3. Schritt: Nachbereitung
- Wertet die Ergebnisse eurer Betriebserkundung aus. Erstellt zum Beispiel eine Wandzeitung mit euren Fotos, den Befragungsergebnissen und euren Eindrücken.

M3 *Wichtige Hinweise zur Betriebserkundung*

M4 *Maschinen erleichtern die Arbeit*

M6 *Handarbeit im Fensterbau*

Herr Meinzer, wie viele Leute sind bei Ihnen im Betrieb beschäftigt?
Bei mir arbeiten acht Leute: sieben Handwerker ganztags und eine Sekretärin halbtags. Zusätzlich hilft meine Frau stundenweise im Betrieb mit. Sie macht die Buchhaltung.

Was brauchen Sie um ein Fenster zu bauen?
Das Wichtigste sind Holz und Glas. Außerdem brauche ich Beschläge, das heißt zum Beispiel Griffe und Schließhaken für die Fenster, Gummidichtungen sowie Farbe und Leim.

Welches Holz verwenden sie?
Heute verarbeiten wir fast nur noch die Holzsorten Meranti und Kiefer. Das Meranti-Holz wächst in den Tropen. Es kommt aus den Ländern Malaysia und Indonesien und ist besonders hart und wetterbeständig. Ein Fenster aus Meranti-Holz hält deshalb ungefähr 50 Jahre. Das Kiefernholz kommt aus deutschen Wäldern und ist weniger beständig als das Tropenholz.

Wie viele Fenster bauen Sie in einem Jahr?
Ungefähr 1300 Fenster. Dazu brauche ich 15 000 laufende Meter Holz und 7000 Quadratmeter Glas.

Wie lange brauchen Sie, bis ein Fenster fertig ist?
Etwa sechs Stunden, das heißt fast einen ganzen Arbeitstag.

Wie groß war das größte Fenster, das Sie je gebaut haben?
Das größte Fenster, das ich für ein Einfamilienhaus gebaut habe, war sechs Meter breit und neun Meter hoch. Es kostete 9000 Euro.

M5 *Auszug aus einem Interview der Klasse 5a einer Grundschule aus Forst mit Herrn Meinzer*

Aufgaben

1 Beschreibe die Arbeit von Herrn Meinzer.

2 Der Arbeiter trägt einen Gehörschutz (M4) und einen Atemschutz (M6). Erkläre.

3 Warum werden die meisten Fenster aus Meranti-Holz gebaut?

4 Welche Fragen hättet ihr Herrn Meinzer noch gestellt?

5 Bereitet eine Betriebserkundung an eurem Schulort vor.

Erkundung: Verkehrsnetz

Folgende *10 Sicherheitsregeln* müsst ihr vor der Durchführung der Verkehrszählung mit eurer Lehrkraft besprechen:

1. Legt die Standorte für die einzelnen Gruppen so fest, dass diese ausreichend Platz und Sicherheit bieten!
2. Achtet auf mögliche Gefahren!
3. Haltet genügend Abstand vom Fahrbahnrand!
4. Weder der Autoverkehr noch Radfahrer oder Fußgänger dürfen behindert werden!
5. Verlasst unter keinen Umständen den zugewiesenen Standort!
6. Bleibt stets in Ruf- und Sichtweite eurer Lehrkraft!
7. Konzentriert euch auf eure Aufgabe! Gehsteig und Straße sind als Spielplatz viel zu gefährlich!
8. Falls ihr zusammen mit eurer Lehrkraft eine Straße überqueren müsst, so benutzt einen sicheren Übergang (Ampel, Zebrastreifen)!
9. Überquert die Fahrbahn niemals einzeln, sondern in der Gruppe! Dabei gilt: erst links, dann rechts und schließlich wieder links schauen!
10. Haltet euch immer an die bekannten Verkehrsregeln! Nur durch ein umsichtiges Verhalten könnt ihr für euch und andere Sicherheit im Straßenverkehr erreichen!

Wir führen eine Verkehrszählung durch

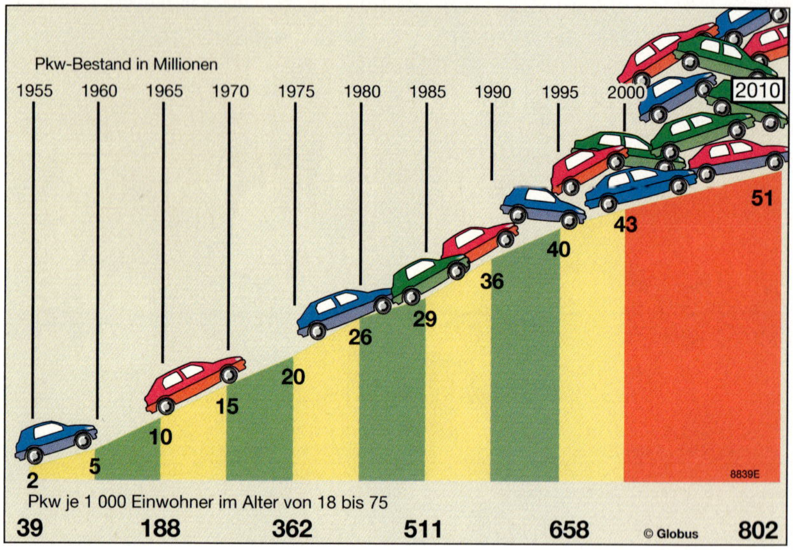

M1 *Entwicklung des Pkw-Bestandes in Deutschland*

Die Verkehrssituation im Bereich eurer Schule

Die Zahl der Fahrzeuge und der Straßenverkehr nehmen in Deutschland von Jahr zu Jahr zu. Wie sieht die Situation an eurem Schulort aus? Sicher gibt es dort auch viel befahrene und gefährliche Hauptstraßen und ruhige Seitenstraßen, die meist ein geringeres Unfallrisiko besitzen. Mit einer Zählung der vorbeifahrenden Fahrzeuge könnt ihr aktuelle Zahlen zum Verkehrsaufkommen direkt vor der Schule erheben. Achtet bei eurem Erhebungsbogen darauf, dass ihr zwischen verschiedenen Fahrzeugen wie etwa Pkw, Bus oder Lastwagen unterscheidet und auch Fahrräder, Mofas und Motorräder berücksichtigt. Wenn ihr die Verkehrszählung durchführt, müsst ihr einige wichtige Regeln beachten. So ist es verboten, zu nahe an der Straße zu stehen oder auf die Straße zu laufen.

Erkundungen	**Befragungen**
Diese Dinge könnt ihr erkunden: – Zählt Autos und Fahrzeuginsassen zu bestimmten Tageszeiten – Fotografiert den Autoverkehr einer Ortsdurchfahrt zu bestimmten Zeitpunkten – Dreht einen Videofilm von gefährlichen Verkehrspunkten (Kreuzung, Schulweg)	Diese Personen könnt ihr befragen: – Privatpersonen, wie zum Beispiel Anwohner einer besonders verkehrsreichen Straße, Pendler an Haltestellen oder auf Park-and-Ride-Plätzen, Kundinnen und Kunden am Supermarkt (zum Beispiel: woher sie kommen, wie oft pro Woche sie ein bestimmtes Verkehrsmittel benutzen) – Bürgermeister (zum Beispiel zur Verkehrsbelastung im Ort, zum ÖPNV)

M2 *Methoden im Rahmen eines Verkehrsprojekts*

Verkehrszählung: Anzahl der Fahrzeuge nach Arten

Standort: Schulstraße – stadteinwärts
Tag/Datum: 30. Mai 2003
Besonderheit: sonniger Tag
Name der Gruppe: Gruppe 1
Zeit: 8.30 bis 9.30 Uhr

Pkw	Lkw	Bus	Motorrad/Mofa	Fahrrad
卌 ||||	卌 卌 卌	卌 卌 |	||	卌 卌 |||

7051E_1

M3 *Beispiel für einen Erhebungsbogen (Fahrzeugarten)*

M4 *Verkehrszählung vor der Schule*

Verkehrszählung: Anzahl der Fahrzeuginsassen in Pkws

Standort: Schulstraße – stadteinwärts
Tag/Datum: 30. Mai 2003
Besonderheit: sonniger Tag
Name der Gruppe: Gruppe 2
Zeit: 8.30 bis 9.30 Uhr

Zahl der Insassen	Zahl der Pkws
1	卌 ||||
2	卌 卌 卌 卌 卌 卌 ||
3	||||
4	|||

7052E_1

M5 *Beispiel für einen Erhebungsbogen (Fahrzeuginsassen)*

Methode

So geht ihr vor:

Vorbereitung

- Bestimmen der Standorte für die Verkehrszählung. Berücksichtigt dabei, dass ihr immer in Ruf- und Sichtweite eurer Lehrkraft seid, z.B. auf beiden Seiten einer Hauptverkehrsstraße oder an einer Kreuzung.
- Bilden von Kleingruppen:
  Gruppe 1: Zahl der Fahrzeuge nach Arten – stadteinwärts,
  Gruppe 2: Zahl der Fahrzeuginsassen in Pkws – stadteinwärts,
  Gruppe 3: Zahl der Fahrzeuge nach Arten – stadtauswärts,
  Gruppe 4: Zahl der Fahrzeuginsassen in Pkws – stadtauswärts.
- Festsetzen des Erhebungszeitraums: Von wann bis wann soll gezählt werden?
- Festlegen der Art der Erhebung und Abstimmung von Erhebungsbögen der einzelnen Gruppen aufeinander.
- Besprechen der *10 Sicherheitsregeln* bei der Verkehrszählung.

Durchführung

- Was ist mitzunehmen (Schreibunterlage, Stifte, Uhr, Erhebungsbogen)?
- Auswertung der Erhebungsbögen: Zahlenmaterial aufbereiten, vielleicht Auswertung mit dem Computer.
- Umsetzung in Schaubilder, zum Beispiel Karten, Tabellen, Säulendiagramme.

Präsentation

Darstellung des Gesamtergebnisses durch

- eine Wandzeitung,
- eine Ausstellung in der Schule,
- einen Artikel in der Lokalzeitung,
- Zeichnung einer Radwegekarte für den Schulweg.

Poster gestalten

M1 *Plattengrenzen und Vulkane in Europa*

Vulkanismus in Europa

Wasser soll Lavastrom eindämmen

Beim Vulkanausbruch des Ätna auf Sizilien wälzten sich bis zu sechs Meter hohe, rot glühende Lavaströme ins Tal und bedrohten Ortschaften. Arbeiter versuchten mit Schaufelbaggern eine Schneise zu ziehen um den Lavastrom umzulenken. Flugzeuge warfen Wasser ab um den Lavafluss abzukühlen und damit zu stoppen. Doch erneut haben sich Krater geöffnet und schleudern Lavafontänen bis 200 Meter hoch in die Luft. Gleichzeitig breitet sich eine dunkle Aschewolke über der Region um den Vulkan aus.

M2 *Bericht aus der Süddeutschen Zeitung vom 29.10.2002*

Vulkane gefährden den Menschen

Meist entsteht dort **Vulkanismus,** wo die Platten der Lithosphäre aneinander grenzen. Im Bereich Islands und der Azoren bewegen sich die Platten auseinander und aus dem Erdinneren quillt Magma aus Erdspalten hervor. Im Süden Europas dagegen taucht die Afrikanische unter die Eurasische Platte in den flüssigheißen Untergrund ab und schmilzt dabei. Das geschmolzene Gestein, Magma genannt, bewegt sich unter hohem Druck in Spalten nach oben. Durch den Schlot des Vulkans wird es in den Krater gepresst, wo es als Lava austritt. Der Druck kann so gewaltig sein, dass die Lava in feine Teilchen zerrissen und als Asche in die Luft geschleudert wird. Bei vielen Vulkanausbrüchen lagern sich Schichten aus Lava und Asche übereinander ab. Im Laufe der Zeit entsteht so ein Schichtvulkan.

Vulkane wie der Ätna sind für die Menschen eine Bedrohung, denn die Lava kann ganze Siedlungen unter sich begraben. Trotzdem leben viele Menschen in Vulkangebieten und nutzen die Böden intensiv.

Aufgaben

1 Erkläre die Bedingungen, die für die Entstehung von Vulkanen notwendig sind.

2 Lege die Gefahren für die Menschen durch einen Vulkanausbruch dar.

M3 *Vulkanausbruch (Ätna)*

M4 *Landwirtschaft am Ätna*

Vulkane nützen dem Menschen

Gesund und extrem heiß

Schon die Römer errichteten in der Nähe aktiver oder erloschener Vulkane Thermalbäder. Über Gesteinsspalten kommt hier das Sickerwasser mit dem heißen Untergrund in Berührung. Quellen fördern dann warmes Wasser mit vielen gelösten Mineralien zu Tage. Die heilende Wirkung der Mineralwässer sowie die Linderung von Gelenkschmerzen durch warme Bäder waren schon unseren Vorfahren im Altertum bekannt.

Heute wird in Vulkangebieten auch Elektrizität und Wärme gewonnen. Der heiße Wasserdampf aus Tiefbohrungen treibt in Kraftwerken die Strom erzeugenden Turbinen an. Erhitztes Wasser wird zudem zum Heizen von Wohnhäusern genutzt.

Steinreich und fruchtbar

Seit alters her wird Bimsstein zum Hausbau verwendet. Bims entsteht, wenn Gase aus heißer Lava entweichen und diese dabei aufblähen. Der Bimsstein hat deshalb kleine mit Luft gefüllte Poren. Er ist sehr leicht und ein gutes Dämmmaterial gegen Hitze oder Kälte.

Die Bauern am Fuß vieler Vulkane bauen häufig Gemüse und Obst an. Grundlage ihrer ertragreichen Landwirtschaft ist der fruchtbare Boden aus verwittertem Lavagestein und vulkanischen Aschen.

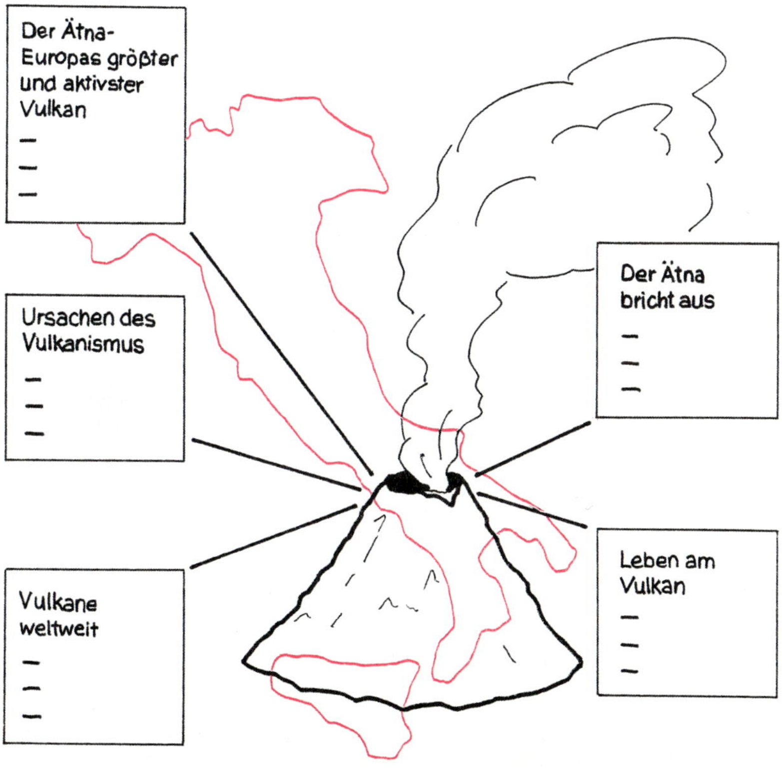

M5 *Posterentwurf zum Thema Ätna*

www.vulkanausbruch.de
www.stromboli.net
www.vulkane.net
http://volcano.und.nodak.edu
www.ct.ingv.it/UfMoni
(Webcam zum Ätna)

Aufgaben

3 Beschreibe, wie die Menschen Vulkane nutzen (Atlas, Karte: Italien – Golf von Neapel – Leben am Vulkan).

4 Gestaltet ein Poster und präsentiert es.

Methode

Poster gestalten

- Thema festlegen oder eingrenzen
- Material sichten, sammeln und sortieren
- Inhaltliche Schwerpunkte bilden, Informationen verarbeiten
- Material auswählen bzw. neu gestalten (vor allem Überschriften, Texte, Karten, Skizzen, Fotos, Tabellen, Mind Map)
- Poster aus verschiedenen Darstellungsformen zusammenstellen

Beachte: Anschaulichkeit, Übersichtlichkeit (u.a. ausreichende Schrift- und Abbildungsgröße, Verwendung unterschiedlicher Farben)

Poster veröffentlichen und Ergebnisse vorstellen (z.B. in der Klasse, im Schulhaus)

Ablagerungsformen, glaziale (Seite 136)
Oberflächenformen, die aufgrund der nachlassenden Transportkraft des Inlandeises entstanden. Zu den glazialen Ablagerungsformen zählen die einzelnen Glieder der glazialen Serie.

Abtragungsform (Seite 136)
Oberflächenformen die im Entstehungsgebiet des Inlandeises (Gletscher) geschaffen wurden. Dabei wurde das zerstörte Gesteinsmaterial vom Gletscher abtransportiert. Typische Abtragungsformen sind Felsbuckel und Felswannen. Die skandinavischen Abtragungsformen heißen Fjell, Fjorde und Schären.

Almwirtschaft (Seite 103)
So nennt man eine besondere Form der Weidewirtschaft im Gebirge. Die Alm dient als Weide. Nach dem Abtrieb ins Tal werden die Tiere den Winter über im Stall gehalten.

Äquator (Seite 14)
Der Äquator ist eine Linie auf Karten und Globen, die die Erde in eine Nord- und eine Südhalbkugel teilt. Der Äquator ist 40076,59 Kilometer lang.

Bevölkerungsdichte (Seite 118)
Die durchschnittliche Zahl der Einwohner eines Raumes je Flächeneinheit. Sie wird meist als Zahl der Einwohner je Quadratkilometer angegeben.

Bewässerungsfeldbau (Seite 189)
Form des landwirtschaftlichen Anbaus in niederschlagsarmen Gebieten, bei der Wasser auf die Felder geleitet wird und die Pflanzen bewässert werden.

Binnenhafen (Seite 44)
Hafen, der an Wasserstraßen im Inneren eines Landes liegt, z.B. an Flüssen, Kanälen oder Seen, und der der Binnenschifffahrt dient.

Binnenmeer (Seite 196)
Meer, das fast vollständig von Festland umgeben ist und nur einen schmalen Zugang zum offenen Ozean hat (z.B. Ostsee).

Braunkohle (Seite 70)
Der Name dieser Kohle stammt von ihrer Farbe. Braunkohle entstand in Millionen von Jahren aus abgestorbenen Pflanzen. Die Braunkohle liegt nicht sehr tief unter der Erdoberfläche. Daher kann sie im Tagebau abgebaut werden. Sie wird in erster Linie zur Erzeugung von elektrischem Strom genutzt.

Breitenkreis (Seite 14)
Breitenkreise werden vom Äquator aus nach Norden und Süden von 0° bis 90° gezählt. Sie verlaufen immer parallel zum Äquator und verbinden die Punkte auf der Erde, die die gleiche geographische Breite haben.

Bruchschollengebirge (Seite 85)
Gebirgsentstehungstyp; alte, verhärtete Gesteinstafeln brechen entlang von Verwerfungslinien auf. Die entstandenen Schollen können gehoben (Hochschollen) oder abgesenkt (Tiefschollen) werden. So kann eine Mittelgebirgslandschaft entstehen.

Bundesland (Seite 24)
Deutschland besteht aus sechzehn Bundesländern, von denen eins Berlin/Brandenburg ist.

City (Ergänzung zu Seite 155)
1. Das Wort kommt aus dem Englischen und bezeichnet ursprünglich das Gebiet einer Stadt mit eigener Verwaltung. Im englischen Sprachraum wird jede größere Stadt als City bezeichnet (New York City – die Stadt New York).
2. Der Begriff „City“ bezeichnet das Geschäfts- und Verwaltungsviertel in der Stadtmitte einer Großstadt. Hier gibt es viele Arbeitsplätze, aber kaum Wohnungen. Häufig ist ein Teil der City als Fußgängerzone ausgewiesen (City von New York = ein Teil des Stadtteils Manhattan mit Hochhäusern, Geschäften, Theatern und Kinos).

Deich (Seite 41)
Ein Deich ist ein künstlich aufgeschütteter Damm an einer Küste oder einem Flussufer. Er soll das dahinter liegende Land vor Überschwemmungen schützen.

Delta (Seite 174)
Eine Flussmündung mit einem Netz von Seitenarmen. Ein Delta bildet sich dadurch, dass ein Fluss viele Stoffe (z.B. Schlamm) mitführt und im Mündungsgebiet ablagert. So entstehen Aufschüttungen, die den Fluss in viele Arme teilen. Diese bahnen sich ihren Abfluss ins Meer.

Dienstleistungsbereich (Ergänzung zu Seite 122)
Betriebe, die ihren Kunden bestimmte Dienste anbieten, so z.B. eine Arztpraxis, eine Bank oder eine Gaststätte, aber auch eine Versicherung oder eine Universität.

Durchbruchstal (Seite 87)
Durch ein Gebirge führendes Flusstal. Der Fluss ist älter als das Gebirge, das sich langsam gehoben hat, während sich der Fluss gleichzeitig in das empordringende Gestein eingeschnitten hat.

Ebbe (Seite 38)
Als Ebbe bezeichnet man das alle zwölf Stunden zu beobachtende Zurückweichen des Wassers an den Gezeitenküsten. Hierbei fällt ein großer Teil des Meeresbodens trocken, der vorher überflutet war.

Eiszeit (Ergänzung zu Seite 136)
Abschnitte der Erdgeschichte, in denen es durch weltweiten Rückgang der Temperaturen zum Vorrücken von Gletschern kam. Die letzte Eiszeit endete in Norddeutschland vor etrwa 10 000 Jahren. Die Zeiträume zwischen den Eiszeiten nennt man Warmzeiten.

Eiszeitalter (Seite 50, 136)
Bezeichnung für den Abschnitt der Erdneuzeit, in dem es durch mehrfache Klimaschwankungen zum Wechsel von Kalt- und Warmzeiten und zur großflächigen Eisbedeckung auf der Erde kam. Die Fachbezeichnung ist Pleistozän.

endogene (Kräfte) (Seite 85)
Kräfte aus dem Erdinneren, die zu Veränderungen der Erdoberfläche führen, z.B. Spannungen in der Erdkruste oder Strömen von Magma.

Erdaltzeit (Ergänzung zu Seite 85)
Abschnitt der Erdgeschichte, der von 600 bis 230 Millionen Jahre vor heute dauerte. Es ist die Altzeit der Entwicklung des Lebens auf der Erde. Zu Beginn der Erdaltzeit gab es bereits eine üppige Pflanzenwelt. Es entstanden die ersten wirbellosen Tiere. Die meisten Tierarten, die damals existierten, sind heute ausgestorben.

Erdbeben (Seite 184)
Erschütterung der Erdoberfläche, die durch Kräfte im Erdinneren verursacht wird. Erdbeben entstehen meist durch die ruckartige Verschiebung der Platten der Lithosphäre der Erde.

Erdgas (Seite 202)
Wichtiger Bodenschatz, der zumeist gemeinsam mit Erdöl gefördert wird. Erdgas wird als Brenn- und Treibstoff verwendet und ist ein wichtiger Grundstoff für die chemische Industrie.

Erdmittelzeit (Seite 85)
Abschnitt der Erdgeschichte, der von 230 bis 70 Millionen Jahre vor heute dauerte. Es ist das Mittelalter der Entwicklung des Lebens auf der Erde. Besonders bekannt

ist die Erdmittelzeit, weil sie die Zeit der Saurier ist. Es gab zahlreiche Arten von Sauriern. Sie bevölkerten das Land, das Meer und die Luft. Am Ende der Erdmittelzeit starben die Saurier aus.

Erdneuzeit (Seite 85)
Abschnitt der Erdgeschichte, der vor rund 70 Millionen Jahren begann. Der ältere Abschnitt der Erdaltzeit ist das Tertiär, der jüngere das Quartär mit dem Eiszeitalter. In der Erdneuzeit erleben die Säugetiere den Höhepunkt ihrer Entwicklung. Es bildete sich der Mensch heraus.

Erdöl (Seite 202)
Wichtiger Bodenschatz, der zum Teil aus großen Tiefen (3000 m) an die Erdoberfläche gepumpt wird. Erdöl ist ein zähflüssiges, schwarzbraunes Material. Es entstand ursprünglich am Meeresboden aus organischem Material. Aus Erdöl werden u.a. Brenn- und Treibstoffe hergestellt und es ist ein wichtiger Grundstoff für die chemische Industrie.

EU (Seite 124)
Europäische Union. Staatenbündnis von fünfundzwanzig europäischen Ländern mit dem Ziel einer wirtschaftlichen und politischen Integration.

Euroregion (Ergänzung zu Seite 164)
Regionen an den Binnen- und Außengrenzen der EU, in denen grenzüberschreitende Zusammenarbeit vereinbart und praktiziert wird, z.B. auf dem Gebiet des Tourismus, der Umwelt, des Sports, der Kultur u.a.

exogene Kräfte (Seite 85)
Kräfte, die von außen auf die Erde einwirken und dadurch die Erdoberfläche gestalten, z.B. Wasser, Wind oder Eis (Verwitterung, Erosion, Sedimentation).

Flachküste (Seite 39)
Sandiger, flachwelliger Küstenabschnitt. Die Küstenlinie wird im Bereich der Flachküste häufig durch die Meeresbrandung und -strömungen verlegt.

Flut (Seite 38)
Das regelmäßige Ansteigen des Meerwassers an Gezeitenküsten. Dieser Vorgang dauert etwas mehr als sechs Stunden (Gezeiten).

Fossilien (Seite 72)
Fossilien sind Überreste vorzeitlicher Pflanzen und Tiere, die in Gesteine eingebettet wurden. Besonders Hartteile von Organismen eignen sich dazu, fossiliert zu werden.

Geografie (Seite 8)
Wissenschaft von den Vorgängen auf der Erde und den Merkmalen des Erdkörpers. Untersuchungsgegenstand der Geographie ist der Raum und seine Prägung durch einzelne landschaftliche Komponenten bzw. Geofaktoren (z.B. Klima, Relief, Geologischer Bau, Boden).

Geysir (Seite 142)
Heiße Springquelle, die in Vulkangebieten auftritt.

Gezeiten (Seite 38 , 40)
Das regelmäßige Heben und Senken des Meeresspiegels an der Küste. Das Ansteigen des Wassers wird als Flut, sein Sinken als Ebbe bezeichnet. Ebbe und Flut bilden zusammen eine Tide von 12 Stunden und 25 Minuten Dauer.

glaziale Serie (Seite 50)
Abfolge von typischen Landschaften, die in Kaltzeiten durch das Eis oder abfließendes Schmelzwasser geschaffen wurden (Grundmoräne, Endmoräne, Sander, Urstromtal, Lösslandschaft).

Gletscher (Seite 100)
Ein Gletscher ist eine Eismasse, die zäh fließend dem Gefälle folgt. Im oberen Bereich wächst der Gletscher durch Schneefall. In seinem unteren Bereich schmilzt der Gletscher ab.

Grabenbruch (Seite 85)
Absenkung eines Streifens der Erdkruste zwischen Bruchlinien, die durch auseinander driftende Kontinentalplatten ausgelöst wurde.

Gradnetz (Seite 14)
Weltweites „gedachtes Netz" von Linien. Die Längengrade verlaufen von Norden nach Süden, die Breitenkreise von Westen nach Osten.

Granit (Seite 86, 88, 89)
Häufig auf der Erde anzutreffendes Gestein. Beim Granit erkennt man gut die einzelnen Gesteinsbestandteile, die Minerale. Von der weißlich bis rötlichen Grundmasse setzen sich schwarze Einsprenglinge deutlich ab. Granit wird häufig als Baustein verwendet, so bestehen Gehsteigplatten häufig aus Granit.

Grünlandwirtschaft (Seite 53)
Eine weit verbreitete Form der Landwirtschaft ist die Grünlandwirtschaft. Auf Weiden wird Viehzucht (Rinder, Milchkühe) betrieben. Wiesen werden gemäht; das Gras dient als Viehfutter.

Hauptstadt (Seite 26)
Die Hauptstadt eines Landes ist die Stadt, in der die Regierung und meist auch das Parlament ihren Sitz haben. Die Hauptstadt von Deutschland ist Berlin.

Hochgebirge (Seite 31)
Hochgebirge haben hohe Felswände, steil aufragende Gipfel (in den deutschen Alpen: Zugspitze 2962 m) und tief eingeschnittene Täler. Auf den höchsten Erhebungen liegen Eis und Schnee.

Höhenstufen der Vegetation (Seite 102)
Durch die Änderung des Klimas mit der Höhe (besonders die Abnahme der Temperatur um ca. 0,5 °C je 100 m Höhe) verändern sich auch die Böden, die Vegetation und die landwirtschaftliche Nutzung. Daher unterscheidet man verschiedene Höhenstufen.

Inlandeis (Seite 136)
Bezeichnung für Gletscher, die Landmassen großflächig überdeckt haben bzw. noch immer überdecken.

Karst (Seite 192)
Der Landschaftsname Karst bezieht sich auf die Landschaft Istrien im Hinterland der Stadt Triest. Die Landschaftsform Karst bezeichnet ein Gebiet, in dem aufgrund wasserlöslicher Gesteine (z.B. Kalk) Karstformen vorkommen z.B. Höhlen.

Karte (Seite 17)
Eine Karte zeigt verkleinert die Erde oder einen Teil von ihr. Das Gebiet ist hierbei senkrecht von oben abgebildet. Die Inhalte sind stark vereinfacht und mit verschiedenen Farben und Signaturen dargestellt. Im Atlas unterscheiden wir physische Karten und thematische Karten.

Klimazone (Seite 128)
Klimazoneszonen sind gürtelartig um die Erde verlaufende Räume, die sich durch ein ähnliches Klima auszeichnen. Die gürtelartige Anordnung ist Resultat der allgemeinen Strahlungsverhältnisse. Die unterschiedlichen Entfernungen zum Meer und das Vorkommen großer Gebirge führt dazu, dass breitengleiche Klimazonen variieren.

Kontinent (Seite 12)
Ein Kontinent ist eine Festlandsmasse, die von anderen Kontinenten durch eine natürliche Abgrenzung (z.B. Meere, Gebirge oder Landengen) getrennt ist. Die Kontinente heißen Europa, Asien, Afrika, Nordamerika, Südamerika, Australien, Antarktis.

Küste (Seite 38)
Grenzsaum zwischen Festland und Meer. Er umfasst sowohl einen Randbereich des Meeres als auch einen schmalen Streifen des angrenzenden Festlandes.

Landklima (Seite 132)
Klima im Inneren der Kontinente (daher auch Kontinentalklima genannt), das durch warme Sommer und kalte Winter gekennzeichnet ist. Gegensatz: Seeklima.

Landschaft (Seite 15)
Landschaft ist ein wichtiger Begriff der Geo- und Biowissenschaften. Er wird auf Erdräume angewendet und bezieht die Zusammenhänge ein, die zwischen den Landschaftskomponenten Klima, Relief, geologischer Bau, Biosphäre bestehen und einen bestimmten Raum prägen.

Längenkreis (Seite 14)
Teil des Gradnetzes der Erde. Die L. verlaufen in N-S-Richtung und schneiden die Breitenkreise im rechten Winkel. Es gibt 180 L. Ein L. wird in zwei sich auf der Erdkugel gegenüberliegende Meridiane geteilt.

Lawine (Seite 107)
Bezeichnung für eine in Bewegung geratene Schnee- und Eismasse, die oft zusammen mit Geröll und Felsbrocken von Gebirgshängen ins Tal stürzt und häufig große Schäden anrichtet.

Löss (Seite 58)
Löss ist ein feiner, gelblicher Gesteinsstaub mit hohem Nährstoffgehalt. Lössböden gehören zu den fruchtbarsten Böden. In Norddeutschland befinden sie sich am Rand der Mittelgebirge, in den Börden. In Süddeutschland liegen sie in den Gäulandschaften.

Massentierhaltung (Seite 56)
Bei der Massentierhaltung werden oft tausende von Tieren (z.B. Schweine, Puten, Hühner) in einem landwirtschaftlichen Betrieb gehalten. Dieser Betrieb ist in der Regel stark automatisiert und mechanisiert, um die anfallenden Arbeiten (z.B. Füttern, Entmisten usw.) schnell erledigen zu können.

Maut (Seite 162)
Straßenbenutzungsgebühr, die an den Betreiber einer Straße abgeführt werden muss.

Metropole (Seite 151, 154)
Hauptstadt und zugleich politischer und wirtschaftlicher Mittelpunkt eines Landes mit vielfältigem Warenangebot, Dienstleistungen und zahlreichen kulturellen Einrichtungen.

Mittelgebirge (Seiten 31)
In den Mittelgebirgen sind die höchsten Berge in der Regel nicht höher als 1500 Meter. Steile Gipfel und hohe Felswände gibt es kaum. Die Berge sind abgerundet und häufig bewaldet. Beispiele in Deutschland sind: Eifel, Rothaargebirge, Schwarzwald, Taunus, Harz.

Nationalpark (Seite 43)
Nationalparks sind große Gebiete mit besonders schönen oder seltenen Naturlandschaften. Es gelten Schutzbestimmungen um die hier lebenden Tiere und Pflanzen zu erhalten. Die Schutzbestimmungen sind in den verschiedenen Staaten allerdings sehr unterschiedlich.

ökologischer Landbau (Seite 57)
Bauern, die ökologischen Landbau betreiben, wollen verhindern, dass sich im Boden, in den Pflanzen und im Fleisch der Tiere zu viele chemische Rückstände ansammeln. Sie benutzen keine chemischen Spritzmittel und verwenden nur natürlichen Dünger, wie z.B. Stallmist. Sie bemühen sich außerdem, den Boden möglichst schonend zu bearbeiten. Ihre Produkte sind teurer als Produkte herkömmlich geführter Betriebe.

Ozean (Seite 12)
Als Ozean bezeichnet man die einzelnen, durch Kontinente voneinander getrennten Teile des Weltmeeres; dies sind der Atlantische, der Indische und der Pazifische Ozean. Auch die gesamte Wassermasse des Meeres wird Ozean genannt.

Pass (Seite 162)
Der niedrigste Punkt auf einem Gebirgskamm und deshalb bevorzugter Übergang von einem Tal in ein anderes.

physische Karte (Seite 34)
Die physische Karte ist ein wichtiges Hilfsmittel um sich zu orientieren. Sie enthält u.a. Landhöhen (Farbgebung in Grün, Gelb und Braun), Oberflächenformen (Schummerung), Höhenangaben, Gewässer, Orte, Verkehrslinien, Grenzen sowie Einzelzeichen (Berg, Stausee, Kirche ua.).

Pipeline (Seite 202)
Rohrleitung zur Beförderung von Gasen und Flüssigkeiten (z.B. Erdöl) über große Entfernungen hinweg. Pipelines werden entweder im Boden oder auf dem Meeresgrund verlegt.

Planet (Seite 10)
Himmelskörper, der sich auf einer Umlaufbahn um die Sonne bewegt. Er leuchtet nicht selbst, sondern nur im Licht der Sonne. Die Sonne hat neun Planeten, einer davon ist die Erde.

Pol (Seite 14)
Mathematischer Begriff für einen Drehpunkt. In der Geographie der Endpunkt der Erdachse, um die sich die Erde dreht.

Polarnacht (Seite 140)
Die Zeit, in der die Sonne jenseits des Polarkreises länger als 24 Stunden nicht am Horizont erscheint. An den Polen dauert die Polarnacht sechs Monate.

Polartag (Seite 140)
Die Zeit des Jahres, in der die Sonne jenseits der Polarkreise Tag und Nacht scheint. An den Polen dauert der Polartag sechs Monate.

Randmeer (Seite 196)
Auch Nebenmeer genannter Meeresteil, der überwiegend von Land umschlossen ist und nur einen schmalen Zugang zu einem Ozean hat oder der vom Ozean durch eine Inselgruppe getrennt ist (z.B. Nordsee).

Rekultivierung (Seite 79)
Rekultivierung nennt man die Wiederherstellung von Landschaften, die u.a. durch Bergbau (Braunkohle, Kies) zerstört wurden. Die riesigen Löcher werden so weit wie möglich wieder aufgefüllt. In Restlöchern entstehen Seen. Bäume werden gepflanzt, frühere Ackerböden werden wieder aufgebracht und Grünflächen angelegt. Eine rekultivierte Landschaft dient oft der Erholung oder wird landwirtschaftlich genutzt.

Ressourcen (Seite 172)
Geschätzte oder vermutete Gesamtvorratsmenge eines Rohstoffs, einschließlich des Anteils, der unter heutigen technischen Voraussetzungen nicht ökonomisch gewinnbringend gefördert werden kann.

Sandstein (Seite 88-89)
Festes Gestein, das aus dem Lockermaterial Sand durch Druck entstanden ist. Zur Verfestigung haben Bindemittel beigetragen. Sandstein ist ein Gestein, das relativ schnell verwittert und abgetragen wird.

Schären (Seite 137)
Kleine Inseln, die vom Inlandeis überströmt und abgeschliffen wurden. Ihrer Entstehung nach sind Schären Felsbuckel, die später teilweise vom Meer überflutet

wurden und daher die Küsten der glazialen Abtragungsgebiete säumen.

Schiefer (Seite 88)
Altes, stark verhärtetes Gestein, das unter sehr hohem Druck und bei hohen Temperaturen entstand. Dabei wurde beispielsweise Ton zunächst zusammengepresst und dann aufgeschmolzen. So entstand ein Festgestein, das eine Plattenstruktur aufweist.

Schwarzerde (Seite 58, 176)
Humusreicher und deshalb dunkelfarbiger, sehr fruchtbarer Boden. Er hat sich auf dem Löss, z.B. der Magdeburger Börde, entwickelt.

Seeklima (Seite 132)
Auch maritimes Klima genannt. Es wird durch die Nähe der Ozeane bestimmt, mit kühlen Sommern und milden Wintern; ganzjährig feucht.

Serpentine (Seite 162)
In scharfen Windungen verlaufende Wegstrecke an Gebirgshängen.

Sonderkultur (Seite 91)
Nutzpflanzen (landwirtschaftliche Kulturen), die mit hohem Aufwand an Arbeitskraft und Geld angebaut werden. Dies können mehrjährige Pflanzen wie im Obst-, Wein-, Hopfen- oder Spargelanbau (z.B. bei Beelitz) sein, aber auch einjährige Pflanzen wie Tabak oder Gemüse.

Standortfaktor (Seite 68)
Wenn ein Betrieb sich an einem bestimmten „Stand-Ort" ansiedelt, so sind dafür bestimmte Gründe ausschlaggebend, zum Beispiel vorhandene Arbeitskräfte, gute Verkehrsanbindung. Die Gründe, die für oder gegen den Standort sprechen, werden Standortfaktoren genannt.

Steigungsregen (Seite 94)
Niederschlag im Stau von Gebirgen. Die aufsteigenden feuchten Luftmassen kühlen sich ab, es kommt zu Kondensation, Wolkenbildung und schließlich zu Niederschlag. Hinter den Gebirgen gibt es häufig Föhn.

Steilküste (Seite 39)
Steil zum Wasser hin abfallende Küste, die durch Erosion entstanden ist.

Steinkohle (Seite 70)
Energierohstoff, der durch Inkohlung aus Braunkohle entstanden ist. Sie hat einen höheren Heizwert als Braunkohle, lagert aber in größerer Tiefe und muss daher unter Tage abgebaut werden.

Steppe (Seite 176)
Waldfreies Grasland in der Gemäßigten Zone bzw. im Hochgebirge. Typisch sind die sommerliche Trockenzeit und geringe Jahresniederschläge (ca. 400-600 mm). Die Steppe ist die Heimat unseres Getreides.

Tagebau (Seite 70)
Bodenschätze, die nicht sehr tief unter der Erde liegen und daher direkt von der Erdoberfläche aus abgebaut werden, gewinnt man im Tagebau (Braunkohle).

Talsperre (Seite 95)
Bauwerk (Mauer oder Damm) quer zu einem Flusstal, um den Fluss zu einem See aufzustauen. Dieser dient der Energie- und Trinkwassergewinnung oder der Hochwasserregulierung.

thematische Karte (Seite 34)
Dieser Kartentyp behandelt immer ein spezielles Thema. Nahezu alles, was räumlich verbreitet ist, lässt sich hier darstellen. So gibt es z.B. thematische Karten zur Bevölkerungsdichte, zur Wirtschaft oder zum Luftverkehr.

Tiefbau (Seite 70)
Untertageabbau von Bodenschätzen. Die Schächte des Tiefbaus gehen teilweise bis in Tiefen von mehr als 3000 m.

Tiefland (Seite 30)
Tief gelegenes, flaches Land nennt man Tiefland. Im Norddeutschen Tiefland betragen die Landhöhen zwischen 2,3 m unter dem Meeresspiegel und wenige Meter über 200 m.

Tourismus (Seite 104, 107)
Reiseverkehr zu Zwecken der Erholung und Bildung in Gebiete und Länder, die dafür landschaftlich und kulturell geeignet und mit entsprechenden Einrichtungen ausgestattet sind.

Transitverkehr (Seite 163)
Transport von Waren und Personen aus einem Land durch das Gebiet eines anderen Landes in ein drittes Land. Der Transitverkehr wird durch Verträge der beteiligten Staaten geregelt.

Übergangsklima (Seite 132)
Bezeichnung für das Klima Mitteleuropas. Von West nach Ost nimmt der Einfluss des Atlantischen Ozeans auf Temperaturen und Niederschläge ab. Der Übergang vom Seeklima zum Landklima vollzieht sich ganz allmählich.

Vegetationszone (Seite 128)
Vegetationszonen sind gürtelartig um die Erde verlaufende Räume, die sich durch eine bestimmte Pflanzenbedeckung auszeichnen. Die Pflanzen sind den Klimazonen angepasst. Es gibt folgende Vegetationszonen: polare Kältewüste, Tundra, nördlicher Nadelwald, sommergrüner Laub- und Mischwald, Steppe, Hartlaubgehölze der Winterregengebiete, Wüste, Halbwüste, Savannen, tropischer Regenwald.

Verdichtungsraum (Seite 69, 122)
Ein Verdichtungsraum ist ein Gebiet, in dem besonders viele Menschen auf engem Raum („verdichtet") leben. Hier gibt es viele Arbeitsplätze und ein gut ausgebautes Verkehrsnetz.

Verkehrsknoten (Seite 160)
Dort, wo Verkehrswege (Autobahnen, Bundesstraßen, Eisenbahnlinien, Luftverkehrswege, Flüsse und Kanäle) zusammenlaufen und sich dabei kreuzen, entsteht ein Verkehrsknoten.

Verkehrsträger (Seite 160)
1. Unternehmen, das ein öffentliches Verkehrsmittel (Busse, Straßenbahnen u.ä.) betreibt.
2. Ein Verkehrsmittel, das ein bestimmtes Verkehrsaufkommen bewältigt. In Deutschland sind Lkws die wichtigsten Verkehrsträger des Güterverkehrs.

Vulkan (Seite 184)
Ein Vulkan ist eine kegel- oder schildförmige Erhebung, die durch den Austritt von Magma, Asche, Gesteinsbrocken und Gasen aus dem Erdinnern entsteht.

Vulkanismus (Seite 218)
Zusammenfassender Begriff für alle Vorgänge, die mit dem an die Erdoberfläche dringenden Gesteinsschmelzen (Magma) zusammenhängen.

Wattenmeer (Seite 38)
Die flache Küste an der Nordsee heißt Wattenküste und der Meeresbereich zwischen dem Festland und den Nordseeinseln Wattenmeer. Das Wattenmeer wird bei Flut vom Meer überströmt und fällt bei Ebbe trocken. Bei jeder Flut bleiben im Wasser mitgeführte Schwebstoffe zurück und lagern sich ab.

Wirtschaftsbereich (Seite 122)
Wirtschaftssektor, in dem ähnliche Wirtschaftszweige zusammengefasst sind. Unterschieden werden der primäre, sekundäre und tertiäre Sektor.

Bildquellen

action press, Hamburg: 183 o. (UPS Agency), 184 M2 (sipa press); Aerocamera, Rotterdam: 123 M3; Ahl, Ch., Göttingen: 177 M5; Altitude, F-Paris: 151 M3; Antikensammlung, München: 182 u.re.; Arend, J., Hamburg: 84 M2, 89 M2 alle Steine, außer u.; Askani, B., Schwetzingen: 182 o.; Barke, Clausthal-Zellerfeld: 94 M2; BASF, Ludwigshafen: 212 M1 beide, 213 M4 beide; Baumann, M., Chemnitz-Einsiedel: 62 alle, 63 M4; Bavaria, Gauting: 9 M4 (Bognar), 87 M3 (Keute); Bildagentur KLIEM, Kalkar: 155 M5; Bilderberg, Hamburg: 103 M4, 175 M5 (A. Jakob); Bioland Bordesholm: 57 M3; Borgar, U., Braunschweig: 66 M1 o.li.; Bruckner, A., Gräfeling: 99 M4; Bundesbildstelle Berlin: 26 u.re.; Carl Zeiss, Oberkochen: 12 M1; Colditz, M., Halle: 14 M1, 136 M2, 142 M3, 143 M4+5, 144 Abb. 1-4, 207 M2; Corbis, Düsseldorf: 195 M1 (Arthus-Bertrand); Dailysoft, Berlin: 49 o.re.; Daimler Benz Aerospace Airbus GmbH, Hamburg: 126 M1; DaimlerChrysler, Stuttgart: 93 M4; Das Luftbild-Archiv, Kasseburg: 26 m., 30 M2, 31 M3, 40 M2 (alle), 74 M3; Demmrich, A., Berlin: 8 M1; Deutsche Aerospace Airbus GmbH, Hamburg: 111 M3 o.li.; Deutsche Bundsbahn AG: 163 M2; Deutsche Luft- und Raumfahrt, Oberpfaffenhofen: 6; dpa, Frankfurt/Main: 29 M4, 79 M2, 83 M1 (nur Drachenflieger: Rauchwetter), 123 M2, 133 M3 (Tass), 140 M1 (Picture-alliance/Jaakko Avikainen), 141 M3 (Picture-alliance/Pakki Sakki), 142 M2 (Politikens), 169 M1 (Picture-alliance/Anatoly Malteso/DP), 175 M4 (Picture-alliance/Itar-Tass), 178 Abb.3 (Picture-alliance/Dima Gavrish/epa), 191 M5 (Bernhart), 203 M5 re. (Agence France), 218 M2 (Cora Pezza); Eck, T., Berlin: 39 M3, 88 M1, 146 M2+3, 181 M4; Eckert-Schweins, W., Ingolstadt: 16 M2; Federau Fotoatelier, Hamburg: 39 M2, 49 u.; Fischer, E., Bad Bramstedt: 200 M1; Fiskeri-og Søfartsmuseet, DK-Esbjerg: 42 M1 (Tougaard); Focus, Hamburg: 19 M1 u.li., 191 M6 (Silvester), 205 M3 (Azzi/Woodfin Camp); Gaffga, P., Karlsruhe: 214 M1,2, 215 M4,6; Geiger, F., Merzhausen: 189 beide; Geologisches Landesamt NRW, Krefeld: 59 M4 (Windger); Geospace, A-Bad-Ischl: 152 M2; Ges. für ökologische Forschung, München: 107 M4 (Baumeister); Gräning, H., Lubmin: 41 M4; Greiner & Meyer, Braunschweig: 13 M4; Harrer, H., FL-Vaduz: 19 M1 o.re.; HB-Verlag, Ostfildern: 45 M3; Helga Lade Fotoagentur, Frankfurt/Main: 190 M2 (LA), 191 M4 (Herzog); Hirsch., H., Potsdam: 25 M2; Hoffmann; R., Potsdam: 55 M2, 76 M2; HOGREBE Design, Essen: 46 M2; Hoh, E., Leutkirch: 19 M1 o.li.; Huber Bildagentur, Garmisch-Partenkirchen: 98 M1, 99 M3+5, 110 M2; IFA-Bilderteam, Ottobrunn: 19 M1 u.re. (P.A.N.), 37 M1 (Frima), 41 M3 (Eckhardt), 83 M1(ohne Drachenflieger); IMA, Hannover: 49 o.li., m.li., 60 M2, 65 M2, 66 M1 o.re.+u.re.; Jürgens Ost+Europa Photo, Berlin: 172 M2, 176 M3, 178 Abb.4; Kaimelmeyer, G., A-Linz: 103 M3; Kelley, W. (Hrsg.: Der Heimatplanet), Frankfurt/Main: 10 M1; Kirch, P., Koblenz: 119 M2; Klammet Bildkunstverlag, Ohlstadt: 99 M2, 156 M2; Klocke, Paderborn: 86 M1; Kreuzberger, N., Lohmar: 71 M3, 193 M4; Kronfeldner, H., Nittendorf: 213 M3 beide; Krügler, F., Hamburg: 201 M3; Kuhr, E., Diekholzen: 171 M3; Kuhr, J., Göttingen: 138 M2; Kurverwaltung, Garmisch-Partenkirchen: 104 M1, 105 M2; KVR, Essen: 75 M6 (Schumacher); laif, Köln: 135 M1 (Harscher), 157 M3 (Samuel Zuder), 178 Abb. 2 (Pueschner); Landesbildstelle Baden, Karlsruhe: 49 m.re., 84 M1; Leo Lindner Filmproduktion, Düsseldorf: 155 M3; London Aerial Photo Library, GB-London: 148 M3; Lüttecke, J., Münster: 167 M3+4; Maison de la France, Frankfurt/Main: 153 M4 o.re, u.re.; Mauritius, Mittenwald: 56 M1 (Lehn), 90 M3 li.+re. (Rossenbach), 100 M2 (Reichart), 106 M3 (Schroter), 133 M2 (Edmanson), 172 M1 (AGE), 179 M5 (Bohnacker), 181 M3, 210/211 M1 (Lange), 218 M4 (Mehlig); Michel, M., Neu Isenburg: 78 M1; Müller, K., Braunschweig: 65 M3; Nebel, J., Muggensturm: 20 M1-3; NRSC Ltd., GB-Farnborough: 22/23; Okapia, Frankfurt/Main: 197 M4 o.; Pauly, F., Wiebaden: 81 M1 re.; Peterhoff, F., Lenggries: 89 u. Stein, 155 M6; Philips Petroleum, N-Tananger: 202 M3; Picture Press Bildagentur, Hamburg: 203 M5 li. (Gebhardt/Stern); Pott, E., Stuttgart: 139 M3;Presse und Informationsamt des Landes Berlin: 26 o.re.; Reichmann, C., Ingolstadt: 217 M4;Rheinbraun, Köln: 77 M4+6; Schering AG, Berlin: 27 M2; Schnare, C-D., Königslutter: 58 M2; Schnepf Fotofachlabor, Stuttgart: 92 M2; Schönauer-Korneck, S., Wolfenbüttel (Zeichnungen auf folgenden Seiten): 2, 8, 10, 18, 21, 30/31, 33, 36, 40, 48, 78, 80/81, 82, 96., 112/113, 116, 119, 120/121, 130/131, 139, 141, 144, 153, 158, 160, 162, 181, 187, 194, 198, 208/209, 214; Schuster Bildagentur, Oberursel: 8 M3, 53 M2 (Weißner); Senkenberg Museum, Forschungsinstitut, Frankfurt/Main: 72 M1; Siemens AG, München: 111 M3 alle außer o.li.; Silvestris, Kastl/Obb: 197 M4 u. (Arnold); Storebaelt, DK-Kopenhagen: 196 M2; Strohbach, D., Berlin: 50/51 (alle), 180 M2; Tank, B., Hamburg: 199; Tappeiner Werbefoto, I-Lana: 97 M1; Thaler, U., Leipzig: 31 M4; The Image Bank, München: 9 M6 (Rossi); Tony Stone, München: 150 M1 (Kapolka); Trattner, Oberbayrdorf: 66 M1 u.li.; Trebels, R., Düsseldorf: 125 o., 133 o.re., 186 M1,2; TUI Deutschland Bildservice, Hannover: 8 M2; ullstein bild, Berlin: 28 M1, 76 M3, 178 Abb. 1 (Müller-Schneck); Uermöhlen, Y., Braunschweig: 123 M4; Vattenfall, Lausitz: 67 M1; VISUM Archiv, Hamburg: 161 M3 (Ludwig); VISUM plus 49 GmbH, Hamburg: 149 M4 (Santesi), 159 M1 (Alfred Buellesbach), 185 M5 (J. Arndt); Weidner, W., Altlußheim: 106 M2; Wingert, B., Riesa: 182 u.li.; Wostok Verlag, Berlin: 174 M3; zefa visual media, Düsseldorf: 109 M3 (Voigt), 145 M1 (McKim), 183 u. (Hackenberg); Zeilsheimer Heimat- u. Geschichtsverein, Zeilsheim: 80 M1 li.; Zentralbild, Berlin: 44 M2 (Wusteneck).

Folgende Autoren und Autorinnen sind an diesem Buch weiterhin beteiligt:
Matthias Baumann, Walter Bönig, Claus Caspritz, Hans Dimpfl, Dieter Engelmann, Ulrike Faust-Ern, Peter Gaffga, Jürgen Heller, Wolfgang Latz, Eva Munzinger-Basch, Eyelyn Noll, Friedrich Pauly, Claudia Priester, Ulrike Richter, Gerhard Sasse, Thomas Seidl, Walenta, Walter Weidner und Dorothea Wiktorin.